食用菌优质生产关键技术

SHIYONGJUN YOUZHI SHENGCHAN GUANJIAN JISHU

谭 伟 编著

中国科学技术出版社

·北 京·

图书在版编目（CIP）数据

食用菌优质生产关键技术 / 谭伟编著 . —北京：
中国科学技术出版社，2019.11
ISBN 978-7-5046-8302-1

I. ①食… II. ①谭… III. ①食用菌－蔬菜园艺 IV. ① S646

中国版本图书馆 CIP 数据核字（2019）第 113477 号

策划编辑	王双双
责任编辑	王双双
装帧设计	中文天地
责任校对	焦　宁
责任印制	徐　飞

出　　版	中国科学技术出版社
发　　行	中国科学技术出版社有限公司发行部
地　　址	北京市海淀区中关村南大街16号
邮　　编	100081
发行电话	010-62173865
传　　真	010-62173081
网　　址	http://www.cspbooks.com.cn

开　　本	889mm×1194mm　1/32
字　　数	297千字
印　　张	12
版　　次	2019年11月第1版
印　　次	2019年11月第1次印刷
印　　刷	北京长宁印刷有限公司
书　　号	ISBN 978-7-5046-8302-1 / S・752
定　　价	42.00元

Preface 前 言

食用菌是指可供食用的大型真菌，通常包括食药兼用和药用的大型真菌。平菇、金针菇、双孢蘑菇、鸡腿菇、长根菇、草菇、黑木耳、毛木耳、银耳、灵芝、猴头菇、牛肝菌、羊肚菌、松茸、茯苓、块菌等都属于食用菌的范畴。我国目前有近1 000种食用菌，广泛食用的有200种左右，其中包括野生食用菌和人工栽培食用菌，实现商业化栽培的有60种左右。人们在日常交流中常常提到的"蘑菇""菌子""菇子""耳子"等是对食用菌的俗称。

食用菌具有"一高（高蛋白）、二无（无淀粉、无胆固醇）、二低（低糖、低脂肪）、四多（多氨基酸、多膳食纤维、多维生素、多矿物质）"的营养特点，而且鲜菇滑爽细嫩、干菇香味十足。食用菌中特有的真菌多糖和三萜类化合物等活性成分物质具有增强机体免疫功能、抗肿瘤、降血脂、降血压、抗衰老等功效。食用菌作为营养保健食品倍受人们青睐，是人们尤其是喜爱追求健康的人们的美味佳肴，在我国被誉为"山珍"，在欧美被称为"上帝的食品"，在日本被推崇为"植物性食品的顶峰"。

我国是世界上栽培食用菌较早的国家，以香菇为例经历了段木砍花自然孢子接种栽培、人工纯菌种接种段木栽培和以农林副产物（秸秆、木屑等）替代段木栽培的代料栽培阶段，积累了丰富的生产实践经验。发展至今，我国目前是世界上食用菌生产量和出口量最多的国家。据中国食用菌协会统计，2017年全国27个省、自治区、直辖市（不含西藏、宁夏、青海、海南和香港、澳门、台湾）食用菌总产量为3 712万吨，产值为

2 721.92 亿元。

食用菌生产具有栽培原料来源广、成本低、技术易掌握、生产周期短、经济效益高、见效快等优点。对照水稻、小麦等作物生产，食用菌生产在经济效益方面具有显著的比较优势。如今，食用菌生产遍布全国各地，2017 年产量居前 10 位的省份是河南（519.1 万吨）、福建（408.71 万吨）、山东（392.99 万吨）、黑龙江（324.35 万吨）、河北（291.89 万吨）、吉林（230.12 万吨）、江苏（220.15 万吨）、四川（205.56 万吨）、陕西（121.42 万吨）、江西（121.18 万吨）。实践证明，发展食用菌生产已经成为我国各地农村增加农民经济收入、精准脱贫致富的重要途径之一。

目前我国食用菌生产多在农村，以农户生产为主，具有分散、单户生产规模较小，栽培技术参差不齐，多数菇农凭经验栽培、操作不规范等特点。不少种菇农户出菇出耳质量较差或者产量不稳定、产品商品性不高，这是因为没有从本质上掌握食用菌生产的基本环节及其关键技术；一些种菇农户生产的产品存在农药和重金属超标问题，这是因为没有按照安全生产规范进行作业，没有选择适宜栽培的原材料和滥用农药。食用菌产量不高不稳和产品质量存在安全隐患，严重影响了经济效益和生产积极性。

笔者根据食用菌先进科研成果和生产实际经验，依据食用菌行业生产技术最新标准，结合国家、地方农产品和食品安全相关技术规程和质量要求，查阅参考大量相关科技文献，编写了《食用菌优质生产关键技术》一书。全书以食用菌标准化生产为特色介绍了菌种生产技术；简单介绍了香菇、黑木耳、平菇、双孢蘑菇、金针菇、毛木耳、滑菇、灵芝、鸡腿菇、银耳、竹荪、草菇、姬松茸、猴头菇、茶树菇、长根菇、大球盖菇、金福菇、绣球菌和羊肚菌共 20 种食用菌的生育特性和主栽品种；详述了这 20 种食用菌的优质生产关键技术。目的是为广大农户提供食用菌优质高产生产技术，为基层技术人员指导农户高效生产食用菌提供规范性技术指南。

为了增强本书内容在业界的广泛交流，本书所使用的专业术语统一采用《GB/T 12728—2006 食用菌术语》中出现的术语，并在该术语后加以注释或补充说明，极力推广规范性标准术语的应用。与此同时，为了增强通俗性，也使用了菇农、耳农常用语加以表述，浅显易懂。为了增强本书的实用性和可操作性，笔者多次走访生产大户并吸取其好的经验，更得到了部分食用菌企业技术人员和食用菌主产地，尤其是食用菌产业技术科技示范县职能管理部门的基层农技示范推广人员对本书的建设性意见。

在编写和出版本书过程中，得到了中国科学技术出版社编辑的盛情约稿和指导；得到了国家食用菌产业技术体系、四川食用菌创新团队、四川省农业科学院土壤肥料研究所微生物研究室和四川金地菌类有限责任公司等各级领导、专家和同仁们的热心支持和鼎力帮助；得到了四川省食用菌科技示范县的食用菌企业、专业合作社和家庭农场等的积极协助。同时，书中参考和引用了国内外多位食用菌专家的科技成果和论文，恕未一一注明。在此，一并表示衷心感谢！

因水平和能力所限，书中难免有不足或疏漏之处，敬请同行专家和读者批评指正！

谭 伟

四川省农业科学院土壤肥料研究所

Contents 目 录

第一章
食用菌菌种生产

从事水稻、玉米等作物生产首先要有种子，否则无法开展生产。常言道"有收无收在于种"，基本意思是有种子才会有可能收获作物，说明了种子在生产中至关重要。换言之，从事植物性农作物生产的先决条件是要有种子。人们通常在植物性农作物生产时是以该作物的有性器官果实来作为种子，如稻穗上的"稻谷粒"作为水稻种子、玉米穗上的"玉米粒"作为玉米种子、小麦穗上的"麦粒"作为小麦种子等。

从事食用菌生产与从事水稻、小麦等作物生产一样也需要"种子"。食用菌的"种子"则是其无性器官——菌丝体，类似于马铃薯的薯块和甘蔗的宿根和芽苗，都是利用其无性器官作为种子。因食用菌属于真菌，将这种"种子"叫作"菌种"。《GB/T 12728—2006 食用菌术语》规定，菌种指生长在适宜基质上具结实性的菌丝培养物。农业农村部于2015年修订的《食用菌菌种管理办法》第三条指出，菌种分为母种（一级种）、原种（二级种）和栽培种（三级种）三级。

食用菌的菌种生产就是使菌丝体不断扩大繁殖的过程。菌种生产需要厂房设施、基质原料和作业人员等生产基本条件；菌种生产人员应了解食用菌生物学基本知识，掌握基质配制、拌料、装瓶装袋、灭菌接种、菌种培养、质量鉴别等生产技术。菌种质量的好坏决定着食用菌产量的高低和品质的优劣。优良的食用菌

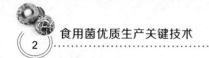
菌种：一是必须保持该品种（或菌株）固有的特征特性，二是该品种菌丝体（或菌株）纯一并充满活力。

一、种源及引进

（一）扩繁菌种种源

开展食用菌菌种生产工作，首先要有初始菌种种源（指用于菌种扩繁的最初菌种）。初始菌种种源主要来自自行选育品种的菌种和专业供种单位的菌种。菌种种源的形式多为母种或试管种。

1. 自行选育品种的菌种　从事菌种生产的厂家或企业按照《GB/T 21125—2007 食用菌品种选育技术规范》培育出的食用菌新品种，经过省级农作物品种审定委员会和全国农技推广中心审定或认定。如果使用该品种，按照《NY/T 528—2002 食用菌菌种生产技术规程》扩繁出的菌种，符合该食用菌的菌种标准，那么该菌种可作为菌种扩繁的种源。

2. 专业供种单位的菌种　取得政府相关部门颁发的《食用菌菌种生产经营许可证》的菌种厂、科研院校、菌种保藏机构等为菌种的合法经营单位。其信誉度高，值得信赖，菌种质量较为可靠，可引进其菌种作为菌种扩繁的种源。切勿从没有菌种生产经营资质的菌种厂和个人那里引进种源，以免上当受骗、导致损失。

（二）种源引进方法

1. 了解种源单位　作为菌种扩繁厂家，无论从哪个供种单位引进种源，均应通过杂志、报纸等多种途径先从外围了解供种单位基本情况：是否取得《食用菌菌种生产经营许可证》、技术实力、生产应用、用户满意程度、社会声誉等。其次，主动向供种单位索取该品种的相关技术资料，包括种性特征、农艺性状指标和培养条件要点等。

2. 实地走访考察　前往供种单位进行实地考察菌种生产设施设备、技术实力和经营状况，参观拟引进种源菌种的示范生产现场，了解其品种特征特性。最好是到正在种植该品种的现场进行实地考察，亲自查看现场栽培环境、栽种方式、使用原料、品种生长发育、产量和品质表现、栽培效益等，听取栽种户生产体会和意见。

3. 先试种后扩繁　首先，对引进品种建立档案并记载以下内容：品种名称、物种学名、引进时间、选育单位、主要特征、生物学特性等，以备将来追溯。其次，以本地同类当家品种为对照，对引进品种进行小规模品比观察试验。最后，设置重复、扩大小区，做多点比较试验。产量、抗逆性和商品性状等优于对照，表明试种成功，方可对该种源进行菌种扩繁，在生产上加以应用。

此外，自行分离获得的种源也应该经过试验种植，确认具有生产应用价值，获得品种审定后，才能扩大繁殖、应用于生产。

二、流程及原理

（一）生产流程

1. 分级生产总流程　食用菌的菌种生产流程按照三级菌种的顺序依次进行：（自行选育的原始种源或引进种源）母种（一级种）生产→原种（二级种）生产→栽培种（三级种）生产。这个流程是一、二、三级菌种逐级放大的过程。

2. 母种生产流程　母种生产流程为：培养基材料选择（按配方）→准确称量→定量配制→材料处理→分装试管→高压蒸汽灭菌→灭菌效果检验→摆放斜面→接种→培养→检验→贴标签→包

装→留样→贮存（用于扩接原种或出售）。

3. 原种生产流程　原种生产流程为：引进或自制母种→配料→分装→灭菌→接种→冷却→培养与检查→贴标签→成品→留样→包装→贮存（用于扩繁栽培种或出售）。

4. 栽培种生产流程　栽培种生产流程为：引进或自制原种→配料→分装→灭菌→冷却→接种→贴标签→培养与检查→留样→包装→成品→贮存（用于栽培袋生产或销售）。

（二）技术原理

食用菌的菌种生产技术也称菌种扩繁技术。其技术原理是：根据食用菌品种的生物学特性，提供适宜菌丝（菌丝是指丝状真菌的结构单位，由管状细胞组成，有隔或无隔，是菌丝体的构成单元）生长所需条件，满足菌丝生长对营养、温度、水分、光照、氧气和酸碱度等的需求，促进菌丝体（菌丝体是指菌丝的集合体）在菌种培养基质中无限制、快速和健壮生长；利用菌种生产的设施设备，采用无菌操作技术，从母种、原种和栽培种逐级转接扩繁菌种，保持菌种的纯一和品种的特性，而且，扩繁过程中基质的变化，激活了菌丝体内分解木质素和纤维素等生物酶的活性，有利于菌丝体分解栽培基质（栽培料）。

1. 依据食用菌营养特点配制适宜培养基　食用菌多数为腐生菌类，主要分解基质中的木质素和纤维素作为自身生长所需养料。因此，在配制其菌种培养基质尤其是原种和栽培种基质时，就要配制适宜食用菌营养特点的基质：以阔叶树木屑、棉籽壳等为主料，加以麦麸等适量辅料，使培养基质中碳氮比例趋于适当，以满足食用菌菌丝体对营养的合理需求。

2. 采用无菌操作方法转接品种纯一种块　利用灭菌设备对菌种生产所用的培养基质进行灭菌（灭菌指采用物理或化学方法杀灭一切微生物的方法）处理，实质是使培养基质中不含有活体生物，没有了杂菌，将来基质中就不会生长出霉菌、细菌和放线菌等杂菌。这与生产水稻、小麦、玉米等农作物一样，在栽种之前需要对栽培田块或地块清除杂草，使田地上将来不生长或尽量不长出杂草来。

　　无菌操作（指在无菌条件下的操作过程）是微生物实验工作中时常用到的方法。采用这种方法可将食用菌种块移植到没有活体杂菌（基质已经灭菌过）的新的培养基质之中，防止和避免了其他微生物（杂菌）在菌种转接（接种）过程中进入新的基质，确保了食用菌菌种和品种的纯一，使培养基质中将来只有食用菌菌丝体生长。

　　3. 逐级扩繁菌种　母种常使用马铃薯葡萄糖琼脂培养基。葡萄糖含量多，菌丝体能直接便利地吸收利用这类小分子物质，而分解木质素和纤维素（大分子物质）的生物酶处于"惰性"，导致降解木质素和纤维素的能力下降。原种和栽培种的培养基以木屑、棉籽壳等为主料，富含木质素和纤维素。母种菌块转接至原种基质，重新激活菌丝体内分解木质素和纤维素酶类的活力；原种菌块再转接至栽培种基质，促使菌丝体分泌这些酶增多、酶活性增强。采取母种→原种→栽培种逐级扩繁菌种程序，逐渐让菌丝体"恢复到"原来强有力分解木质素和纤维素的"本性"，有利于加快发菌和提高出菇出耳产量。

　　4. 营造适宜环境条件以使菌丝健壮生长　食用菌菌种生产就是生产菌丝体的过程。因此，要根据食用菌营养和理化特点和可无限生长特性，利用菌种生产的设施设备，营造适宜菌丝生长的环境条件：一般培养料的含水量60%左右、空气相对湿度（空气相对湿度是指空气中的绝对湿度与同温度下的饱和绝对湿度的比值，常用英文"RH"表示，可通过温湿度计或温湿度记录仪测定出空气相对湿度的高低）60%～70%；pH值5.5～6.5；培养温度25℃；培养室适当通风换气，保证氧气供应；遮光培养等。这样可使菌丝体在舒适的环境中无限制、快速和健壮生长，大量地繁殖。

三、设施及材料

（一）厂房设施

1. 设置厂房设施 菌种生产工作一般在菌种生产厂房内完成。菌种厂最好建造在地势开阔，光线充足，通风干燥，水电方便，远离交通要道、养殖场、垃圾场和工厂的地方。菌种厂内按照菌种生产工艺流程设置各自隔离的摊晒场、原料库、配料分装室（场）、灭菌室、冷却室、接种室、培养室、贮存室、菌种检验室等功能车间。厂房及车间规模可根据菌种生产规模灵活确定。菌种厂配备相应的水电设施。

2. 常用仪器设备

（1）**粉碎机** 用于对木材、秸秆等进行粉碎加工，便于装进菌种瓶和菌种袋，安装放置在原料准备场所。

（2）**拌料机** 用于对基质原料的搅拌，节省劳动力、提高工作效率，安装放置在配料分装室（场）。

（3）**装瓶（袋）机** 用于基质分装入菌种瓶（袋），节省劳动力、提高工作效率，安装放置在配料分装室（场）。

（4）**灭菌器、灭菌锅、土蒸灶** 用于基质灭菌，安装放置在灭菌室。

（5）**接种箱、超净工作台、接种帐** 用于转接菌种的场所，安装放置在接种室。

（6）**培养箱** 用于控温培养菌种，安装放置在培养室。

（7）**空调** 用于控温培养菌种，安装放置在培养室。

（8）**冰箱、冷柜** 用于菌种短时间保藏，安装放置在贮存室。

（9）**试管、菌种瓶、菌种料袋** 用于盛装基质，存放于贮存室。

（10）**显微镜** 用于检测菌种质量，安装放置在菌种检验室。

以上仪器设备的规格型号和数量多少可根据菌种厂生产规模和经济实力加以灵活配置。

3. 常用小型器具 主要包括：常规天平、杆秤或电子秤，用于称量药品、基质物料，放置在配料分装室（场）；刀、不锈钢蒸煮锅或锑锅、玻璃棒、纱布、梳棉、牛皮纸、pH 试纸、电炉、漏斗架、漏斗等，用于母种培养基熬制、分装等，放置在配料分装室；酒精灯、接种针、接种铲、接种锄、接种勺、接种镊等，用于菌种转接过程，放置于接种箱、超净工作台、接种帐、接种室。

（二）基质原料

1. 菌丝生长的营养特性 到野外去采"蘑菇"时，不难发现自然界中野生食用菌的子实体（指产生孢子的真菌器官，即供人们食用的菇体和耳片），要么发生在树木的倒木、折断枝丫和树桩之上，要么发生在树林下土壤之上和农作物菜园地土壤之上，要么发生在马粪和牛粪堆之上……可见，食用菌种类不同其生长发育所需营养物质特性也是不同的。那些生长在倒木、折断枝丫和树桩之上的食用菌，是通过其菌丝体分解枯死树木物质来作为自身营养得以生长发育，靠腐解枯死树木为生，被称作"腐生菌"。人工栽培的大多数食用菌均为腐生菌，如平菇、香菇、金针菇、黑木耳、毛木耳、灵芝、银耳等。那些生长在土壤之上的食用菌，是通过其菌丝体吸收土壤及其土壤中植物或动物中物质来生长发育，被称作"土生菌""寄生菌""共生菌"。土生菌有蘑菇（双孢蘑菇、四孢蘑菇）、竹荪、鸡腿菇、大球盖菇、羊肚菌等。这类菌若缺乏土壤，即使菌丝体生长得再繁茂也难以形成子实体。研究发现，松茸和块菌还与林下树根有密切关系，通过其菌丝体与松树等树木的细根形成菌根，以吸收树木的养分为生，被称作"寄生菌"或"共生菌"（学术上存在不同观点）。没有树木的地方绝没有松茸和块菌的发生。鸡枞则发生于白蚁巢穴之上，也许是靠吸收蚁巢中营养为生，称为"寄生菌"。土生菌、寄生菌或共生菌不容易进行人工驯化栽培。

2. 菌种生产的基质原料　多数栽培食用菌为腐生菌，即营腐生特性。其营养物质为枯死木材，后来发现农作物秸秆、皮壳等也能作为食用菌的营养物质。研究表明，多数食用菌的生长主要是依靠菌丝体直接吸收基质中的单糖、有机酸等简单小分子化合物，分泌酶类将木材、木屑、稻麦秆、棉籽壳、玉米芯等农林副产物中的纤维素、半纤维素和木质素等大分子物质分解成小分子的糖类并进行吸收和利用，同时也吸收基质中的磷、钾、钙、镁等矿物质和维生素等，以合成构建自身细胞的组成物质并不断加以繁殖。因此，通常食用菌菌种生产的基质原料有木屑、棉籽壳、蔗糖、麦麸、米糠、酵母粉、磷酸二氢钾（磷酸氢二钾）、硫酸镁、石灰、石膏等。将这些基质原料加以合理配制，就能满足菌丝体生长需要，以达到大量扩繁菌丝体的目的。这些原料来源广泛，容易获取。

琼脂，又叫琼胶、洋菜、冻粉，是制作母种培养基的凝固剂，由麒麟菜、石花菜等红藻经水煮提取出胶质，再经冻结、脱水、干燥而成。无臭、无味，为透明或白色至浅褐色的片、条或粉末。不溶于冷水，溶于热水，一般约在96℃时熔化，40℃时凝固，并能反复凝固熔化，因而使用方便，是制作食用菌等微生物母种培养基最常用的优良凝固剂。其化学试剂在商店有售。

（三）试剂药品

1. 调节 pH 值的试剂

（1）**盐酸**　又称氢氯酸，是氯化氢的水溶液，为无色液体。商品浓盐酸含37%～38%氯化氢，比重1.19，用于调节母种培养基的酸碱度。如培养基 pH 值太高，则可加入适量盐酸将培养基 pH 值下调至所需值。

（2）**氢氧化钠** 俗名烧碱、火碱、苛性钠，纯品为无色透明晶体。吸潮性很强，易溶于水，同时放出大量热。称取 2 克氢氧化钠溶于 38 毫升水中即成 5% 氢氧化钠溶液，用于调节母种培养基的酸碱度。如培养基 pH 值太低，则可加入适量 5% 氢氧化钠溶液，使培养基 pH 值上调至所需值。

2. 常用消毒药品

（1）**高锰酸钾** 暗紫色棱状晶体，表面具金属光泽，强氧化剂，240℃下即分解放氧。配制成 0.01%～0.1% 高锰酸钾溶液，作用 10～30 分钟即可杀灭微生物营养体；2%～5% 高锰酸钾溶液，作用 24 小时，可杀灭细菌芽孢。其杀菌原理是使蛋白质和氨基酸氧化，并使酶失活，导致营养体和芽孢死亡。在扩繁菌种过程中，常用 0.1% 高锰酸钾溶液浸泡或涂抹原种、栽培种和栽培袋的外壁，利用其强氧化作用进行表面消毒（消毒指采用物理或化学方法消除有害微生物）。也可将高锰酸钾晶体直接放入盛有 37% 甲醛溶液的容器中混合，使之产生甲醛气体对接种室和接种箱内空间进行熏蒸灭菌。

（2）**甲醛** 无色气体，具辛辣窒息臭味，密度为空气的 1.067 倍，燃点约为 300℃，易溶于水和醇。37% 左右的甲醛水溶液旧称福尔马林。甲醛气体和水溶液均可杀灭各种微生物，甲醛在空气中浓度为 15 毫克/升时，作用 2 小时可杀灭细菌营养体，作用 12 小时可杀灭细菌芽孢；浓度低至 0.002%～0.004% 时仍具杀菌作用。其杀菌原理：①凝固蛋白质；②还原氨基酸；③使蛋白质分子烷基化。常将 37% 甲醛溶液与高锰酸钾混合，用于接种箱、接种帐、接种室的空间杀菌。空间杀菌时每立方米空间使用 10 毫升 37% 甲醛溶液＋7 克高锰酸钾。

（3）**漂白粉** 又叫氯石灰，主要成分为次氯酸钙 $[Ca(ClO)_2]$，也含氧化钙、碳酸钙和氢氧化钙等。为白色颗粒状粉末，有氯臭，能溶于水但溶液浑浊且有大量沉渣，易吸潮，呈碱性，能杀灭所有微生物。其杀菌原理：漂白粉溶于水，其中次氯酸钙生成次氯酸，次氯酸分解产生新生态氧和游离氯；次氯酸、新生态氧和游离氯都可作用于菌体蛋白质而使微生物死亡，起杀菌作用的主要是次氯酸。可配成5%漂白粉溶液，即配即用，对接种室、接种箱内空间喷雾杀菌，使用剂量为$1 \sim 1.5$升/米^3；空气潮湿时可将漂白粉直接撒于地面，用量为$20 \sim 40$克/米^2。

（4）乙醇　俗称酒精，无色透明液体，易挥发，有强烈酒气和辛辣味，可燃烧，沸点为78.5℃，可与水任意混溶。医用酒精浓度不低于94.5%（体积比）。能杀灭微生物，60%～70%酒精溶液作用5分钟可杀死细菌营养体；作用$30 \sim 60$分钟可杀死真菌孢子，但对细菌芽孢无效。其杀菌机理：①使蛋白质脱水变性；②干扰微生物的新陈代谢，抑制其繁殖；③有溶菌作用。常常配制成75%酒精水溶液，用于菌种转接前涂抹手部、母种试管及原种瓶的外壁等，对皮肤、管瓶壁表面消毒。75%酒精的配制方法：用量筒量取95%的酒精75毫升，加入20毫升无菌水（指灭过菌的水）即成。

以上试剂药品均可在化学试剂门市部或医药试剂门市部购买。

四、人员及素质

（一）菌种生产人员

根据客户需求菌种的种类及其数量、供种时间、自身生产条件和能力等，合理确定菌种生产经营目标和计划。有了目标和计划后，及时组建菌种生产经营管理团队。菌种生产作业人员主要包括拌料人员、装瓶装袋人员、灭菌人员、接种人员等。技术工作人员总数及各个生产环节人员数量可根据菌种生产总规模大小和日生产量多少加以灵活确定和安排。菌种生产人员利用生产厂房设施和基质原料从事菌种生产作业。

（二）团队素质要求

对菌种生产和团队管理人员的素质要求：①要有"质量第一，为用户着想，遵章守纪，互助协作"的理念和行为。②具有食用菌专业知识；掌握菌种生产技能，如基质配制、拌料装瓶装袋、灭菌方法、无菌操作转接种块技术、菌种培养环境调控法、菌种质量鉴别法等。③菌种生产经营单位和个人应取得《食用菌菌种生产经营许可证》。菌种生产单位对团队人员进行定期或不定期培训，以提高团队的业务水平和思想素质，禁止考核不合格的人员上岗工作。

五、母种生产

食用菌的母种是指经各种方法选育得到的具有结实性的菌丝体纯培养物及其继代培养物，也称一级种、试管种。母种生产是指对引进种源或自行保存种源进行数量上扩大繁殖的过程。目的是为原种生产提供足够种源。母种是食用菌品种种性"传承"的源头。母种质量的优劣直接影响到原种和栽培种质量的好坏，影响到栽培出菇产品的单产高低和品质优劣，最终影响到生产的成败。因此，母种生产非常重要。建议使用省级审定或认定的品种作为母种生产的种源。母种生产之前，应对种源进行出菇试验，确定其种性优良之后才可用于母种扩繁。

（一）培养基配方

将用于食用菌母种培养的基质称为母种培养基。母种培养基是将适宜食用菌菌丝生长的营养物质按照一定比例配制、具有良好理化性质的混合物。母种生产使用的培养基通常为固体斜面培养基，即在基质中加入琼脂作为凝固剂，使基质凝固成斜面，让种块菌丝在斜面上不断生长。尽管不同种类的食用菌对母种培养基配方有一定差异，但是下列两个母种培养基配方适合多种食用菌的母种生产。

1. 马铃薯葡萄糖琼脂培养基（PDA 培养基） 马铃薯（去皮）200 克，葡萄糖 20 克，琼脂 20 克，水 1000 毫升。

2. 综合马铃薯葡萄糖琼脂培养基（CPDA 综合培养基） 马铃薯（去皮）200 克，葡萄糖 20 克，磷酸二氢钾 2 克，硫酸镁 0.5 克，琼脂 20 克，水 1000 毫升。

（二）培养基制作

食用菌母种培养基尽管种类很多、配方不同，但是其配制方法基本一致。下面以制作"CPDA 综合培养基"为例，介绍"九步法"制作母种培养基：准备原料、热取薯汁、熔化琼脂、定容基质、调节 pH 值、分装基质、高压灭菌、摆放斜面和灭菌检验。

1. 准备原料 按照"CPDA 综合培养基"要求称取：马铃薯（去皮）200 克、葡萄糖 20 克、磷酸二氢钾 2 克、硫酸镁 0.5 克、琼脂 20 克、水 1000 毫升，备用。其中，马铃薯选取无芽、未变色的薯块，用刀削掉表皮，切成 1 厘米见方的小块。

2. 热取薯汁 将薯块置于盛有 1200 毫升水的锅内，加热至沸腾，不断用玻璃棒搅拌，以免薯块沉底烧焦，文火保持 30 分钟，让薯块汁液因加热被充分浸出。之后，倒在 4 层纱布上进行过滤，即获得薯块的汁液。

3. 熔化琼脂 将琼脂粉倒入薯块汁液中边加热边搅拌，直至琼脂熔化。若使用琼脂条，则需要先将条剪成 2 厘米长的小段，并以清水漂洗 2 次除去杂质，再倒入薯块汁液中一边加热一边搅拌，直至琼脂完全熔化。

4. 定容基质 趁热将获得的薯块汁和熔化琼脂的混合液体倒进 1000 毫升的量盅中，再将葡萄糖、磷酸二氢钾和硫酸镁加入其中，边搅拌边补充热水，直至容器 1000 毫升刻度处，使营养液总体积定容为 1000 毫升。

5. 调节 pH 值 将装有营养液的量盅保持 40～50℃并不断搅拌营养液，用 pH 试纸测定营养液的酸碱度，用吸管吸取盐酸或氢氧化钠溶液将营养液的酸碱度调节到食用菌适宜 pH 值范围。如香菇适宜 pH 值为 4.5～5.5，考虑到基质灭菌后会下降 1 个 pH 值，则调至 pH 值在 5.5～6.5 即可。

6. 分装基质 培养基调配好后即可分装到规格为 18 毫米×180 毫米或 20 毫米× 200 毫米的玻璃试管内。分装装置可用带铁环的漏斗式分装架（图 1-1）。

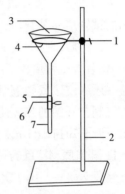

图 1-1 母种培养基分装装置
1. 固定钮 2. 固定架 3. 漏斗 4. 固定圈 5. 乳胶管 6. 止水夹 7. 玻管

分装方法：事先按图 1-1 架设好装置，其中止水夹呈夹住乳胶管状态；再向漏斗内加满培养基；然后，左手竖握三支空试管且管口朝上，移至乳胶管末端连接的玻管下方，让玻管插入试管内，右手开启止水夹，让培养基自流到试管内，流入试管中的培养基的柱状数量为试管长度的 1/5～1/4 为宜。关闭止水夹，取出试管，即完成了一支试管的分装，保持直立状态至培养基凝固。如此反复至将培养基分装完毕。

分装时注意两点：一是不要让培养基残留在试管口上和近管口壁上，若确实不小心出现残留，则待凝固后用接种钩将其扒出，并以潮湿洁净纱布擦拭干净，以免日后棉塞生霉造成污染；二是培养基在试管中的分装量控制在试管长度的 1/5～1/4，不能过多，也不可太少。

培养基全部分装完毕后，试管口塞上棉塞。棉塞选用干净的梳棉制作。棉塞要求长度为 3～3.5 厘米，塞入试管内 1.5～2 厘米，外露长度 1.5 厘米左右，上下粗细均匀，大小以塞进试管后手提外露棉塞试管不下掉脱落为度，即松紧度适宜。棉塞松紧度一定要适宜，若过松则起不到阻止过滤杂菌作用，易感染杂菌，而且还易脱落；若过紧则不易拔出，影响日后接种时拔塞速度。之后，7支或10支试管捆成一捆，用双层牛皮纸或防潮纸将管口一端包扎紧，以防灭菌过程中冷凝水打湿棉塞，生霉污染。

7. 高压灭菌　采用高压蒸汽湿热灭菌法对母种培养基进行湿热灭菌。若培养基生产数量不多，使用手提式高压灭菌锅即可。

灭菌操作方法：按照说明书，先取出高压锅内套桶，将打成捆的试管培养基管口朝上、直立放置于手提式高压灭菌锅的内套桶中；然后，向锅内加水至相应位置（水量足够即可、不宜太多）。将装有试管培养基的内套桶再放回高压锅内，在内套桶上面加盖一层牛皮纸或防潮纸，盖上锅盖，拧紧螺帽，盖严锅盖，关闭放气阀，开始加热，使锅内水被烧开沸腾产生蒸汽。当压力表显示压力上升到0.05兆帕时，停止加热，打开排气阀门排去气体，如此进行2次，其目的是排尽锅内冷空气，防止出现假压现象，造成灭菌不彻底。排2次气后，继续加热，当压力上升到0.147兆帕，即安全阀自动放气时，开始计时，并在此压力下保持30～40分钟。然后，停止加热并微开启放气阀阀门，缓慢排出锅内气体，切勿放气过大，否则会造成培养基喷出试管。排气结束，压力表指针回到0时，全开启放气阀阀门，让锅内热气排出。

8. 摆放斜面　打开锅盖，稍冷却至不太烫手时，再进行斜面摆放。摆放前先在桌面上放置一根厚为1厘米的木方条，成为摆放试管的枕木，再将灭菌后的培养基试管取出，管口一端靠在枕木上，试管内培养基就自然成倾斜状，以斜面底部刚至管底，斜面长度一般以斜面顶端距离棉塞的距离40～50毫米为宜，约为试管长度的3/4即可（图1-2，图1-3），切勿使培养基与棉塞接触。在尚未凝固之前不要移动培养基试管，否则会造成培养基斜面变形。

特别注意：打开锅盖后不宜立即摆放斜面，否则，因温差太大，试管内会产生过多冷凝水，这对日后培养菌种不利，同时会湿润棉塞导致杂菌污染。一般，高温季节打开锅盖后自然降温30～40分钟，低温季节自然降温20分钟后即可摆放斜面。

9. 灭菌检验　将制好的斜面培养基在37℃下培养2天，或在30℃下培养3天。若观察确认培养基上无菌落出现，表明灭菌彻底，则可用于菌种生产。若培养基上出现白色、绿色、鼻涕状等异物，表明是杂菌菌落（白色和绿色异物是霉菌的前期和后期菌落，鼻涕状异物为细菌菌落），说明灭菌不彻底，没有彻底杀死杂菌，培养基不能用于菌种生产。

以上九个作业步骤要紧密衔接，尤其是培养基调配并分装后应及时灭菌，不能隔夜灭菌，否则，培养基中会很快滋生杂菌，基质养分被杂菌消耗，即使再行灭菌，培养基质量也会受到影响。

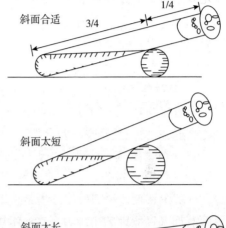

图1-2　斜面摆放

图1-3　摆放调整斜面长度（刘丽平　供图）

（三）转接种块

转接种块是指将种源的种块转移到事先无菌种的基质上的过

程，也称接种、转接菌种、母种转接和母种扩繁等。这个过程类似于小麦、玉米等农作物生产中的播种。转接种块的操作是在无杂菌环境中（超净工作台、接种箱和接种室等）按照无菌操作方法进行，以免杂菌进入基质。

1. 接种环境消毒 接种室或接种箱在使用之前应除了对其内部做好清洁卫生外，重点还要做好消毒处理。常用消毒方法有3种：药物熏蒸、药液喷雾和紫外灯照射。3种方法交替使用效果最好。

（1）药物熏蒸 接种前1天，以气雾消毒剂或者37%甲醛溶液加高锰酸钾进行消毒。使用剂量主要根据消毒空间大小而定，气雾消毒剂使用剂量和方法参照其生产厂家说明书。37%甲醛溶液加高锰酸钾的用量为每立方米用8毫升37%甲醛溶液、5克高锰酸钾。使用前先关闭接种室或接种箱的所有门窗，然后在较大烧杯或铁盆、瓷盆内加入按比例算出质量的高锰酸钾，操作人员戴上口罩或防毒面具后再迅速倒入相应比例的37%甲醛溶液，立即离开并迅速关闭门窗，持续一天一夜，让药物产生蒸发气体充满空间，起到熏蒸消毒杀菌效果。第二天进去，先用适量氨水喷雾空间，消除空气中的甲醛，以免甲醛伤及操作人员的眼睛和呼吸道，再进行接种操作。

（2）药液喷雾 将5%苯酚溶液或来苏尔溶液倒进喷壶或喷雾器内，在接种操作前对接种室或接种箱内进行喷雾，药液沉降空气中的尘埃及杂菌孢子，起到净化空间和消毒杀菌作用。

（3）紫外灯照射 接种前只开启接种室或接种箱内的紫外线杀菌灯（同时，一定要关闭照明灯，否则会影响杀菌效果），持续30分钟，让紫外线照射空间，杀灭空间里杂菌。

2. 转接种块方法 接种室或接种箱内经过环境消毒后就可进行转接菌种操作。转接菌种操作是在超净工作台或接种室或接种箱内酒精灯火焰旁进行无菌操作。

转接菌种方法：手部和接种工具先行消毒。操作人员先用75%酒精棉球对自己的手部进行全面擦拭；再对接种针或接种铲进行整体擦拭，做初步消毒处理。点燃酒精灯，将接种针或接种铲的针尖或铲尖及其金属棒部分浸蘸上 95% 酒精，置于酒精灯火焰上来回灼烧，烧红烧透，做进一步杀菌处理，彻底杀灭接种针或接种铲的针尖或铲尖及其金属棒上面的所有微生物，待冷却后作为移植种块的工具，并竖直插入灭菌过的空试管（管口在上管底在下竖立，接种针或接种铲插入后针尖或铲尖在试管底部）中等待转接操作时使用。

用左手取一支母种（种源）试管，右手握住棉塞头部（棉塞头部指外露于试管的棉塞部分）轻轻旋转并取出棉塞，并将棉塞放在中指与无名指之间夹着（不放到别处，以免污染杂菌），中指和无名指夹住棉塞头部、尾部（棉塞尾部指插入试管内部的棉塞部分）露于手背即可。紧接着左手将母种试管的管口移到火焰上方，快速旋转一圈，让火焰杀灭管口附近杂菌，并停留保持在距离火焰上方 1～1.5 厘米位置处（不能直接长时间灼烧管口，否则试管会炸裂），用火焰封锁管口，不让空气中的杂菌侵入。

用右手取一支待接种培养基试管，左手予以配合，右手小指夹住棉塞头部、轻轻旋转并取出棉塞，并夹着棉塞。左手将待接培养基试管靠近并排于母种试管，呈平握状态。再以右手拇指、食指和中指配合从空试管中取出接种针或接种铲，让针尖或铲尖快速通过火焰进入母种试管内，针尖或铲尖接触管壁片刻冷却后，将母种划割成带有基质的 3～5 毫米见方的种块。用针尖或铲尖挑取一块种块（只挑取菌丝生长粗壮、浓密种块即生长势旺盛的种块进行转接，不挑取菌丝干枯和较老处的种块），迅速取出、转移到待接培养基试管内斜面中央位置、种块紧贴培养基，取出接种针或接种铲，放回母种管内。用棉塞塞上已经被接种的培养基试管。这样，一支试管母种的转接操作结束（图 1-4）。如此反复，直至转接完毕。一般，一支母种可以转扩接 30～40 支试管。

在转扩接后一定要在试管上贴上标签，标签内容：品种名称、接种时间、接种人姓名等，以防弄错品种，同时一旦有问题

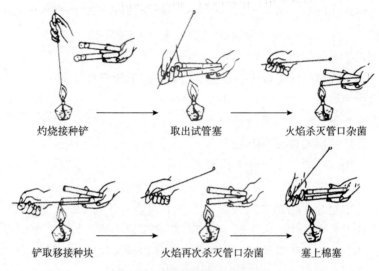

灼烧接种铲　　　　取出试管塞　　　　火焰杀灭管口杂菌

铲取移接种块　　火焰再次杀灭管口杂菌　　塞上棉塞

图1-4　无菌操作转接母种种块

发生可供追溯。

（四）母种培养

1. 恒温培养　将转扩接种块后的试管转移入恒温培养箱或培养室内进行避光培养，培养温度一般调节到25℃左右。若在培养室规模化培养，则需将室内空气相对湿度控制在60%～70%，并注意适当通风换气，保证有足够氧气供应。满足菌丝体生长最适的环境条件，保证母种菌丝体快速和健壮生长。一般，培养7～10天，菌丝体就会长满试管斜面。

2. 检查记录　在母种培养期间，一定要做好"常观勤查"和详细记录工作。在接种后第三天就要细心观察种块菌丝萌发和杂菌污染等情况，并在工作日志上做好记录，记录下第一次观察到的结果；以后1～2天记录一次，直到菌丝体长满试管斜面。特别要及时仔细地检查和剔除被杂菌污染的试管，做到早发现早剔除，若未及时检查或未剔除被污染的试管，一旦被食用菌菌丝生长覆盖，难以辨别后再用于扩繁原种，则将会造成无法挽救的损失。

（五）母种质量要求

农业农村部和国家质量监督检验检疫总局对食用菌的母种有质量要求。

1. 容器要求　使用玻璃试管或培养皿。试管规格为18毫米×180毫米或20毫米×200毫米。棉塞要使用梳棉或化纤棉，不使用脱脂棉；也可用硅胶塞代替棉塞。

2. 感官要求

（1）**容器**　完整，无损。

（2）**棉塞**　干燥、洁净、松紧适度，能满足透气和滤菌要求。

（3）**培养基灌注量**　试管总容积的1/5～1/4。

（4）**斜面长度**　顶端距离棉塞40～50毫米。

（5）**种块大小（接种量）**　种块大小为（3～5）毫米×（3～5）毫米。

（6）**菌种外观**　菌丝长满斜面。菌丝体洁白、浓密、旺健、棉毛状。菌丝体表面均匀、舒展、平整、无角变（角变指因菌丝体局部变异或感染病毒而导致菌丝变细、生长缓慢、菌丝体表面特征成角状异常的现象）。菌丝无分泌物。菌落（菌落指在固体培养基上形成的单个生物群体）边缘整齐。无杂菌菌落。

（7）**斜面背面外观**　培养基不干缩，颜色均匀、无暗斑、无色素（竹荪等例外）。

3. 微生物学要求

（1）**菌丝生长状态**　粗壮、丰满、均匀。

（2）**锁状联合**　菌丝具有锁状联合（锁状联合指一种锁状桥接的菌丝结构，是异宗结合担子菌次生菌丝的特征）。

（3）**杂菌**　试管内及培养基中均无杂菌。

4. 菌丝生长速度　在PDA培养基上，在适温（24±1℃）下，长满斜面需10～14天，如香菇等。

5. 栽培性状　母种供应单位，需经出菇试验确定农艺性状和商品性状等种性合格后，方可用于扩大繁殖或出售。

（六）标识与包装

作为产品和商品的母种，应该有相应的产品标识和产品包装（产品包装指给生产的产品进行装盒和装箱等），以利于识别和方便运输。

1. 母种标签　产品标签指标明产品的种类、型号、生产单位、生产日期和执行标准等的纸签或不干胶质签。每支食用菌母种必须贴有标签，标签上清晰注明要素：产品名称（如香菇母种），品种名称（如金地香菇），生产单位（××菌种厂），接种日期（如2017.8.28），执行标准。

2. 包装及标签

（1）**包装**　母种外包装采用木盒或硬质纸箱（硬质纸箱指用有足够强度的纸质材料制作的纸箱），内部用棉花、报纸和碎纸等具有缓冲作用的轻质材料填满，以免试管晃动、相互碰撞而破碎。

（2）**标签**　每个盒子或箱子上必须贴有标签，标签上清晰注明要素：产品名称、品种名称；厂名、厂址、联系电话；出厂日期；保质期、贮存条件；数量；执行标准。

3. 包装储运图示　包装储运图示指在产品外包装上标志（标识）出该产品在储存和运输过程中需要注意事项的图标和文字，以告知储运人员加以注意。香菇母种外包装上应注明图示标志：小心轻放标志；防水、防潮、防冻标志；防止倒置标志；防止重压标志。

（七）保留样品

生产出来的母种在出厂前都要保留样品（简称留样），以备事后追查。每个母种生产批号应留样3支母种，于4～6℃下贮存5个月。

（八）运输与贮存

1. 运输 母种不得与有毒物品混装运输。当气温达 30℃以上时，需要用 0～20℃的冷藏车加以运输。运输过程中必须有防震、防晒、防尘、防雨淋、防冻、防杂菌污染的措施。

2. 贮存 母种在 4～6℃的冰箱中贮存（草菇等例外），贮存期不超过 3 个月。

六、原种生产

食用菌的原种是指由母种移植、扩大培养而成的菌丝体纯培养物，也称二级种。原种生产是指将母种种块移植到含有木屑、棉籽壳和麦麸等培养基上培养出菌种的过程。原种生产的作用是扩大菌种数量，并使母种菌种逐渐适应木质素、纤维素等复杂培养基原料的生长环境。

下面以香菇原种生产为例介绍原种生产技术。

（一）培养基配制

1. 培养基配方

（1）木屑培养基 阔叶树木屑 78%，麦麸 20%，蔗糖 1%，石膏 1%，含水量 58%±2%。木屑培养基又称 782011 培养基，其中 782011 表示在培养基中木屑、麦麸、蔗糖和石膏分别占 78 份、20 份、1 份和 1 份，非常直观和易记。

（2）木屑棉籽壳培养基 阔叶树木屑 63%，棉籽壳 15%，麦麸 20%，蔗糖 1%，石膏 1%，含水量 58%±2%。

（3）木屑玉米芯培养基 阔叶树木屑 63%，玉米芯 15%，麦麸 20%，蔗糖 1%，石膏 1%，含水量 58%±2%。

培养基原料要求：棉籽壳和麦麸要求不生霉变质和未遭虫蛀。木屑要求选用青杠树等阔叶树的木屑，不使用松树、杉树、樟树和桉树等木屑。因为松树、杉树、樟树和桉树等树材中含有拟菌和杀菌的物质成分，所以一般不直接用作菌种原料。若确实要用，则必须经 2～3 个月的高温发酵处理，除去其中拟菌和杀菌的物质成分，才可使用。石膏要求使用正品。

2. 培养基配制方法　以配制 100 千克的木屑培养基为例，说明其配制操作方法的 5 个主要步骤：称料拌匀、调节水分、基质分装、基质灭菌和基质冷却。

（1）**称料拌匀**　按照配方比例，先称取 78 千克木屑倒在平坦水泥地上，用耙子扒散、摊平；再称取 20 千克麦麸和 1 千克石膏，在附近另处用铲子将麦麸和石膏拌和均匀后撒于摊平的木屑上；用铲子将木屑、麦麸和石膏继续充分拌匀；称取 1 千克蔗糖用少量水溶解，喷洒于料面，再进行翻料拌匀。

（2）**调节水分**　将拌料稍摊平，向料面上均匀喷洒加入 107 千克水，再用铲子将料水充分拌和均匀。

其中，加水量 107 千克是由公式"培养料含水量＝（培养料中的含水量＋加水量）÷（培养料重量＋加水量）×100%"计算得出：已知培养料自身含水量为 13%，若将培养料含水量调至 58%，假设加水量为 X 千克，则 58%＝（13%×100 千克＋X 千克）÷（100 千克＋X 千克）×100%，计算结果为 X≈107 千克。因此，培养基的料水比约为 1∶1.07。

（3）**基质分装**　拌好的培养料基质应尽快分装到原种基料盛装容器之中，简称装瓶或装袋。否则，基质若不尽快分装，则含有水分的培养料，因营养丰富很容易滋生杂菌。堆置时间越长，滋生杂菌越多，彻底灭菌基质越难，而且基质养分遭受消耗和破坏越多。堆置时间过长，还会导致基质酸败而不能使用。

装料要求：将培养料基质分装到料瓶或料袋中应该松紧适当，利于菌丝生长；不要装得过满，以培养基上表面距离瓶（袋）口 50±5 毫米为准（图 1-5），利于后期观察种块菌丝萌发和杂菌污染情况；一边装料一边将料面压平。然后，用锥形小木棒或硬质塑料棒从料正中间向底部转动地下插一个洞,洞深至底部,有利于通气,较好地满足菌丝生长的供养空间,菌丝体快速向料中生长繁殖,有利于缩短菌丝体长满料瓶或料袋的时间。

装料时尽量不要污损料瓶外壁及平口或料袋外壁。装料后,及时用湿布将瓶口内壁和整个瓶子外壁擦拭干净,以免沾有基质,造成后期杂菌滋生,污染菌种。

清洁料瓶或料袋后,塞上棉塞,棉塞外面最好再包上一层牛皮纸或耐高温塑料膜,并用棉绳

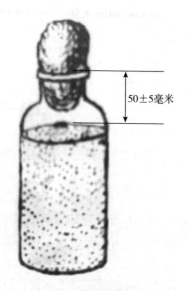

50±5毫米

图1-5 装料距瓶口距离

(或耐高温塑料绳)扎紧,以防之后灭菌时棉塞受潮污染杂菌。若使用无棉塑料盖代替棉塞,则直接盖上即可,无需此包扎等工序。

(4)基质灭菌 装妥的料瓶或料袋必须及时进行灭菌。通常使用大型高压蒸汽灭菌器对基质进行灭菌。灭菌器在使用前,在仔细阅读使用说明书的基础上,应该检查并确认压力表、水位表和安全阀等达到要求。其灭菌操作步骤及方法如下。

①料瓶(袋)装锅 将料瓶或料袋小心搬置于灭菌器锅内,瓶口或袋口朝向锅门或锅盖。关闭锅门,拧紧螺杆。

②排放冷气 将压力控制器的旋钮拧至套层,先将套层加热升压,当压力表显示达到0.05兆帕时,开启放气阀,排放锅内冷空气,以利彻底灭菌。当锅内冷气排净后,关闭放气阀。

③计时灭菌 当套层内压力达到预置压力0.12兆帕或0.14兆帕或0.2兆帕时,将压力控制器的旋钮拧至消毒,使套层的水蒸气进入消毒室。从此开始计时。计时时间(灭菌时间)长短不可一言而定,应根据锅内所装料瓶或料袋数量多少而定,一般,

在 0.12 兆帕压力条件下，灭菌时间为 1.5 小时；在 0.14～0.15 兆帕条件下，灭菌时间为 1 小时。若装容量较大，则灭菌时间应该进行相应调整，适当加以延长，以达到预期最佳灭菌效果。

④关闭热源　灭菌达到要求的时间后，关闭热源，使压力和温度自然下降。当压力表指示压力降至 0 后，慢慢打开放气阀，让饱和蒸汽先徐徐排放，再逐渐开大放气阀，放净蒸汽，最后再微开锅门或锅盖，让余热将棉塞吸附的水蒸气蒸发掉。灭菌完毕时，切忌直接全部打开放气阀、强行排气降压，否则，会造成料瓶或料袋因压力突变而破瓶或破袋和塞子被冲脱落。

（5）**基质冷却**　料瓶或料袋灭菌后，培养料基质内温度还是较高，可搬至冷却室让料温自然降至 28℃以下，再进行接种。否则，若直接接种，种块菌丝会被"烫死"或"烫伤"，导致菌种死亡或成活率降低。灭菌后，整个料瓶或料袋内部处于无菌状态，为了减少接种过程中杂菌的污染，冷却室在使用前做好清洁卫生、除尘和消毒灭菌等处理，呈无杂菌状态。

（二）扩繁培养

原种的扩繁培养指通过无菌操作将母种种块移接到已经配制好的原种培养基上，在适宜条件下培养，让菌丝体不断生长繁殖、数量扩大的过程，即由母种移接和原种培养发菌两个操作环节来完成。

1. 母种种块移接　母种移接是在无菌环境条件下，采用无菌操作方法，将母种种块转移接种到已经配制好的原种培养基上的过程。其无菌环境条件主要在接种箱或接种室中营造。

（1）**接种环境消毒**　方法与上述"母种生产"中的"接种环境消毒"相同。

（2）**母种移接方法**　接种箱或接种室内经过环境消毒后就可进行母种移接操作。其操作是在接种箱或接种室内酒精灯火焰旁进行。

母种移接的具体方法：操作人员的手部和接种工具先行消毒，这与上述"母种生产"中"转接种块方法"中的"手部和接种工具先行消毒"相同，只是母种移接原种的工具多用接种锄或接种钩。

　　点燃酒精灯让火焰升起。首先用左手取一支试管母种，右手握住棉塞头部轻轻旋转并取出棉塞，棉塞放置在箱面或台面即可。紧接着左手将母种试管的管口移到火焰上方，快速旋转一圈，让火焰杀灭管口附近杂菌，并停留保持在距离火焰上方1～1.5厘米位置处（不能直接长时间灼烧管口，否则试管会炸裂），也可固定于专用支架上保持在该位置，用火焰封锁管口，不让空气中的杂菌侵入。

　　右手拿起接种锄或接种钩，让接种锄或接种钩通过火焰进入母种试管内，接触管壁片刻冷却后，将母种划割成带有基质的5～6块种块。将待接料瓶或料袋轻轻地移至酒精灯火焰旁，用右手小指夹住棉塞头部，轻轻旋转并取出棉塞，并夹着棉塞。用接种锄或接种钩钩取一块种块，迅速取出、转移到料瓶或料袋培养基中央位置、种块紧贴培养基，取出接种锄或接种钩，放回母种管内。用棉塞塞上已经被接种的料瓶或料袋。这样就完成了一次转接操作，如此反复，直至转接完毕。一般，一支母种可以转扩接5～6瓶（或袋）原种。

　　母种移接要求操作人员技术熟练，若由两人配合进行，速度更快、效果更好（图1-6）。在接种室接种，还要求操作人员进入接种室前要穿工作服、戴工作帽，接种时不要有人员走动，以免因空气流动导致杂菌进入培养基。

　　在转扩接后一定要在料瓶或料袋上贴上标签，标签内容：品种名称、接种时间、接种人姓名等，以防弄错品

图1-6　母种转接原种（两人配合）

种，同时一旦有问题发生可供追溯，分析查找原因。

2. 原种培养发菌

（1）**恒温培养** 将转扩接种块后的原种瓶或袋转移入恒温培养箱或培养室内进行避光培养，培养温度调节到 23 ± 2℃。若在培养室培养，则室内空气相对湿度控制在 60% ～ 70%，注意通风换气，以保证菌丝体快速和健壮生长。一般，在适宜培养基上，在适温（23 ± 2℃）下，菌丝长满容器需 40 ～ 50 天。

（2）**检查记录** 原种培养期间与母种培养一样，一定要做好观察、检查和记录工作。接种 2 ～ 3 天后，要观察种块菌丝萌发情况：正常情况下可见琼脂截面上已经萌发出白色新菌丝，若未见新菌丝，则应查找原因。

以后每隔 3 ～ 5 天检查一次，检查菌丝是否生长正常：香菇菌丝体在原种培养基上正常生长表现出浓密和均匀特征，若发现有菌丝生长干瘪和萎缩现象，表明菌丝缺乏活力，则需要查找分析原因，并及时剔除，不能作为原种继续培养和使用。重点仔细检查料瓶或料袋中基质是否被杂菌污染：若发现基质上有不同于香菇菌丝特征的菌丝，如有绿色、灰绿色、暗褐色、橘红色、灰白色和黑灰色等菌落出现，说明已经被杂菌污染，则应及时将其清除掉，不能继续培养，以免将杂菌传染给其他正常菌种。同时，也应查找分析原因。

出现不正常菌种和杂菌污染量较多问题时，不要惊慌，出了问题，尽管受到了损失，但是也得到了教训，重要的是要仔细查找、分析原因，要重点分析是哪个生产环节导致问题的发生：是种源带有杂菌？是基质灭菌不彻底？还是接种操作不严格？等等。找准了问题原因，可为今后菌种生产工作积累经验和及时采取应对措施，能积极有效地提高菌种生产技术能力和水平。

（三）原种质量要求

农业农村部和国家质量监督检验检疫总局对香菇的原种有质

量要求。

1. 容器要求　原种基料盛装容器有菌种料瓶和菌种料袋。料瓶：规范使用 650～750 毫升容量、耐 126℃高温、无色或近无色的玻璃菌种瓶，或 850 毫升容量、耐 126℃高温、白色半透明、符合《GB 4806.7—2016 食品安全国家标准　食品接触用塑料材料及制点》规定的塑料菌种瓶（感官指标：色泽正常，无异味、无异嗅、无异物）。料袋：规范使用规格 15 厘米×28 厘米、耐 126℃高温、符合《GB 4806.7—2016 食品安全国家标准　食品接触用塑料材料及制点》规定的聚丙烯塑料袋（感官指标：色泽正常，无异味、无异嗅、无异物）。各类容器都应使用棉塞，棉塞以梳棉制作，不应使用脱脂棉；也可用能够满足滤菌和透气要求的无棉塑料盖代替棉塞。

2. 感官要求

（1）**容器**　洁净、完整、无损。

（2）**棉塞或无棉塑料盖**　干燥、洁净、松紧适度，能满足透气和滤菌要求。

（3）**培养基上表面距瓶（袋）口的距离**　培养基上表面应距瓶（袋）口 50±5 毫米。

（4）**接种量（接种物大小）**　大于或等于 12 毫米×12 毫米。

（5）**菌种外观**　菌丝生长量：长满容器。菌丝体特征：洁白浓密、生长旺健。不同部位菌丝体：生长均匀，无角变，无高温抑制线（高温抑制线是指食用菌菌种生产过程中受高温的不良影响，培养物出现圈状发黄、发暗或菌丝变稀弱的现象）。培养基及菌丝体：紧贴瓶（袋）壁，无干缩。培养物表面分泌物：无或有少量深黄色至棕褐色水珠。杂菌菌落：无。颉颃现象：无（颉颃现象指具有不同遗传基因的菌落间互相抑制产生不生长区带或形成不同形式线形边缘的现象。很多文献资料中原用术语"拮抗"与现用术语"颉颃"是同一个意思）。子实体原基（原基指尚未分化的原始子实体的组织团）：无。

（6）**气味**　有香菇菌种特有的香味，无酸、臭、霉等异味。

3. 微生物学要求　香菇原种菌丝体生长要求处于粗壮、丰满和均匀状态；菌丝具有锁状联合。原种瓶（袋）内及其培养基均无杂菌。

4. 菌丝生长速度　在适宜培养基上，在适温（23±2℃）下，菌丝长满容器需35～50天。

（四）标识与包装

作为产品和商品的香菇原种，同样应该有相应的产品标识和产品包装，以利于识别和方便运输。

1. 原种标签　每瓶（袋）香菇原种必须贴有标签，标签上清晰注明以下内容：产品名称（如香菇原种），品种名称（如金地香菇），生产单位（××菌种厂），接种日期（如2017.10.28），执行标准。

2. 包装及标签

（1）**包装**　香菇原种外包装一般使用硬质纸箱进行包装。菌种间用碎纸、报纸等具有缓冲作用的轻质材料填满。纸箱上部和底部用8厘米宽的胶带封口，并用打包带捆扎两道，箱内附产品说明书和使用说明（包括菌种特性、培养基配方及适用范围）。

（2）**标签**　每个箱子上必须贴有标签，标签上清晰注明要素：产品名称、品种名称；厂名、厂址、联系电话；出厂日期；保质期、贮存条件；数量；执行标准。

3. 包装储运图示　原种外包装上应注明图示标志：小心轻放标志；防水、防潮、防冻标志；防止倒置标志；防止重压标志。

（五）运输与贮存

1. 运输　原种不得与有毒物品混装，不得挤压运输。当气温达30℃以上时，需要用0～20℃的冷藏车加以运输。在运输过程中必须有防震、防晒、防尘、防雨淋、防冻、防杂菌污染的措施。

2. 贮存　香菇菌丝体长满瓶（袋）的原种应尽快直接用于扩繁栽培种，或出售给别人及时扩繁栽培种。若暂时不使用，则在温度 0～10℃下贮存，贮存期不超过 40 天。

七、栽培种生产

食用菌的栽培种是指由原种移植、扩大培养而成的菌丝体纯培养物，也称三级种。栽培种只能用于栽培，一般不可再次扩大繁殖菌种。栽培种生产就是将原种再次扩大培养的过程。栽培种的作用是作为食用菌栽培的"种子"，用于培植食用菌子实体（菇体、耳体）。栽培种生产技术与原种生产技术基本一致，如培养基配方、装料容器、操作方法和培养方法等相同，只是接种量、转接瓶（袋）数量、满瓶（袋）时间和贮存期稍有差异。

这里只是将不同或应注意之处加以说明：一瓶原种可以转接栽培种 30～50 瓶（袋）栽培种。在适宜培养条件下，栽培种培养时间为 40～50 天。

培养好的栽培种应尽快用于食用菌生产。香菇栽培种，14天内可在温度不超过 25℃、清洁、干燥通风（空气相对湿度 50%～70%）、避光的室内存放。在 1～6℃条件下贮存，贮存期不超过 45 天。

八、菌种问题与预防措施

食用菌菌种生产是一个复杂的过程，只有严格把好各个生产环节，才能生产出优质菌种。当然，在生产中也会出现一些问题。如果出现问题，那么要对问题产生的具体原因做认真分析，采取有力措施进行预防，以避免今后再犯同样错误和出现问题（表 1-1）。

表1-1 原种（栽培种）生产常见问题、主要原因及预防措施

常见问题	表现形式	原因分析	预防措施
种块萌发异常	种块不萌发，或萌发缓慢、菌丝细弱	培养基基温度过高	培养基冷却至28℃才接种
		培养基原料霉变（含有有毒物质）	选用未霉变、不含农药的原料作为培养基质
		基质含水量过低	拌料时将基质含水量调配至58%±2%，如香菇
		培养基灭菌不彻底，存在细菌	培养基灭菌时注意排冷气、把握好温度和时间
		菌龄过长，菌丝活力下降	使用适龄健壮种源
发菌不良	1. 菌丝生长缓慢	培养基酸碱度不适	培养基酸碱度调至该品种适宜的pH值
		原料霉变或混有有毒物质（混杂有松树、杉树、桉树等木屑）	使用除松树、杉树、桉树等之外的阔叶树木屑
	2. 菌丝生长过快、菌丝纤细稀疏	培养基灭菌不彻底，细菌骚扰	培养基灭菌时注意排冷气，把握好温度和时间
	3. 菌丝干瘪不饱满、色泽灰暗	装料过紧，氧气不足	装料松紧适度，发菌室注意通风
	4. 菌丝生长不均匀	培养基水分过多或过少	拌料时将基质含水量调配至58%±2%，如香菇
		培养环境温度湿度过高，空气流通不畅	在温度22～25℃，空气相对湿度60%～70%下发菌

续表

常见问题	表现形式	原因分析	预防措施
杂菌污染	1. 出现有色菌斑	种源挑选不严，种子带杂菌，导致种块附近霉菌、放线菌和细菌污染：红色或黄色菌落（链孢霉）、绿色菌斑（木霉）和黑色菌斑（黑曲霉）；带状顶颖线（细菌隐形污染）	选用不带杂菌、生长健壮的合格种源
	2. 出现带状顶颖线	培养基灭菌不彻底，尤其基质未浸透水夹杂"干料"不易灭菌彻底，导致栽培种上中下各部位均有可能遭霉菌，放线菌和细菌污染	拌料前预湿原料，湿透原料，彻底无干料颗粒
		接种作业不严格，空中和接种用具上杂菌进入，导致栽培种上部遭霉菌、放线菌和细菌污染	接种时严格无菌操作，不让空气中和接种用具上杂菌进入容器及基质
		培养期间，瓶袋塞子密封不严或脱落，搬运摆放中不小心手破瓶袋，杂菌长入遭污染	料瓶（料袋）搬运摆放时轻拿轻放，避免塞子脱落，瓶碎袋破
害虫污染	1. 瓶袋内出现昆虫的"蛋""蛆""蛹"	培养环境有菌蝇、菌蚊等害虫的"卵"，仍然存活，出现幼虫，"卵""死灰复燃"，蛹和成虫，危害菌丝	做好培养室或发菌棚清洁卫生，破坏害虫生存空间和环境
	2. 瓶袋内出现"蜘蛛"状动物	瓶袋塞子密封不严或脱落，搬运摆放中不小心手破瓶袋，给害虫由袖嘴进入人机会	瓶袋塞子密封严实，不脱落，搬运摆放时轻拿轻放，避免塞子脱落，瓶碎袋破

第二章
香菇生产技术

图 2-1　香菇子实体

香菇又名香菌等（图 2-1）。香菇营养丰富，每 100 克干品中含水 13 克、脂肪 1.8 克、糖类 54 克、粗纤维 7.8 克、灰分 4.9 克、钙 124 毫克、磷 415 毫克、铁 25.3 毫克、维生素 B_1 0.07 毫克、维生素 B_2 1.13 毫克、烟酸 18.9 毫克。香菇含有 18 种氨基酸，其中人体必需的氨基酸占氨基酸总量的 35.7%。具有降低胆固醇、降低血糖、抗癌、抗病毒等作用。鲜香菇鲜美爽口，干香菇风味独特，香气沁人。因此，香菇是一类营养健康食品，素有"山珍"美誉，深受世界各国尤其是亚洲人民的喜爱，常常被作为高档蔬菜进行消费食用。

我国目前是世界上香菇生产量最大的国家。据中国食用菌协会统计，2017 年全国香菇产量为 986.5 万吨，在食用菌中产量最高。我国使用代料栽培技术和段木栽培技术生产香菇。其中，代料栽培生产香菇与段木栽培生产香菇相比，具有可控制、生物学效率（生物学效率是指单位质量培养料的干物质所培养产生出的鲜子实体质量，常用百分数表示。如使用干料 100 千克产生新鲜子实体 50 千克，生物学效率即为 50%）高、产量稳定等优点，在丘陵地区和平原地区被广泛应用。段木栽培生产的香菇品质好、售价高，多在有树木资源的山区采用。

一、基本生育特性

（一）营养需求

香菇为木腐真菌，营腐生生活。野生香菇大都生活在枯死的树枝、树根上或富含有机物的地方，其菌丝体从中吸收营养进行生长发育。研究表明，壳斗科、金缕梅科及鹅耳枥属等 200 多种阔叶树的木材及其木屑、棉籽壳、玉米芯、麦麸、米糠等农林副产物均可满足香菇对营养物质的需求，这些物质可用于香菇栽培的原料。但是，一般不使用松树、杉树、柏树、香樟树、漆树等的木材和木屑栽培香菇等食用菌，原因是其中含有抑制菌丝生长的物质。

（二）环境需要

香菇的生活需要一定的温度、光线、水分、氧气和基质酸碱度等环境条件。这些环境条件参数影响着香菇的生长发育。香菇栽培技术实质上就是在保证营养物质需求的基础上，采取人工措施，营造适宜香菇生长发育的环境参数，促进其菌丝体健壮快速生长、子实体收获量多质优。

1. 菌丝体生长

（1）温度 香菇菌丝体生长温度范围为 5～32℃，最适温度为 24～27℃。菌丝体在低于 10℃和高于 32℃时生长不良，34℃时停止生长，38℃以上时会死亡。因此，在菌种和菌袋培养时常将培养箱和发菌室的温度调节至 25℃左右，以利于菌丝健壮快速生长、较快布满基质，及早长满试管、种瓶种袋和栽培袋。

（2）光线 香菇菌丝生长不需要光照。菌丝在黑暗环境中生长最快、长势最好；在弱光环境中生长较快、生长势较好；过强光照会抑制菌丝生长，长时间光照菌丝生长速度下降，会使菌种或菌袋表面产生褐色菌皮，过早分化原基。因此，在菌种和菌袋培养时常常在无光或黑暗环境下进行，以避免光线对菌丝生长的影响。

（3）**水分及空气湿度** 香菇菌丝在段木中生长，需要段木适宜含水量为32%～40%，最适含水量为35%～40%，含水量低于32%时种块菌丝成活率不高，含水量在10%～15%时菌丝生长极差。香菇菌丝在代料培养基中生长，需要培养基的适宜含水量为60%～65%，若使用锯木屑主料则培养基最适含水量为58%±2%。香菇菌丝生长需要空气相对湿度在60%～70%。因此，在原种和栽培种生产和菌袋生产的培养基配制时，常将基质含水量调控到58%～65%（因基质具体情况稍有差异），其发菌环境空气相对湿度控制在60%～70%；段木栽培采取"架晒干燥"，让段木的水分蒸发下降至最适含水量35%～40%。这样可以满足菌丝体对基质适宜水分和适宜环境湿度的需要。

（4）**空气** 香菇属好气性真菌，菌丝生长需要较多的氧气，需要生长环境的空气中含氧量为20%。因此，在原种、栽培种和菌袋的发菌中要不定时地开启培养室的门窗，促进空气流通，保证有新鲜氧气进入，满足菌丝生长有足量氧气供应。

（5）**酸碱度** 香菇属喜酸性真菌，菌丝生长需要基质的酸碱度范围为pH值3～7，适宜pH值4.5～5.5。配制培养基时常将pH值调节为5.6～6.5，原因是培养基因灭菌会使pH值下降1左右。

2. 原基分化和子实体发育

（1）**温度** 香菇属低温结实性菇类。香菇原基分化需要温度一般为8～21℃，最适温度为10～15℃；子实体发育温度为5～24℃，最适温度为15～20℃。有学者根据子实体发生（出菇）对温度的需要，将香菇划分为5种类型：高温型、中高温型、中温型、低中温型和低温型（表2-1）。通常，低温型品种在偏低温环境下发育出的菇体外观品质好，而高温型品种在偏高温环境下才能发育出品质好的菇体。同一品种在适宜温度环境内，温度较低（10～12℃）时子实体发育较慢、不易开伞，菇体品质好；温度较高（20℃以上）时，子实体发育较快、易开伞，菇体品质较差。

表2-1　香菇子实体发生的温度类型

温度类型	子实体发生必需的温度	发生季节
高温型	25℃以下	夏
中高温型	20℃以下	夏、秋
中温型	15℃以下	秋、春
低中温型	10℃以下	晚秋、春
低温型	5℃以下	冬、春

注：数据来源于黄年来《中国香菇栽培学》。

香菇属变温结实性菌类。变温刺激有利于原基分化，一般变温刺激通常由昼夜温差来实现。在恒温条件下，多数香菇品种难以原基分化。一般，昼夜温差大，原基容易分化而且数量多。香菇原基分化所需温差大小因出菇温度类型和具体菌株或品种特性而异，一般，高温型香菇所需温差较小，为3～5℃；低温型香菇所需温差较大，为5～10℃。同一香菇菌株或品种在适宜的温度范围内，温度较低，发育较慢、菌盖肥厚、不易开伞，菌柄短、厚菇多，质量好；温度较高，发育加快，菌盖薄、易开伞、质地柔软，菌柄长，长脚薄菇多，质量差。菇蕾（菇蕾是指由原基分化的有菌盖和菌柄的幼嫩子实体）形成初期遇打霜结冰的低温时很易形成菇丁（菇丁是指细小的菇体）。

各地可根据香菇子实体发生的温度类型，结合当地季节气温和市场需求，选择栽培不同温度类型的香菇。这里还需要特别指出的是，出菇温度类型是人为划分的，并非绝对，实际生产中需要灵活地把握。

（2）光线　香菇原基分化和子实体发育需要一定散射光照。原基形成最有效的波长为370～420纳米。原基分化需要的最适光照强度为10勒。曝光时间较长，原基形成数目较多。光照能促进香菇子实体的发育尤其是对菌褶和孢子的形成。菌丝体在黑暗环境下难以分化原基或不分化原基，即使勉强分化原基，发育出的子实体也是色泽不佳、肉薄柄长、色淡的畸形菇，也称高脚菇。原基已经分化后，在温度较低环境下较强的散射光照有利于发育成菌肉肥厚、菌柄较短和菌盖着色变深的菇体。香菇子实体发育过程中还具有趋光性（趋光性是指子实体偏向光源较强方向生长的特性）。

香菇生产的制种和制袋中，菌丝体长满菌瓶或菌袋时，经过一定时间和一定强度的光照，基质表面菌丝会分泌色素，表面菌丝倒伏形成菌膜，表面颜色逐渐由浅变深，由原先的白色变化为褐色，出现转色现象，是香菇的"转色"特性。这也是菌袋发菌成熟的正常标志。

因此，香菇菌种生产时应避开光照以免引起其转色，避免分化原基，影响菌种质量。代料栽培香菇应给予一定光照诱发其转色，只有转色好，原基分化才好，产量才高。菌袋培养30天后，一般就要控制光照，先对菌袋给予逐渐加强光照，中后期光照强度要达到200～600勒；同时，菇房要有遮阳网等遮阳物，荫蔽度要达到65%～80%，遮阳均匀而且进入出菇棚光线方向性均匀，以防止阳光直接暴晒，让菌袋合理转色；避免单一方向光源过强、菌柄过度地向强光源方向扭曲生长而影响菇体产品外观质量。

（3）水分及空气湿度　香菇菌丝在菇木或菌袋中大量生长，菌丝体数量不断增多，吸收了木材或代料基质中的大量水分，加之基质水分自然蒸发，基质原有水分已经损失很多。菇木和菌棒菌丝体积累到一定程度后就需要水分补充。因此，段木栽培时，常采取对成熟菇木浸水措施来增加菇木的水分；代料栽培时，常采取对拟出菇菌棒进行注水措施来增加菌袋中基质的水分。这样可以保证菌丝体继续分解利用基质和确保原基分化对水分的需要。

香菇原基分化、菌蕾及子实体发育长大需要出菇房（出菇棚）内环境适宜空气相对湿度为80%～90%。因此，在出菇水分管理中常常采用向菇房（棚）内空间和地面喷水、向幼菇和菇体上喷水等措施，提高环境空气湿度，以满足原基分化和子实体发育对环境湿度的需要。

（4）空气 香菇原基分化与子实体发育期间呼吸作用加快，需要大量氧气，排出的二氧化碳量也增多。当出菇环境中二氧化碳浓度低于0.1%时，有利于抑制营养生长、促进原基分化和子实体形成；菇蕾分化后，二氧化碳浓度超过0.1%，对菇蕾产生毒害，养分供应不上，导致菌盖畸形、菌柄徒长，失去菇体商品价值；二氧化碳浓度超过1%时，子实体发育受到抑制甚至长成畸形菇；二氧化碳浓度超过5%时，不发生子实体。因此，实际栽培中应加强菇房的通风换气，让菇房中有足够氧气，确保氧气的合理供应，满足香菇原基、菇蕾正常分化和子实体健壮发育，以提高出菇质量和产量。

（三）花 菇

1. 花菇为香菇的商品名称 是指菌盖表皮上具有明显的、白色的龟纹状裂纹的香菇子实体（图2-2），具有柄短肉厚、口感细嫩鲜美、香味浓郁等优点，是香菇中的珍品和极品，具有很高的市场价格。

花菇是香菇的一种商品名称，

图2-2 段木花菇

花菇不是香菇的品种名称。

一般，花菇不是香菇固有的遗传特性，而是菇蕾发育中遇到一定外界环境条件所形成的。

2. 环境对花菇形成的影响　在菇木或代料基质自身含水量有保证的情况下，低温及温差大、环境干燥和光照较强的环境，有利于菇蕾形成花菇。

（1）**低温季节菇蕾更容易形成花菇**　低温型品种菇蕾在冬季因气温低、空气干燥，缓慢生长发育，很容易发育形成花菇。在高温高湿的夏季，菇蕾不易形成花菇。花菇中有一种纹理虽然较白，但肉质薄、朵小，是出菇温度偏高、生长过速而成。

（2）**空气干燥有利于菇蕾形成花菇**　菇蕾在空气相对湿度65%～74%（日本细野俊造认为在64%～75%）的较低湿度环境下，持续15天甚至1个月，必然会形成花菇。菌盖表面细胞因环境干燥、空气湿度低，增殖速度变慢，而表皮内部细胞增殖还是处于较快状态而将表皮"撕裂"开，导致菌盖表面形成裂纹。

（3）**温差较大有利于形成厚实花菇**　冬季气温本身很低，菇蕾生长缓慢，若有较大的昼夜温差条件，菇蕾的生长与停滞交替进行，个体为了抗御过分低温放慢生长速度而使菌盖自然加厚，则有利于形成厚实花菇，提高花菇的产量。在12月中旬至1月上旬，气温8～15℃、温差8～10℃，加之适宜的空气相对湿度，可形成较多的厚实花菇，如一般偏低温型的7401等菌株所形成的花菇质优、朵大。尽管如此，温差对于形成花菇的纹理和裂度并不产生决定性影响。

（4）**较强光照有利于菇蕾形成花菇**　强光刺激可使菇体组织更紧密而发育良好，增大其菌盖表面水分挥发量，使个体从菇木吸收的水分无法满足菌盖表皮水分蒸发，促使菌盖表皮加速开裂。通常，菇场光照强度不低于1 500勒，可促进菌盖表皮开裂并加深裂沟深度。当气温在15℃左右，白色纹理不深，而朵形完整、生长势旺时，光照强度应不低于2 000勒，但必须密切注意对光的承受能力。较稳妥方法是逐步增加光照度。

因此，栽培香菇在一定程度上可采取技术措施，营造有利于花菇形成的外界环境条件，促进菇蕾较多地向形成花菇方向发展，多产花菇，以提高栽培经济收益。

二、优良品种

食用菌品种是指经各种方法选育出来的具有性状特异性、个体一致性和时间稳定性，可用于商业栽培的食用菌纯培养物。优良品种又称良种，是指综合农艺性状与当前栽培品种相比，表现出优秀或良好的品种。

（一）主要栽培品种

2006 年以前我国没有开展食用菌品种审定和认定工作，各地食用菌生产使用的栽培菌株均未被审认定为品种。据黄年来介绍，我国香菇段木栽培所使用的优良菌株均为引进菌株，常用段木栽培菌株编号有 7911、7912、7913、7919、7921、7922、7923、7924、7925、7926、7927、7928、W_4、465、127、101、114、7401、7402、7403、7404、7405 和 K_3。据张金霞介绍，常用代料栽培菌株编号有 Cr-01（杂交选育）、Cr-02（杂交选育）、8001（国内选育）、Cr-04（即 Cr-20，杂交选育）、Cr-62（杂交选育）、Cr-33（杂交选育）、Cr-66（杂交选育）、Cr-203（复交选育）、Cr-63（杂交选育）、Cr-52（杂交选育）、Cr-202（复交选育）、L-26（引进选育）、L-27（L-856，引进选育）和闽丰 1号（杂交选育）。这些菌株曾经是香菇生产上的主栽菌株，有的菌株后来被审认定成了品种，如 Cr-02、闽丰 1 号、Cr-04 和 Cr-62 等。

（二）审认定新品种

自农业农村部 2006 年颁布了行业法规《食用菌菌种管理办法》，规范了良种选育等要求与管理后，全国农业技术推广中心牵头成立了全国食用菌品种认定委员会，开始组织品种认定工作。各省（自治区、直辖市）开展了品种鉴定、登记、审定和认定工作。近年通过品种审定或认定的品种有 Cr-02、L135、闽丰1号、Cr-62、Cr-04、庆元9015、241-4、武香1号、赣香1号、金地香菇、森源1号、森源10号、森源8404、香九、杂香26号、华香8号、华香5号、L952、菌兴8号、L9319、L808、申香15号、申香16号、庆科20、农香2号、L18、中香68、L808、兴香1号、939、晋香1号、9608、辽抚4号、沈香1号、茅仙1号、山华1号、山华3号、茅仙2号、润莹1号、润莹2号、SD-1、SD-2等。一般，通过品种鉴定或登记或审定或认定的品种属于优良品种，可引种使用这些品种。

（三）品种特征特性

1. Cr-02 菇体小型，质地较致密，菌盖褐色（含水量低时色浅），适合鲜销。适合代料栽培。子实体生长温度10～24℃，适宜温度10～20℃。出菇菌龄较短、60天；产量高，一般生物学效率100%。适宜于广东北部、福建中北部、浙江、江西、湖北、江苏、四川、贵州、湖北和陕西等地区栽培，一般夏末接种，秋季出菇。

2. L135 菇体中小型，质地致密，质量好，菌盖浅褐色至褐色，花菇率高。适合代料栽培。子实体生长温度7～20℃，适宜温度7～15℃；利用自然昼夜温差7℃以上催蕾；易形成花菇。出菇菌龄较长、210～240天；一般生物学效率90%。适宜于广东北部、福建中北部、浙江、江西、湖南、湖北、江苏、四川、贵州、河南、山西、陕西和河北等地区栽培，一般2～4月制袋，11月后出菇。

3. 闽丰1号 菇体大型，质地较致密，菌盖褐色（含水低时色浅），产量高。适合代料栽培。出菇温度10～25℃，适宜温度15～20℃；利用自然昼夜温差5℃以上催蕾；出菇菌龄短、

50～60天；一般生物学效率100%。适宜于广东北部、福建中北部、浙江、江西、湖南、湖北、江苏和四川等地区栽培，一般秋季栽培。

4. Cr-62 菇体中型，质地较致密，菇形好，菌盖浅褐色至褐色，产量高。适合代料栽培。子实体生长温度10～24℃，适宜温度14～20℃；利用自然昼夜温差5℃以上催蕾；出菇菌龄较短、70天；一般生物学效率100%。适宜于广东北部、福建中北部、浙江、江西、湖南、湖北、江苏、四川和辽宁等地区栽培，一般秋季栽培。

5. Cr-04 菇体中型，质地较致密，菇形好，菌盖褐色至深褐色，产量高。适合代料栽培。子实体生长温度10～25℃，适宜温度13～20℃；利用自然昼夜温差5℃以上催蕾；出菇菌龄较短、70天；一般生物学效率100%。适宜于广东北部、福建中北部、浙江、江西、湖南、湖北、江苏和四川等地区栽培，一般秋季栽培。

6. 庆元9015 菇体大型，质地致密，朵形圆整，菌盖肉厚，菌盖褐色，易形成花菇；耐贮存（贮存温度1～5℃）；鲜菇口感嫩滑清香、干菇口感柔滑浓香，商品性好；鲜菇品质优，适合在日本鲜菇市场销售。既适合代料栽培又可段木栽培。出菇温度8～20℃，最适温度14～18℃；原基形成不需要温差刺激，子实体分化时需要6～8℃的昼夜温差刺激。出菇菌龄90天以上，采取高棚架代料栽培花菇率高，一般每100千克干料可产干花菇8.6～11.7千克；采取低棚代料脱袋栽培，一般每100千克干料可产普通干菇9.2～12.8千克，而且厚菇率高。产量分布相对均衡，一、二潮菇占总产量的50%左右，第三潮菇后每潮菇占总产量的10%～15%。南方菇区适宜2～7月接种，10月至翌年4月出菇；北方地区适宜3～6月接种，10月至翌年4月出菇。

7. 241-4 菇体中型，质地致密，朵形圆整，菌盖肉厚，菌盖棕褐色；厚菇率高，品质优，含水率低，适宜干制香菇生产；

鲜菇耐贮性中等，贮存温度 1～5℃；鲜菇口感嫩滑清香，干菇口感香味浓郁。适合代料栽培。出菇温度 6～20℃，最适温度 12～15℃；原基形成不需要温差刺激，子实体分化时需要 8～10℃以上的昼夜温差刺激。出菇菌龄 150 天以上，每 100 千克干料可产干菇 9.3～11.3 千克。一般一潮菇占总产量的 50% 左右，二潮菇占 30% 左右，三潮菇占 10%～15%，四、五潮菇占 5%～10%。适宜于各香菇产区春季栽培、秋冬季出菇，南方菇区 2～4 月接种，北方菇区 3～5 月接种。

8. 武香 1 号 菇体中型，菇形圆整，菌盖淡灰褐色，不易开伞，质量好，适宜高温季节栽培，外观品相好，36% 以上符合鲜香菇出口标准。适合代料栽培。出菇温度 5～30℃，菇蕾形成需要 10℃以上的温差。出菇菌龄 60～70 天，平均生物学效率 113% 以上。南方地区 3 月下旬至 4 月中下旬制袋，6 月中下旬排场出菇；北方地区 2 月上中旬至 3 月下旬制袋，5 月上中旬排场、转色和出菇。

9. 赣香 1 号 菇体中大型，菌盖幼时深褐色、长大后浅褐色，出菇均匀。适合代料栽培。出菇温度 10～27℃，适宜温度 15～22℃。发菌期 60 天，11 月下旬至翌年 4 月出菇，出 5～6 潮菇；生物学效率 110% 以上。适宜在江西赣南、赣北香菇产区栽培，8 月下旬至 9 月下旬制袋接种，11 月中下旬至翌年 4 月出菇。

10. 金地香菇 菇体小、中、大型皆有，菇体质地致密，菌盖红褐色。适合代料栽培。子实体生长适宜温度 15～22℃。接种后 70～90 天出菇，生物学效率 80%～95%。适合我国西南香菇产区栽培。

11. 森源 1 号 菇体中大型，菇形圆整，质地致密，菌盖直径与菌柄长度的比为 3∶1，菌盖深褐色，花菇率高。适合段木栽培。子实体形成温度 5～20℃，适宜温度 8～18℃；菇蕾形成需要 10℃左右的温差刺激。段木干菇产量 25 千克/米^{3}以上。

适宜在湖北及相似生态区栽培，菇树砍伐断筒 30 天后接种，一般在 11 月至 12 月上旬和 2 月中旬至 3 月底接种，9 月下旬至翌年 5 月出菇。收获期 3～5 年。

12. 森源 10 号　菇体大型，菇形圆整，柄短盖大，菌盖直径与菌柄长度的比为 4∶1，菌盖浅褐色；出菇潮次明显，不易开伞，保鲜期长。适合代料栽培和段木栽培。子实体形成温度 5～20℃，适宜温度 8～18℃；菇蕾形成需要 10℃左右的温差刺激。代料栽培每千克干料可产干菇 150 千克左右，段木栽培可产干菇 25 千克／米³ 以上。适宜在湖北及相似生态区冬春代料栽培和段木栽培，代料栽培适宜在 1～4 月接种，段木栽培适宜在 11 月至 12 月上旬和 2 月中旬至 3 月底接种。

13. 森源 8404　菇体中大型，菇形圆整，朵大肉厚，菌盖直径与菌柄长度的比为 4∶1，菌盖茶褐色；出菇的花菇率和厚菇率高。适合段木栽培。子实体形成温度 6～18℃，适宜温度 10～18℃；菇蕾形成需要 10℃左右的温差刺激。适宜在湖北及相似生态区栽培，10 月下旬至 12 月上旬和 2 月中旬至 3 月底接种，翌年 10 月下旬开始出菇，出菇至第三年 4 月。收获期 4～6 年。

14. 香九　菇体中型，菌盖较薄。适合段木栽培。出菇适宜温度 20～30℃；昼夜温差较大会促使形成花菇或厚菇。生物学效率 20%～25%。适宜在华南、华中地区冬春季栽培，11 月至翌年 2 月砍树，春季接种，直径 20 厘米以内的菇木可产菇 6 年左右，产量以第二、第三年为主。

15. 杂香 26 号　菇体中小型、匀称，菌盖深褐色、较厚，菌柄短。适合代料栽培。生产周期约 90 天。出菇适宜温度 20～30℃。适宜在我国南方地区每年 9 月至翌年 6 月的春、秋、冬季栽培。

16. 华香 8 号　菇体中大型，菌肉厚、较软，菌盖深褐色，不易开伞，柄短，商品菇比例高。子实体形成温度 6～24℃，适宜温度 13～20℃；菇蕾形成需要 8℃以上的温差刺激，持续 3～5 天。适合在湖北采取代料秋栽脱袋立式出菇，8 月接种，当年秋、冬季至翌年 4 月出菇，出 4～5 潮菇，菇潮间隔 15～20 天，以鲜菇销售为主；生物学效率 85%～100%。

17. 华香 5 号　菇体中大型，菌肉较致密，菌盖圆整、浅黄色，高温时开伞较快，菌柄偏长。子实体形成温度 5～24℃，适宜温度 10～20℃。适合在各香菇种植区域进行春季代料栽培，越夏后秋、冬季至翌年春季出菇。湖北地区春季栽培，2～3 月接种，当年秋、冬季至翌年 4 月出菇，出 4～5 潮菇，菇潮间隔 15～30 天；秋季栽培，7 月底至 8 月初接种，11 月中旬至翌年 4 月出菇。代料栽培的生物学效率 80%～100%，一般一潮菇占总产量的 30% 左右，二潮菇约占 30%，三潮菇约占 20%，以后约占 20%。

18. L952　菇体中大型，菌肉紧实，低温干燥时易形成花菇；菌盖深褐色，菌柄短，商品菇率高。适合段木栽培。子实体形成温度 5～22℃，适宜温度 10～18℃；子实体形成需要 8℃ 以上较大温差刺激，同时要浇水增加菇木含水量，形成干湿差刺激。适宜在大洪山、大别山、桐柏山、伏牛山、大巴山、秦岭等山区树木丰富地区种植，适宜在 2 月初至 3 月下旬点种。

19. 菌兴 8 号　该品种子实体形成温度 10～32℃，适宜温度 18～23℃；5℃ 以上的昼夜温差以及惊蕈作业（惊蕈指段木栽培时，用锤敲打菇木，或将菇木竖直在平整的石块上敲击，从而刺激出菇；也指代料栽培时，用塑料凉鞋适度敲击菌棒，以刺激出菇）催促菇蕾形成。发菌完成后不需后熟即可出菇，出菇菌龄 60～65 天，栽培周期约 180 天。适合在各个香菇主产区代料栽培，宜在 1～4 月接种，4～11 月出菇；一般生物学效率 90% 左右。

20. L9319　菇体大型，菇形圆整，质地结实，菌盖幼时褐色、逐渐变为黄褐色（含水少时呈浅褐色），色泽好，货架期长。适合在各香菇主产区进行代料栽培。出菇温度 12～34℃，适宜温度 15～28℃；利用夜间温度下降喷一次冷水，拉大昼夜温差到 10℃以上，连续 3～5 天，进行催蕾。南方菇区 11 月至翌年 3 月接种，5～11 月出菇；北方菇区 10～12 月接种，翌年 5～11 月出菇。一般，低海拔地区栽培生物学效率 70% 左右，500 米以上高海拔地区的生物学效率可达 90%。5～6 月出第一、第二潮菇，占总产量的 30%～40%；9～11 月出第三潮菇，占总产量的 60%～70%。

21. 申香 15 号 菇体大型，朵形圆整，菌肉厚实，菌柄短，菌盖直径与菌柄长度的比为 1.63∶1，菌盖褐色；耐贮存，适于鲜销，鲜菇口感嫩滑清香。适合代料栽培，出菇适宜温度 10～20℃。适宜在浙江、福建、河南和云南地区春季栽培，浙江丽水 4 月中下旬接种，河南 2～3 月接种，云南较冷凉地区可周年接种栽培。生物学效率 72% 左右。

22. 申香 16 号 菇体大型，朵形圆整，菌肉厚实，菇形好，菌柄短，菌盖直径与菌柄长度的比为（1.6～1.8）∶1，菌盖黄棕色。适合鲜销和干制，鲜菇耐贮存、口感嫩滑清香。适合代料栽培。出菇菌龄 75 天，出菇适宜温度 10～22℃。适宜在浙江、河南和云南地区秋栽，浙江菇区 8 月中下旬制袋接种、11 月上旬至翌年 4 月出菇，在云南可周年制袋栽培。在浙江和云南栽培平均每棒产量 744 克，生物学效率 82.3%，优质鲜销比例达 28%。

23. 庆科 20 菇形圆整，质地致密，品质优，商品性好，耐贮存，鲜菇口感鲜嫩。若栽培花菇，则花菇率可高达 44.7%；若栽培普通菇，则厚菇率高；干制菇折干率高，花菇折干率为（4.3～6.1）∶1，普通菇折干率为（8.1～9.6）∶1，收缩率为 28.5%～34.3%。适合代料栽培，出菇菌龄 90 天。出菇温度 8～22℃，适宜温度 14～18℃；原基形成不需要温差刺激，子实体分化需要 6～8℃的昼夜温差刺激。适宜在各个香菇主产区采取高棚层架栽培花菇，或低棚脱袋栽培普通菇；南方菇区 2～7 月接种、10 月至翌年 4 月出菇，北方菇区 3～6 月接种、9 月至翌年 6 月出菇，或 8～9 月接种、4～10 月出菇（7

月不出菇）。春栽生物学效率141%，秋栽生物学效率118%。第一、第二潮菇合计占总产量的50%左右，第三潮菇后每潮占10%～15%。

24. L18 菇体大型，菇形圆整，质地致密，菌肉肥厚，口感好，菌盖褐色，菌柄短。出菇适宜温度15～28℃。菌龄较短、60天以上。生物学效率70%～75%。适宜在北京、天津和河北夏季代料栽培，特别适宜代料冷棚覆土栽培。

25. 中香68 菇体大型，菇形圆整，肉厚柄短，菌盖茶褐色，适于鲜销。菌龄90天以上，适合代料栽培，出菇温度8～25℃。适宜在北方产区5～8月制袋，越夏后10月至翌年4月出菇；平均生物学效率100%以上。

26. L808 菇体大型，朵形圆整，菌盖深褐色，不易开伞，菌肉厚实。出菇温度15～22℃，子实体分化需要6～10℃的温差刺激。适合代料栽培，菌龄100～120天。适宜在全国大部分低海拔地区、半山区和小平原代料栽培，生物学效率平均100%以上。

27. 兴香1号 菇体大型，菇形圆整，质地致密，菌盖浅褐色，品质好。适宜在河北夏季代料栽培，生产鲜香菇，出菇温度15～33℃；菌棒转色后加大温差刺激催蕾；生物学效率100%左右。

28. 939 菇大肉厚，菇形圆整，菌盖浅褐色至褐色，菌柄较短。出菇温度8～23℃。适宜在河北夏季代料栽培，生产鲜香菇；平均生物学效率100%左右。

29. 晋香1号 朵大圆整，菌肉肥厚，质地致密，菌盖褐色，菌柄短粗，品质好。出菇适宜温度15～30℃。菌龄75天左右。能在夏季出菇，生物学效率70%～75%。适宜在山西晋北、晋中和晋南栽培，特别适宜在冷凉、早晚温差大的地区夏秋反季拱棚栽培。

30. 9608 朵大圆整，菌肉肥厚，质地致密，菌盖褐色。既可进行花菇栽培又可栽培普通菇。出菇适宜温度 6～26℃，菌龄 70～120 天，生物学效率 70%～80%。适宜在山西大面积栽培。

31. 沈香 1 号　菇体中等偏大型，菌肉厚，菌盖浅褐色。子实体生长温度 5～28℃，最适宜温度 12～18℃。生物学效率 100%～120%，优质菇率 75% 以上。适宜在辽宁各地设施栽培。

32. 茅仙 2 号　菌盖红褐色，生物学效率 119.3%。子实体生长温度 5～24℃，最适宜温度 15～17℃。适宜在淮河流域及相似生态区栽培。

33. SD–1　菌盖浅褐色，出菇温度 7～22℃，生物学效率 93.19% 以上。适宜在山东香菇产区栽培，生产鲜菇。

34. SD–2　菌盖浅褐色，出菇温度 16～28℃，生物学效率 90.28% 以上。适宜在山东香菇产区栽培，生产干品香菇。

三、代料栽培关键技术

香菇的代料栽培，也称菌棒栽培等，简单地讲，是指以木屑等农林废弃物代替原木（段木）作为栽培主料，装进塑料袋中灭菌后接入香菇菌种，菌丝长满料袋后将菌袋放置于菇棚内出菇的过程。代料袋栽模式是我国香菇生产发展史上继段木栽培之后的一次重大技术革新，是我国现阶段的主要生产模式，具有生产周期短、生物学效率高、经济效益显著等优点，适用于山区、丘陵区和平原区，是目前我国香菇栽培的主流方法，已在全国各地广泛普及应用，成为广大农民增收致富的最有效途径之一。香菇代料栽培的生产流程为：原料准备→菌袋生产→发菌管理→出菇管理→采收加工。

（一）季节安排

香菇的栽培季节主要依据当地自然气温和品种出菇温度类

型来进行安排。例如，适宜代料袋栽的品种 Cr-02 的出菇温度范围为 10～25℃，出菇最适温度为 17±3℃，菌丝体生长温度为 24℃。在福建省屏南县城关依据当地气温栽培 Cr-02，可确定为春季栽培和夏季栽培。春季栽培的具体作业安排为：11 月生产母种，12 月生产原种；翌年 1 月生产栽培种，2～3 月生产菌袋（菌棒），4～6 月脱袋转色及出菇管理。夏季栽培的具体作业安排为：4 月生产母种，5 月生产原种，6 月生产栽培种，7～8 月生产菌袋（菌棒），9～11 月脱袋转色及出菇管理。又如，Cr-20 菌株的出菇温度范围为 14～28℃，出菇最适温度为 20±2℃，菌丝体生长温度为 24℃。5～10 月均有适宜的出菇温度，故在屏南县城关可以使用 Cr-20 安排在夏季出菇。

在四川省成都市生产鲜香菇，若需要在 8～11 月大量出菇上市，则可使用"金地 1 号"菌株，在 6 月上旬制袋接种进行栽培；若要在 10～12 月及翌年 1～3 月大量出菇，则可选用"香 26"菌株在 7 月下旬至 8 月上中旬制袋接种；若要在 7～9 月集中出菇上市，则可在 5 月中旬制袋接种"申香 2 号"或"苏香"菌株。

在北方利用大棚温室栽培香菇，只要将温型品种安排得当，可一年四季栽培香菇。在中原地区可进行秋季栽培，如河南省西峡县和泌阳县的香菇立体小棚秋季栽培。

（二）菌袋生产

香菇的菌袋生产，又称料袋制作、菌棒制作等，就是将已经准备好的、适宜香菇生长发育的培养料按照配方比例，加水配合，分别装进料袋内，封口后进行灭菌，待冷却后接上菌种的作业过程。菌袋生产是袋料栽培香菇的关键技术，也是制袋成功率高低的重要环节。

下面以配制 1 000 千克 782011 培养基，进行菌袋生产为例，介绍菌袋生产的具体方法。

1. 基质配制

（1）**按比例配料**　782011 培养基配方为：杂木屑 78%，麦麸 20%，石膏 1%，石灰 1%。料水比为 1∶（1.25～1.3），pH 值自然。按照配方比例，分别称取杂木屑 780 千克、麦麸 200 千克、石膏 10 千克、石灰 10 千克，备用。

（2）**拌料机拌料**　拌料方法有人工拌料和拌料机拌料两种。拌料机拌料具有省力、工作效率高和操作简单等优点，目前多采用此法拌料。具体方法：按照培养基配方比例，将杂木屑、麦麸、石膏和石灰倒进拌料机的拌料仓内，先把干料拌和均匀，再一边拌和、一边按照料水比 1∶（1.25～1.3）的比例加水继续拌和，使料水拌匀，不能有干料颗粒。

2. 装袋灭菌

（1）**装袋机装料**　当天拌料应当天装袋，以免杂菌滋生。培养料的装袋方法有手工装袋和装袋机装袋两种方法。多采用装袋机装料（图 2-3），能够大大提高工作效率并保证装袋质量。

图 2-3　装袋机装料

1 台装袋机一般每小时可装 300～500 袋。日产 2 000 袋（棒）的栽培者，一般只需 1 台装袋机，配备 6～8 人操作。操作人员安排：铲料上机、递袋和装袋各 1 人、3～5 人捆扎袋口。通常使用装料袋的规格：长度×折径×厚度＝54 厘米×15 厘米×（0.045～0.05）厘米。

①装袋方法　取一个料袋，一端套进装袋机的料筒上，迅速用手顶住料袋的另一端，让料筒内转子将培养料灌注入袋子内，装满料后，取下料袋放于旁边，由旁边另一组人员用丝膜对料袋进行捆扎封口。要求顶袋用力均匀，以便保持装料松紧度一致。

一般平均每袋装料湿重 2.1～2.3 千克/袋，折合干料为 0.9～1 千克/袋。

②装料适宜松紧度检验方法　五指用力握住料袋可见能凹陷；用一只手在料袋中部托起，料袋两端不向下弯曲。不能装得太紧，否则灭菌时很容易胀破袋子；也不能装得太松，否则袋膜与料不能紧贴，接种和搬动过程中袋内基料必然会波动产生气流，很容易使杂菌随气流通过接种穴进入袋内而引起杂菌污染。

（2）常压蒸汽灭菌料袋　在农村，食用菌栽培专业户和大型食用菌栽培基地目前通常利用土蒸灶对栽培料袋进行常压蒸汽灭菌。这种土蒸灶常压蒸汽灭菌法具有结构简单、建造投资少、灭菌操作简单、安全、袋子不易破裂等优点，但是也具有消耗燃料多、煤烟排放污染空气的缺点。近来环保部门开始禁止使用直接排放烟尘的土蒸灶，一些产区开始以天然气代替煤炭作为土蒸灶的燃料，既省工又环保，效果较好，值得推广。

①土蒸灶的构成　土蒸灶的设计建造多种多样，但一般都主要由两大部分组成：产生蒸汽的装置和盛装料袋的灭菌仓（锅体）。产汽装置和灭菌仓的大小可根据一次性灭菌料袋的规模大小进行设计和自行建造。产汽装置可由铁锅内盛水加热以直接产汽，即产汽装置与灭菌仓为直接相通相连方式；也可用铁板焊制盛水箱体，加热箱体产汽，水蒸气由铁锅管道通入灭菌仓底部，即产汽装置与灭菌仓为分体式。灭菌仓可由火砖、钢筋、混凝土浇筑而成（仓体中部留有小孔，供插温度表用，以检测仓内温度动态），也可在平地码好料袋后由帆布或彩条布等覆盖料袋而成。灭菌仓内一般铺设有砖块或木条并与仓底形成一定距离，以避免底层料袋浸水；灭菌仓外部可用棉被等保温材料覆盖严实作为仓体，以减少散热、降低能耗。

②料袋装锅灭菌　将料袋从灭菌仓底部挨个平放堆码，但不要码得太挤，料袋与料袋之间要留有蒸汽通过的空隙，让蒸汽在蒸仓内有回旋的余地，避免造成有灭菌不彻底的死角。若为大型土蒸

灶，则灭菌仓内底部设置有轨道，料袋最好码在铁制集装框推车内，沿着轨道直接方便地推进灭菌仓，以提高装锅出锅工作效率。

料袋装锅结束后，先不要关闭仓门或不盖帆布，产汽装置加热快速产汽，蒸汽通入料堆 0.5～1 小时（料袋堆得多则时间长些，料袋堆得少则时间短些），让蒸汽将料堆内冷空气充分排出，再密闭仓门或帆布盖严料堆（用绳绑接严实、料堆四周边沿用沙包或沙袋压实帆布边缘，以避免大量蒸汽排出为度）。随着蒸汽大量进入灭菌仓，仓内温度不断上升，当温度上升至 100℃左右时，若为帆布仓体则帆布被蒸汽冲胀鼓起很硬时（帆布上放置 2～3 块火砖，鼓起的帆布也不沉下），开始计时，持续蒸煮维持 14～20 小时，然后闷汽 4～5 小时，冷却至常温后即可放入接种室（箱）接种。持续蒸煮维持时间的长短应根据灭菌仓盛装料袋数量的多少和灭菌季节而定，一般，数量多又处于夏季则时间长，数量少又处于冬秋季则时间短。

灭菌后的料袋趁热放入接种室冷却，料袋温度至 28～30℃时方可接种，以免烧死、烧伤种块，影响菌种成活率。灭菌后的料袋不宜放置太久，否则感染杂菌的概率就会增大。料袋冷却后要及时接种。装袋和搬运料袋过程中要轻拿轻放、不拖不磨，更不可硬拉乱扔，人为弄坏料袋，以防止杂菌进入而污染。

3. 接种发菌

（1）接种前准备工作

①接种场所消毒　接种场所指用于转接菌种的场所，包括接种室、接种帐和接种箱等。在接种前一周就要对接种场所的地面和操作台面等打扫干净，用 3% 来苏尔溶液或 3%～5% 苯酚溶液喷雾空间，关闭门窗 24 小时后通风 12 小时，排出药物残留气味。随后，将所有接种工具如打孔棒等，以及栽培种都放进去。接种前，用气雾消毒盒，或克霉灵烟雾剂，或高氧二氧化氯，或菇保 1 号等对接种帐或接种室或接种箱进行消毒处理，药剂用量及使用方法见其产品说明书。

②接种人员准备　接种作业人员在接种前，应穿戴干净衣帽，洗净双手，并用消毒液对手部消毒。

③栽培种预处理　将种瓶口朝下，轻轻取掉棉塞，迅速移至火焰上方"秒杀"一下即可，然后用接种钩除掉老菌膜及菌种上部1/4部分的培养基，备用。若是袋装栽培种则脱去外袋，去除两头老菌膜，即可备用。

（2）接种方法

①接种帐或接种室内接种法　可由3人组成接种小组完成接种作业，其具体方法是：第一个人在接种室内负责打孔，用消过毒的直径1.5厘米、顶端为锥形的打孔棒在料袋腹面一边打3个孔，再在3个孔之间的对面打2个孔，共5个接种孔，孔深2厘米。

接种时，若使用瓶装栽培种，第二个人则可使用专用取种器将种块从种瓶内移进料带内。若使用塑料袋装栽培种，第二个人则直接用手将菌种瓣成近三角形的种块填放入打好的孔洞中，种块尽量填满孔穴，最好种块略高于料面1～2毫米。

第三个人用外袋（外袋是指在料袋上再套上的一个薄型塑料袋，外袋规格一般为：长度×折径×厚度＝57厘米×17厘米×0.015厘米）将接种后的料袋套上，并用丝膜扎上口。之后，进行码袋工作。3人小组协调配合接种，速度快、效率高（图2-4）。

②接种箱内接种法　可由1个人参照前种方法，独立进行打孔、填种块、套外袋及扎口操作。尽管接种速度慢和效率低，但是因箱内空间小，能明显地减少杂菌侵入，制

图2-4　料袋打孔接种

袋成品率显著提高。

接种后的料袋称为菌袋。菌袋在发菌室中培养。

（3）**发菌场准备**　规模化栽培时，通常将塑料大棚既作为接种棚又作为发菌棚，即为香菇的发菌场，可减少因菌袋搬动造成杂菌感染。发菌棚内应清洁、卫生、不漏雨、干燥。堆码菌袋前在地面上撒一层干石灰，用阿维菌素喷雾空间，以起到防潮、预防杂菌和螨类的作用。

（4）**堆码菌袋**　接种完后，菌袋一般就地在塑料大棚内做"墙"式堆码。若温度较低则呈"井"字形堆码，4～6袋/层，一般堆码8～10层。码袋时将接种穴相互错开、不相互压住，成行成列地堆码整齐，码堆之间留出一定间距，便于通风；同时预留好人行道，以方便管理人员进出作业。春夏季节发菌，堆码层数和每层袋数要少，码7层左右，每层3袋，以免烧袋。秋冬季节码袋层数可多些，码13层，利用菌丝生长过程散发出的热量来增加环境温度。

（5）**发菌管理**　发菌管理就是指创造适宜香菇菌丝体生长的环境条件，促进菌袋中的菌丝正常生长的过程。发菌期间主要根据当时的具体情况，采取调控温度和湿度、通风换气、预防病虫鼠害等措施，确保菌袋中菌丝体健壮和快速生长。

①调控温湿度　将发菌培养室或发菌大棚内的环境温度尽量调控到22～26℃，不超过28℃，空气相对湿度在60%～70%最为理想。需要因地因时采取相应措施，将发菌环境的温度和湿度调节到适宜范围。

一是通风降温。江南大部分地区是在8～9月接种，此时气温还很高，所以在白天尤其中午，遇有超过28℃时，要立即采取开启门窗措施，进行通风换气，让气流带走棚内热气，达到降温目的。遇到气温太高时，还应将菌袋码堆再摆放稀疏一些，堆码层数再降低一些，更利于通风散热。一般，菌袋内的温度比培养环境如培养室或培养棚里的温度要高2～3℃。

二是生石灰降湿。若发菌环境湿度太高，则采取在发菌场所放置块状生石灰的措施，利用生石灰容易与水反应生成熟石灰的原理，让生石灰吸收环境中的水分，达到降低空气湿度的目的。同时采取开启门窗措施，加强通风对流，让流动的气流带走发菌棚内潮湿的空气。

②避光培养　发菌期间，对菌袋进行避光培养。若在室内发菌，则要求门窗要有黑色的窗帘和门帘，以遮挡阳光进入室内。若在室外大棚内发菌，则要求大棚内增设黑色遮阳网或黑色塑料膜的小棚，以遮挡强烈太阳光线对菌袋的照射。

③供应氧气　发菌期间应供应足够氧气，以保证菌丝体生长需要。

一是通风增氧。一般，在刚接种后的2～5天内处于种块菌丝萌发和开始吃料的阶段，菌丝体数量少、需氧量也就少，不必通风；第五天后，可每2天开启门窗10分钟左右通风1次；到了第15天时，接种穴菌丝体呈放射状蔓延，菌落直径达4～6厘米；到第20～25天时菌落直径可达8厘米左右，菌丝体数量已经较多，要求每天通风1次，每次15～30分钟；之后，菌丝体代谢旺盛、大量繁殖，数量很多，需氧量剧增，更应增加通风次数和延长通风时间，1～2次/天，60～90分钟/次，直到菌丝体长满菌袋。

每天通风时段也应根据当天气温情况而定。一般，气温高时在早、晚通风，气温低时在中午短时间换气。

二是脱外袋增氧。发菌进入中后期，菌丝体增多，需氧量增加，仅靠通风措施难以保证足量氧气的供应。对套有外袋的菌袋可采取逐步脱袋的方式来逐步增加氧气供应量。当发菌进入第15天时，接种穴菌丝体菌落直径达4～6厘米（图2-5），这时要将外袋的一头解开，以增加新鲜氧气的进入，促进菌丝快速健壮生长；在第20～25天时，接种穴菌落直径一般已经达到8～10厘米（图2-6），菌丝体已经严实地封住了接种穴而占据优势，不必担心杂菌会侵入了，这时将外套袋脱去小部分，让内菌袋的一头露出，进一步让较多氧气有机会进入菌袋；进入发菌中期，菌丝体数量增长至整个菌袋近一半时，就应将外套袋脱去

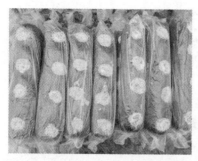

图2-5　种块萌发出新菌丝开始吃料

图2-6　菌落直径6厘米以上

大半，让更多氧气被菌丝体利用；进入发菌后期，菌丝体布满菌袋时，彻底脱去外套袋，让菌袋裸露于发菌环境，各个接种穴的菌丝能够与空气充分接触，利于吸收大量氧气。

　　三是刺孔增氧。对菌袋进行刺孔是满足香菇菌丝氧气需要的一项重要技术措施。刺孔增氧在民间称为"放气"。刺孔增加了空气进入菌袋的通道，为菌丝体增加了氧气供应量（图2-7）。

　　使用打孔板对菌袋刺孔。第一次刺孔，于香菇菌落直径8～10厘米时，使用3颗钉的刺孔板钉，在距

图2-7　刺孔增氧

离菌落边缘2厘米处周围刺出孔即可。第二次刺孔，当菌丝满筒时，使用12颗钉的刺孔板钉，对菌棒正反两面扎刺，每棒扎24个孔即可。第三次刺孔，在第二次刺孔后1个月左右时进行，方法与第二次相同。也可用菌袋专用刺孔机对菌棒施行刺孔。

　　④勤查常管

　　一是翻堆检查。接种后的2～5天，种块菌丝处于刚刚萌发和开始吃料阶段，一般不要搬动菌袋，以免影响菌丝萌发和造

成杂菌感染。发菌7天之后，就要对菌袋进行第一次翻堆。做法是：将袋堆中的上下、左右、前后和内外位置进行相互调换，重新堆放，让各个菌袋之间接受的环境温度、湿度和空气能够相对一致，促使菌袋都均匀发菌。

一边翻袋一边对每袋菌袋进行逐袋检查：种块菌丝萌发定植（定植是指菌种的菌丝开始向培养料、木材生长的过程，俗称"吃料"）情况、杂菌污染情况和香菇菌丝生长情况等。一般，在接种后的第七天进行第一次翻袋检查，以后每隔7～10天翻袋检查一次，直到菌丝长满菌袋为止。

二是菌丝萌发定植。接种7天后，正常情况下，可见接种穴种块上新生出了白色绒毛状菌丝，而且菌丝体开始向周围的培养料中生长即开始吃料，生长过程中逐渐放出热量。这期间，若发现种块还未成活、成活很差或吃料很差、不能定植，有可能是栽培种本身已经死亡或生活力缺乏所致；若还发现有漏接菌种的料袋，对菌种未萌发的菌袋和漏接菌种的菌袋则应立即采取重新补接菌种的措施加以解决。

若发现袋堆内温度过高，如超过28℃时，则应及时采取"疏码稀堆"方式来降温：降低袋堆高度，将原来堆码的8～10层降低至6～7袋；减少每层置放袋数，将原来每层放置的4袋减少至3袋；堆与堆之间留出20厘米左右的间隔；通过空气流通来散热。同时，还可适当开启门窗通风带走发菌室或发菌棚内的热气。

三是菌袋杂菌污染。在每次翻堆检查过程中要仔细检查菌袋是否被杂菌感染。若发现菌袋出现"花袋"或"花筒"（图2-8），即菌袋内出现不同于香菇菌丝的白

图2-8 霉菌污染的菌袋

色、红色、绿色、黄色、青色、黑色等颜色的菌落斑点或糊状物，表明菌袋被霉菌污染了，应立即将被污染的菌袋挑出，进行隔离，并采取措施进行处理，以免杂菌孢子随气流飘到别处，感染其他菌袋。

四是菌丝生长情况。发菌期间，要认真观察香菇菌丝在菌袋内的生长情况，如生长速度和生长势。若发现菌丝生长速度缓慢、菌丝稀疏细弱，一般是培养温度太低、氧气供应不足所致，则应增加袋堆高度和每层置放袋数，以提高堆内温度；正午时适当通风换气，提高发菌室氧气量。若发现大批菌袋污染杂菌，在一定程度上可能是发菌室湿度太大，则应开启门窗，通风换气，通过空气流动来降低空气湿度。

五是处理杂菌。发菌初期，若检查发现有杂菌污染菌袋且培养料污染面小，还可以利用，则应尽快将污染袋重新灭菌和重新接种香菇种块。发菌中后期，若检查发现污染菌袋的培养料污染面特别大，香菇菌丝体总量还占不到培养料的 1/4 时，估计菌袋后期也出不了几朵菇，则应及时轻轻取出装入塑料大袋中并捆扎好，带出发菌室，焚烧或深埋销毁。发菌后期，若还发现有少量菌袋被杂菌污染，则可用利刀将杂菌斑块割除掉，割下部分立即焚烧掉；也可以对割除杂菌斑块的切面进行处理，用饱和碳酸氢铵溶液或来苏尔溶液涂抹。

香菇菌丝在料袋中一般经过 50～60 天的培养，即可长满袋。

（三）出菇管理

1. 搭建菇棚　将达到生理成熟的菌袋摆放到适宜场所进行出菇，这种场所被称为出菇场或菇房或菇棚。菇棚一般选址在坐北朝南、西北风难以侵袭；土质以沙壤土为好，取水交通方便、易于排放但又不会被水淹没；远离猪、牛、鸡舍的平整地块。

菇棚一般是由塑料大棚、内设小棚，并加盖遮阳网和塑料薄膜而成。通常以竹子或竹条或竹片或木条为骨架（图 2-9），也有以钢管或角钢为骨架的。

　　塑料大棚一般用直径2～2.5厘米、弯曲性好的竹子，拱成隧道式塑料大棚，宽度4～5米，棚高2.1米左右，大棚外用宽8米、厚0.01厘米的厚型聚乙烯膜遮盖，大棚最外层加盖遮阳网，大棚长度与场地长度相符合（图2-10）。

图2-9　菇棚（木竹骨架）

图2-10　搭建菇棚（竹骨架）

　　在塑料大棚内沿纵向搭建2～3个小棚，小棚长度与大棚长度相当，用竹条或大竹片为骨架弯曲而成，高0.8～1米，小棚间留出40厘米宽的空地，作为走道。每个小棚内的地面即为放置菌袋出菇的菇床，菇床上用铁丝或小竹棍竖拉成行形成条格状，行间距25厘米，高出地面约18厘米（图2-11），用于排置出菇袋。

小棚可结合当时阳光及气温情况，灵活地加盖透明塑料薄膜或黑膜。

　　在菇棚内用来直接放置菌袋、进行出菇的地面或架层面，称为菇床。摆放菌袋之前，要清除场地内外垃圾、杂草、瓦砾等，在地面上撒一层干石灰粉，

图2-11　竹架菇棚内部结构

对地面和空间喷雾阿维菌素等，以预防害菌和螨类危害。

2. 排袋转色

（1）排袋时间及方法 排袋又称排场，是指将发菌到生理成熟的香菇菌袋，摆放到出菇场的菇床中的过程。当菌袋中的菌丝长满栽培料后，在较强的漫射光下，再继续培养 10～15 天，袋内的菌丝基本达到生理成熟：菌筒表面有瘤状突起，接种穴处略有微棕褐色菌膜出现。这时正是排袋的良好时机。

排袋方法：将菌袋排放在菇场里小棚中的菇床里，与地面呈 60～70 度斜度靠置于铁丝或小竹棍上即可。菇床中每行排袋的数量一般为 7～13 袋，袋与袋之间的间隔为 5～6 厘米，以利于子实体出菇。一般，每亩（1亩 ≈ 667 平方米）菇场可排 8 000～11 000 袋的菌袋或菌筒（图 2-12）。

图 2-12 排 袋

（2）促进转色及方法 生理成熟的香菇菌袋排袋后，因受到较强散射光线照射、得到充足氧气和较高湿度，经过一定时间，在基质表面逐渐长出白色绒毛状菌丝，随后倒伏，形成膜状的菌膜，这种膜状菌膜或菌被称为"人造树皮"，具有类似树皮的作用。同时，菌丝分泌出一种褐色的色素，使菌膜的颜色由浅变深。这整个过程称为转色。

转色是香菇菌丝体适时正常生长发育的标志。菌袋是否转色、转色的深浅和转色菌膜的厚薄事关后期出菇的早迟、多少和品质。颜色转变成红棕色、菌膜厚度适当最为理想：出菇正常，产量高，菇形适中。因此，应创造有利于菌袋转色的温度、湿度和光照，促使其转好色。

菌袋转色是代料栽培香菇出菇管理技术的关键。我国各地气候差异较大。一般，南方温暖潮湿，多采用先脱袋后转色方法；北方寒冷干燥，既可用先脱袋后转色方法，又可用先转色后脱袋方法，还可采用袋内转色割袋方法。

①先脱袋后转色　菌袋经过约 60 天的培养，菌丝体的生长已经趋于成熟，即将其塑料袋脱掉、排放于菇床中，进行管理促使其转色。菌袋脱袋后改称菌筒或菌棒。脱袋就是用单面刀片如剃须刀，沿袋面纵向割破，剥去塑料袋，让菌筒裸露的过程。

一是适时脱袋。菌袋菌龄达到约 60 天，袋内基质菌丝体浓白；基质表面出现红褐色斑点、部分地方发泡起蕾；接种穴周围有不规则小泡隆起；用手抓起菌袋富有弹性感觉。这是菌丝达到生理成熟的标志，也正是脱袋的时候。

脱袋作业应选择在晴天或阴天进行。气温 16～23℃为脱袋的最适温度，气温高于 25℃或低于 12℃时不脱袋。气温高于 25℃时脱袋，菌丝易受损伤；低于 12℃时脱袋后转色困难。

二是转色管理。一般，应一边脱袋，一边排放于菇床条格中，与床面形成 60～70 度的夹角，并用塑料薄膜盖上，菇床上暂不用竹条或竹片拱起。菌筒排场后 3～5 天，气温高时 3 天、气温低时 5 天、盖紧菌筒、不要掀动薄膜，以利保湿保温，让薄膜内层蒙上一层密密麻麻的水珠，造成高湿环境，以促进菌丝康复并转色，以及菌筒表面菌被的形成。

5～6 天后，可见菌筒表面长出一层浓白的香菇绒毛状菌丝，这时开始每天通风 1～2 次，每次 20 分钟，以促进菌筒表面菌丝逐渐倒伏，形成一层薄薄的菌膜，菌丝开始分泌色素，吐出黄水。这时就应掀膜，向菌筒上喷水，每天喷水 1～2 次，持续 2 天，以冲洗菌筒上的黄水。喷水后再盖膜。菌筒表面开始由白色略转为粉红色，之后逐渐转变成红棕色。一般，脱袋后经过 12 天左右，即可完成转色过程。

②先转色后脱袋　四川盆地湿度高、温差小，香菇菌袋若采用先脱袋后转色方法，霉菌污染严重，转色也困难。为此，多采

用边转色边脱袋或转色后再脱袋的方法，取得较好效果：污染率低、转色较好。

具体方法：香菇菌丝长满袋后继续在培养室或发菌棚内培养，让其袋内基质表面自然形成爆玉米花状突起物，并有小面积呈现锈褐色时，先不脱袋，而是直接移至塑料大棚内菇床上排袋，用锋利刀片将转色部位的塑料袋膜割掉，保留未转色部位的塑料袋膜并维持原样，转色后再割膜，即让其边转色边脱袋；或者让菌棒在袋内转色后再脱袋（图2-13）。实践证明，自然边转色边脱袋或者先转色后脱袋的做法在四川盆地很好地解决了转色中绿霉的感染，是行之有效的转色措施。

图2-13　先转色后脱袋

3. 催蕾方法　对转好色的香菇菌筒，采取适当的管理措施，就可促使香菇由营养生长转入生殖生长，分化出原基，原基进一步又分化形成菇蕾，这个过程被称为催生菇蕾，通常简称催蕾。主要是采取制造温差和提高湿度的办法来催蕾。

（1）**揭膜盖膜，制造昼夜温差**　在冬季，采用在有阳光的白天严封大棚，菇床上的小棚遮盖透明薄膜，让棚内温度升高，到0～2时，气温下降至最低时揭开大、小棚两头薄膜，让冷空气袭击，使白天温度与晚上有3～10℃的昼夜温差，以促进香菇原基形成。

（2）**保湿通风，相互协调兼顾**　保持菇棚内空气相对湿度在80%～90%。若冬季空气干燥，则在棚内喷雾状水汽，以提高空气湿度。每天在正午时开启大棚两端的门膜，揭开小棚薄膜，自然通风1次、时间在半小时左右，保证有适量氧气供应。但通风时间适当即可，不宜过长，以免环境干燥，影响保温保湿效果。

（3）**适当光照，诱导催生菇蕾**　光对香菇原基分化和菇蕾形成有诱导作用。保持菇场内"三分阳、七分阴"的光照条件，有利于加快菇蕾的形成。

另外，在菌筒转色和催蕾中，有时在菌筒表面有冒出茶褐色水珠的现象，是正常现象。若见茶褐色水珠过多，则可以用干净纱布吸干，也可以在喷水时顺手用喷头冲洗一下，以免菌膜增厚，影响出菇。待菌筒晾至不沾手时即覆盖薄膜保温。

在转色、催蕾过程中常出现菌筒发黑腐烂或被绿色木霉污染的现象。其原因：一是脱袋过早，由于菌丝生长得较弱，适应外界环境能力差，从而抵抗杂菌的能力差，喷水后易引起杂菌污染和烂筒；二是高温高湿、通风不良引起杂菌污染。预防办法：适当推迟脱袋或将未长好的料块切除；控制湿度，尤其是菌筒上不能有明显的积水。若已发生杂菌污染，在患处撒些干石灰粉或涂抹甲基硫菌灵药液。

4. 出菇管理　菇蕾形成后，一般经过 3～5 天时间就可发育成完整的香菇子实体，这个过程通常称为出菇。这个时期常称为出菇期。出菇期管理主要根据出菇季节的气候，加强对菇场环境的温度、湿度、空气和光照进行合理调控，满足栽培品种的出菇特性，实现出菇优质和高产的目的。

（1）秋菇管理措施　香菇在 9～11 月长出的菇，称为秋菇。秋季气温逐渐下降，秋季出菇的管理重点是调控菇房内的温度和湿度，要求温度达 10～20℃，昼夜温差达 10℃以上，空气相对湿度达 90% 左右。

①掀动薄膜　秋天前期气温较高，主要采取掀动薄膜进行通风的措施来降低菇房温度和制造温差。其通风次数依气温而定。一般，菇房 23℃以上时，每天不少于 3 次，早、中、晚进行；18～23℃时，早、晚各 1 次；17℃以下时，每天 1 次。秋天中后期气温逐渐降低，可根据气温变化情况，灵活地减少掀动薄膜的次数和通风时间。

②喷水和注水　喷水：初次现蕾的菌袋或菌棒，如第一

潮菇期间，培养料基质中含水充足，完全能够满足菇蕾生长所需水分。重点采取用喷雾器向菇房环境空间和菇床内喷水的措施，提高空气湿度，确保子实体生长发育对空气湿度的需求。一般，在菇蕾长到黄豆粒大小时开始喷水，气温超过 20℃时，宜早、晚喷水，不宜中午喷水；宜在空中喷雾，相对湿度保持在 85%～90%。喷水的次数依具体的情况而定。一般，雨天少喷，晴天多喷；菇蕾小和少就少喷，菇蕾多、子实体较大就多喷；保湿性好的菇房或菇床少喷，保湿性差的就多喷。

第一潮菇采收后，可以掀膜通风，不要喷水，让菌棒表面适当干燥，菌丝体恢复生长 1 周左右，采收菇体菇脚后留下的凹陷处菌丝逐渐长满，此时可继续喷水，或者将薄膜放低，达到保温保湿的目的。结合掀膜通风，增大温差，保持湿度，促使下一潮菇蕾很快形成。

注水：秋季出菇比较明显，潮次集中，每潮出菇高峰期 4～5 天，每潮菇间隔 7～10 天。当采过 2～3 潮菇之后，随着大批采摘菇体，菇体将基质中的水分也大量带走，菌棒因失水重量明显地减少，当菌棒质量减少 1/3 时，可用注水器即注水针给菌棒内部注水。注水方法：将注水器接在有一定水压的自来水管或潜水泵水管上，把注水器沿着竖立方向插入菌棒中间，打开注水器开关，持续 20 秒钟左右，直至菌棒表面有水渗出来为止（图 2-14）。每人每天可注水 800 袋左右。

不脱袋菌棒

脱袋菌棒

图 2-14　菌袋（菌棒）注水

③预防杂菌 脱袋或采菇后，菌丝正处于恢复生长阶段，抵抗杂菌侵染的能力较弱，很容易遭受青霉、毛霉、曲霉、木霉等霉菌的危害。应采取措施预防杂菌：一是采摘菇体时要完整地

图 2-15 采菇后留下的菇脚

摘除菇脚，不要在菌棒上留下菇脚（图 2-15），以免菇脚日后霉烂发生污染。二是一旦发现菌棒上有霉菌斑，应及时用刀或竹片将霉菌斑连同周围部分基质刮除掉，刮除的菌斑块装入密闭塑料袋统一烧毁；在染杂处可用 0.1% 多菌灵或

5% 新洁尔灭或 3%～5% 苯酚溶液涂抹。三是适当地对菇房加强通风换气，控制杂菌蔓延繁殖。

（2）**冬菇管理措施** 香菇在 12 月至翌年 2 月长出的菇，称为冬菇。冬季气温寒冷，冬季出菇管理的重点是提高和保持菇房内的温度，要求菇房内温度不要低于 6℃。

一般，在早、晚不宜开启菇房门窗，在下午可开南窗。在温度低于 4℃ 时，一般不要掀膜通风。晴天气温回升，可利用中午

图 2-16 香菇代料栽培出菇

或下午掀动薄膜适当通风。若菌棒很干燥、基质失水太多，则可在暖和的晴天，适当地喷水，以补充基质水分，但一般情况不喷水，尤其忌喷重水。若保温保湿措施得当，冬季可出 2～3 潮菇（图 2-16），每潮

菇间隔 20 天以上。

利用冬季干冷气候，因势利导多产花菇。在冬季，当菇蕾的菌盖直径生长至 2～3 厘米时，突然遇到干燥的低温袭击，菌盖表面的细胞停止生长或生长很慢，而菇肉内部还在生长，内外细胞生长不同步，即"内湿外干、内长外不长"，导致菇盖表面龟裂成花纹。一般气温在 8℃以下，较易形成。在冬季出菇管理时，可因势利导，抓住时机，一般在夜间掀开塑料薄膜，让冷空气突然袭击菇体，菇盖出现裂纹后，在 8℃以上的菇床中培养，始终不能受雨淋，经常保持有干燥气流吹过，促使有较多的菇体发育成肉厚、柄短的花菇，提高花菇形成率，以增加香菇栽培的经济效益。

（3）**春菇管理措施**　香菇在 3～5 月长出的菇，称为春菇。春季气温回升，雨量充沛，恰好满足香菇菌丝体生长和子实体形成对温度和湿度的需求，因此，春季是香菇结实的盛期。通常，春季香菇一般要出 3～5 潮菇，产量占整个出菇期的 60%～70%，每潮菇的间隔时间为 10～15 天。

春季出菇管理的重点是对菌棒实施补水。因为菌棒度过了秋、冬两个干燥的季节，已经出产了几潮秋菇和部分冬菇，菌棒内的含水量严重减少，有的重量减少了 1/2，即含水量降至 30%。进入春季，就需要补充水分给菌棒，让菌丝体正常生长，才能出菇。补水的方法有浸水法和注水法。

①浸水法　一般选择气温稍低的日子浸水。早春时节，气温较低，一般在 15℃以下，这时浸水宜选日暖的时候给菌棒浸水。一般气温太高，如 25℃以上的时候，不宜浸水；即使需要浸水，应创造低温水来实施浸水作业。浸水方法：先用长 10～15 厘米、竹筷大小的竹竿或 8 号铁丝，刺扎进菌棒的两端和中间，使菌棒上形成孔洞。再将菌棒排放于有清洁水的水沟或水池之中，用木板盖在菌棒之上，木板上再用石头等重物压置，把菌棒淹没于水中，水由孔洞浸入菌棒基质内部，让菌棒充分吸透水。一般，持

续浸水 8～12 小时，可使菌棒含水量达到 60%～65%。菌棒是否吃透水的检验：用刀随机切开菌棒，观察其横断面的颜色是否一致，若截断面的颜色一致，则说明菌棒吃透了水；若截断面的颜色相对较白，则说明菌棒还未吃透水，应继续延长浸水时间，直到浸透水为止。

浸水的时间不能太长、浸水的次数也不能太多，否则，菌棒吃水过饱，菌丝体会衰老，菌棒会过早自行解体、散落，严重影响出菇甚至不出菇。

②注水法　用注水器即注水针给菌棒内部注水即可。注水法与浸水法相比，采用注水法就地补水，无须搬动菌棒，可大大节约搬运用工量而具有节约劳动力成本的优点。还可在滴注水中溶入某些营养物质和药品，使香菇早生快长，达到增产和增收的目的。

③出菇管理　菌棒浸水结束后，重新排场，待菌棒表面的流动水稍干燥后，罩紧薄膜，保温保湿养菌，2～3 天后，开始掀膜通风。

一是掀膜通风。菌棒浸水后，罩紧薄膜，在菇畦内保温发菌，即保持菌丝生长温度，让菌丝恢复生长。为让菇畦内增加氧气、降低二氧化碳的含量，每天视情况通风 1～2 次，每次 1～2 小时，遇到阴天或雨天，可延长通风时间。

二是制造温差。浸水 3 天后尽量增大温差、湿差，使其从营养阶段再次转入生殖阶段，迫使菌丝体进一步分化出更多的菇蕾。当气温上升到 25℃以上时，菇蕾形成受到抑制，可用冷泉水浸水，或浸水后放入 4℃的冷库 1～2 天，以促进菇蕾形成。

（4）夏菇管理措施　香菇在 6～8 月长出的菇，称为夏菇。夏季气温高，出菇困难，即使出菇也由于生长发育很快而形成较多薄菇和小菇，因此，一般利用自然气温在夏季栽培香菇，出菇不多，多让菌棒越夏后在秋季出菇。

但是，夏季食用菌鲜品较少，鲜菇价格较高，也可因地因时地采取有利于出菇的措施：一是选用高温型品种，根据品种出菇特性合理安排制袋接种季节和出菇季节。二是冷凉水刺

图2-17　轻轻敲打菌棒

激，如在白天输灌流动的冷凉山泉水对覆土菌棒和菇棚进行降温，人为拉大昼夜温差，保持湿度，调节小气候，促使菌棒分化形成菇蕾、长出菇来。三是用软质棍棒或旧车外胎橡胶或塑料鞋底等，轻轻敲打菌棒（图2-17），起到"惊蕈"作用，以催促菇蕾形成，但不宜过重和多次频繁敲打，以免导致长出来的香菇菇小、菇密、甚至烂棒。四是注意揭膜通风降温，可将大棚薄膜去掉，只保留遮阳网，以免夏季因高温高湿导致杂菌污染菌棒。

（四）采收加工

1. 采收时期　一般，香菇子实体生长发育至五至八分成熟的时候，是采收的适宜时期。这时采收的香菇：菌盖边缘仍处于向内卷曲状态，菌膜未破裂或刚刚破裂，形态美观，清香浓郁，菌盖厚实，肉质鲜嫩，折干率高，品质优良。若采收得太早太嫩，就会影响栽培单产，导致栽培经济效益下降，不划算。若采收得太迟太老，子实体过于成熟，菌盖边缘会向上翻翘，外观难看，则失去了商品价值，消费者不易接受，难以卖出去；而且菌褶上的孢子大量弹射掉，单菇体重下降，也会影响栽培经济效益。

2. 香菇保鲜　对鲜香菇进行短时期的鲜度保持，可满足顾

客对香菇新鲜度的需要。通常，采用低温贮藏和薄膜包装贮藏两种方法对香菇进行保鲜。

（1）低温贮藏保鲜 低温贮藏又称冷藏，是利用自然低温或人为降温措施，抑制鲜菇细胞生理代谢的方法，以延长保持香菇鲜度的时间。我国北方菜农的冰窖保鲜蔬菜可用于香菇贮藏保鲜，鲜菇贮藏时散发热量被天然冰块或人造冰块吸收，冰块融化致使环境温度维持在 2～3℃，达到保鲜目的。其他地方用于蔬菜和水果贮藏的冷库，也可以用于香菇贮藏保鲜。

（2）薄膜包装贮藏保鲜 薄膜包装贮藏又称限气包装贮藏，是利用特制的专用包装薄膜封闭鲜菇，抑制鲜菇细胞生理代谢的方法。这种包装薄膜具有一定的透气性和透湿性。目前，以醋酸乙烯树脂为材料的包装薄膜用于蔬菜包装贮藏保鲜效果理想，可用于香菇保鲜。以薄膜包装鲜香菇，若用于市场鲜销，则可采用200～500克/袋的小袋进行包装；若用于贮藏或运输，则可采用5～10千克/袋的大袋进行包装。

3. 干品加工 规模化栽培香菇，在出菇季节收获鲜菇数量很多，有时会遇到一时鲜菇难以卖出的情况，出现鲜菇积压而腐烂变质的问题。遇有这种情况，可对鲜菇进行脱水干燥，加工成干菇产品，可在较长时间内保存，在出产鲜菇的淡季慢慢地销售。通常，香菇干品加工有自然阳光摊晒法和人工干燥机烘干法两种。现多采用人工干燥机烘干法，其加工工艺为：预选→排筛→机械热风干燥→分级→包装→贮藏。

烘干是将鲜菇放在烘箱、烘笼或烘房中，用电、炭火或远红外线加热干燥，使其脱水，成为干品。为提高菇品质量，多以机械脱水为主，设备主要有三种：一是以电能为主的脱水机，但耗电多，成本高；二是适合于家庭烘干的小规模脱水烘干机；三是以烧柴为主的烘干机（烘房），规模大，适于专业加工，而且烘房设备简单，容易修建，农村或乡镇企业广为采用。对烘干过程的条件控制要求见表2-2。

表2-2　香菇烘干过程的条件控制要求

菇　类	烘干期	烘干时间（小时）	热风温度（℃）	进、排风控制	要　求
普通菇	初期	0～3	30～35	全开	含水量高的鲜香菇初期温度应低、升温应慢
花菇、厚菇			40～45		
普通菇	中期	4～8	45	关闭1/3	每小时升温不超过5℃；6～8小时移动筛位
花菇、厚菇			55		
普通菇	后期	8	50～55	关闭1/2	10小时后合并烘筛并移至上部
花菇、厚菇			60～65		
普通菇	稳定期	1	58～60	关闭	累计烘干16～20小时
花菇、厚菇			75～80		

4. 分级与包装　香菇产品的分级与包装，可参考相关国家标准和地方标准，结合市场实际进行。

（五）病虫鼠害防控

在香菇的栽培、加工和贮运过程中应人为地营造适宜香菇菌丝体生长和子实体发育的优良环境条件，尽可能地制造不利于病菌、害虫和害鼠生存的空间，采取适当的病虫鼠害预防技术措施，注重从原料到产品、从菇棚到餐桌全过程防控，尽量避免或减少不良环境对香菇的危害，让香菇的菌丝体健壮快速生长、子实体正常发育和安全贮运，从而达到高产和稳产的目的，同时在控制病虫鼠害的同时，确保产品质量安全。

一般，病菌和害虫在高温高湿的生态环境下容易大量产生，害鼠喜食香菇菌丝体。因此，在香菇栽培、加工和贮运过程中应以"预防为主、综合防治"的方针，采用生态调控技术、理化诱控技术和科学用药，预防病虫鼠害的发生和蔓延；改变生态环境，控制病菌、害虫和害鼠的危害；已经出现危害时能有效消灭病菌、害虫和害鼠。下面介绍香菇的病虫鼠害绿色防控技术。

1. 生态调控技术 生态调控技术指在保证香菇正常生长发育的条件下，将生态环境调整为不利于病菌、害虫和害鼠生存和发展的技术。

（1）栽培原料充分干燥 储存过程中应注意通风换气，保持贮藏环境干燥，仓库的门窗和通风口等应加装防鼠铁丝网。

（2）多品种轮作 生产上应选用抗病虫品种。多品种轮作布局，切断害虫食源，如在多菌蚊高发期的 3～6 月和 10～12 月，选用多菌蚊不喜欢的杏鲍菇和猴头菇等与香菇进行轮作，可使多菌蚊虫源减少或消失。

（3）基质水分 pH 值调节 香菇栽培料基质在拌料时，一般应将基质的含水量调控在 60%～65%、酸碱度调控在 pH 值为 5.5～6.5。

（4）调控发菌出菇环境 注意发菌环境卫生，发现污染菌袋及时清除。发菌室或发菌棚和出菇房安装防虫避鼠网，同时放置夹鼠器夹捕害鼠。发菌场所应该调控温度在 24℃以下、空气相对湿度在 70% 左右。

（5）闲季晒棚 香菇采收结束后，揭开出菇棚，清除棚内废菌袋等所有杂物，让阳光照射出菇场所，称为晒棚。晒棚可减少病虫基数。

（6）产品包装及保管 香菇干品本身的含水量应该低于或等于 13%。香菇干品包装如塑料袋等应该具有较好的密闭性，并置放于通风、阴凉和干燥的产品库房中贮存保管。产品库房也同样应该安装防虫避鼠网。

2. 理化诱控技术 理化诱控技术指利用杀虫灯、粘虫板、性引诱剂和防虫网阻隔等物理和化学措施，防治香菇害虫的技术。它绿色环保、成本低，全年应用可大大减少用药次数。

（1）杀虫灯诱杀害虫技术 该技术就是利用昆虫具有趋光性的原理，使用杀虫专用灯具诱杀香菇害虫的物理技术。在发菌室或发菌棚以及出菇室或出菇棚外悬挂杀虫灯，可有效诱杀香菇害虫的成虫，降低害虫成虫基数，减少成虫产卵，起到有效防治香菇虫害的效果。

（2）粘虫板诱杀害虫技术　该技术就是根据昆虫具有趋色性的原理，将环保专用胶涂抹于捕虫板上，当害虫撞击捕虫板时，板上的胶即将其粘住，不久害虫便会死亡。这种技术被称为粘虫板诱杀害虫技术。有的粘虫板上还同时涂布了昆虫性信息素、化学杀虫剂和微生物杀虫剂，诱杀害虫效果更佳。生产上常用黄色粘虫板（黄板）诱杀香菇的害虫。

（3）**防虫网阻隔害虫技术**　防虫网又名乙烯防虫网、蔬菜大棚防虫网等，是由乙烯丝编织而成，形似窗纱，网孔很小以至于阻隔昆虫成虫不能通过。在发菌室或发菌棚、出菇室或出菇棚均要安装防虫纱网，预防害虫成虫飞入发菌室内和出菇场内，以避免其产卵成幼虫或直接危害香菇菌丝和菇体，这称为防虫网阻隔害虫技术，属于物理防虫措施。

3. 科学用药　当香菇菌袋中害菌、害虫和害鼠发生凶猛，在万不得已的情况之下，可采取化学农药来防治病虫鼠害。通过科学使用农药，最大限度降低农药使用造成的负面影响，以保证香菇食用者免受药害。

科学使用农药要求注意5点：一是对症下药，根据香菇生产被危害的种类及其危害程度，分别选用杀菌农药或杀虫农药或灭鼠农药，注意施药用量，危害重用药多、危害轻用药少；二是因时用药，有的农药对用药时间有要求，要按照用药时间要求用药，以达到用药预期效果；三是浓度合理，要按照农药产品说明书上规定的用药浓度用药，否则浓度太低达不到防治效果，太高易引起药害等不良后果；四是方法得当，有的农药为粉剂药，有的为液体药，各自施用方法不一样，粉剂药要撒施均匀，液体药要喷施到位；五是交替用药，有多种农药可以防治同一病害或虫害或鼠害，可以将这些农药交替使用，因为长期使用同一种农药会让害菌或害虫或害鼠产生抗性，需增大用药剂量或浓度，而且防治效果还会降低。

四、段木栽培关键技术

香菇段木栽培，就是适时砍倒适宜香菇生长的阔叶树木，经过适当干燥后锯切成一定长度的段木或木段，在段木上打孔，将香菇纯菌种接入空隙中，提供香菇生长发育环境条件，让香菇菌丝在段木中生长并发育子实体的过程。段木栽培也称原木栽培。

香菇段木栽培历史悠久。尽管它属于香菇的传统栽培方法，但是生产出来的香菇质地优良，各香菇主产国家和地区如日本等都将段木香菇作为优质商品菇的主要来源。段木栽培香菇具有规模可大可小、方法简单可行、投资少、产出香菇品质好等优点，适宜于阔叶树木丰富的山区和丘陵区采用。段木栽培香菇是贫困山区农民脱贫致富的一条有效路径。香菇段木栽培的主要生产流程为：段木准备→人工接种→发菌管理→出菇管理→采菇。

（一）季节安排

段木栽培香菇，如果以物候为参照的话，那么桃花开的时候，气温已经超过5℃，就是播种开始的季节。青蛙叫的时候，气温已经稳定在12℃以上，就是较适宜的播种季节，是浙江、福建、江西等省香菇栽培地区的春播时节。清明节前，桃花盛开的时候是最理想的播种季节。海拔800米以上的地区，可在立夏前7～8天进行播种。

1. 秋冬季播种　长江以南香菇栽培区冬季气温较高，多在水稻收割之后，安排在10月砍树、11月至12月上旬播种。

2. 冬季播种　江西南部、浙江南部、福建、广东等地的低海拔地区冬季很少有2℃以下的低温，大多安排在冬季开始播种，并根据实际气温情况可将播种时间延迟到2月下旬至3月上旬。

3. 春夏季播种　我国大部分香菇栽培区，如长江流域栽培区，多安排在春夏季播种，其中 3 月是播种的黄金季节。

（二）树木选择

用来栽培香菇的树木称为菇树。对用于香菇栽培的树种有 5 个基本要求：一是不含树脂、树脂酸、精油、醚类、樟类等杀菌性物质；二是木质较坚实、边材多、心材少、营养丰富；三是树皮不易脱落，不过分粗糙，也不过厚、过薄；四是生长势旺盛，生长郁闭度不过大；五是虽然空心或弯曲，但是树皮还完整。最适宜于香菇生长的菇树有枹栎、麻栎、栲、青冈栎、枫香树、栓皮栎、蒙古栎和板栗树等。黄年来（1994）认为，目前较常见的有 9 个科 8 个属的 300 多个树种可用于栽培香菇，常见的优秀树种有薯树、山杜英、刺栲或红栲、米槠、罗浮栲、甜槠、秀丽栲、珍珠栗、槲栎、钩栲、麻栎、枫树、杜英、青冈栎、乌冈栎、鹅耳枥、漆树、白栎、赤皮青冈、东南石栎等。

（三）砍树截断

1. 砍树时期　一般，多在秋季树叶发黄之后到立春发芽之前进行砍树，落叶树在有一二成树叶飘落的秋季砍伐，常绿树可在冬春季节砍伐。这期间，树木处于休眠期，树木停滞生长，树液流动也处于停滞状态，树木内蓄积营养最为丰富，水分也最少、树皮不易脱落，气温低、湿度小，砍后不易产生病虫害。而且，砍后极有利于树桩在翌年春天萌芽更新、生长出新树干。多在 11 月中旬至 12 月上旬进行砍树。

2. 选择树径　太粗的树木进行搬运等作业时因为太沉而不方便，出菇期较晚，但是产菇期长；太细的树木虽然搬运方便、出菇早，但是产菇期较短。因此，一般，选择胸径（胸径是指距离地面 1.3 米处树干的直径，常用厘米为单位。我国和大多数国家树木胸高位置定为地面以上 1.3 米高处，这个标准高度对一般成人来讲，是用轮尺测定读数比较方便的高度）为10～20厘米粗的树木和直径达到10～20厘米的树木枝丫进行砍伐比较合适。

3. 砍树方法 用斧头在树蔸处砍下树干，也可用手持式电锯锯倒树干。树皮是香菇发生的保护组织和湿热调控器，没有了树皮之后就无菇可出。因此，在砍树以及之后的搬运、截断、播种、翻堆、浸水等过程中一定要保证树皮完整，避免弄掉树皮。否则，树木没有完整树皮，木材得不到保护，经过1年之后开始出菇时，往往已经成为朽木了。

（四）原木适干

新砍伐的树木称为原木。原木含水量高，接上菌种菌丝难以生长。因此，需要对原木进行适当干燥后才能播种使用。一般，木材含水量在40%～50%时接上菌种较易存活。含水量太高，木霉、青霉等霉菌容易侵入；含水量太低，木材太干，接上菌种，种块水分被木材吸收而容易干死。树木砍倒后，不要剔掉枝丫、树叶，让树叶的蒸腾作用将木材中的水分挥发出来，以干燥树木。

判断适当干燥树木的方法：一是观察树木截断面自树心向四周出现了放射的线状裂纹即可，若线状裂纹已经裂至树皮位置，则表明树木过于干燥；二是用斧头背猛敲去树皮后，观察无水分渗出即可；三是树皮颜色已经变成死树皮的颜色，木材截断面也变成了死树的颜色即可。切忌用烈日暴晒方法来干燥原木，因为暴晒很易引起树皮裂缝处发生成片起翘、树皮组织遭到破坏。北方天气干燥，春季后砍树，一般砍树后再经过10～20天时间的干燥，即可接种。

（五）剔枝截断

原木适当干燥后应及时剔去枝丫，用电锯截断成1米或1.2

米长的木段，即段木。直径 10～20 厘米的粗枝丫也锯成段木。剔枝时不要齐树身砍平，而要保留枝杈长 3～5 厘米，缩小砍口，以减少杂菌侵入段木；但也不要留杈太长，以免给搬运和排放带来不便。原木截断口和剔枝留杈砍口力求平整，不撕裂树皮。剔枝时斧口应自树干基部往上砍，以免拉破树皮。

剔枝截断后，应立即用 5% 石灰水或 0.5% 波尔多液或多菌灵或克霉灵等涂抹断面、砍口和树皮脱落处等所有伤口，以防止杂菌从伤口处侵入。之后，按照段木的粗细和质地的软硬分类堆放，以便于接种后分别管理。

（六）打孔接种

对段木进行开制孔洞形成孔穴，才能将种块接入到段木中。对段木进行开孔的工具称为打孔器。打孔器主要有电钻、接种锤、皮带冲和接种斧。电钻打孔具有降低劳动强度和利于保证打孔深度的优点，现多采用电钻打孔。条件较差的山区则常用接种锤或接种斧打孔。皮带冲还用于打树皮盖。

1. 打制孔洞 在段木上打制孔洞要求：孔洞位置排列应纵距疏、行距密，位置多排列呈梅花形；孔穴深度够。一般在 1 米长的段木上，纵距为 20～25 厘米，但距两切面为 5 厘米，行距 5 厘米左右；一排 5 个、一排 4 个地错开排列（图 2-18），但在死节、树皮脱落、枝的切口等伤处四周多打 1～2 个孔穴。段木孔穴数的公式为：$N=2DL+A$。其中，N 为打穴数（个），D 为段木直径（厘米），L 为段木长度（米），A 为补加穴数。垂直

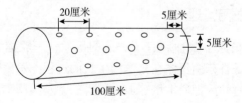

图 2-18　段木打孔位置排列示意 （谭伟，2009）

于段木表面进行开孔。打孔用电钻的钻头直径为 1.2～1.3 厘米，钻孔深度为 1.5～1.8 厘米。若孔洞过浅，种块易失水干燥，则菌种成活率低。另外，用皮带冲打制树皮盖备用，树皮盖直径较孔穴直径稍大 1～3 毫米，利于盖紧种块。树皮盖的厚度以 0.5 厘米为宜，太薄易被晒裂或脱落。

2. 接入种块 段木被开制孔洞后，应尽快向孔穴内装填菌种，装填时尽量不要压碎种块，种块不要装得太紧或太松，以利于种块通气和新菌丝很好地萌发。接种作业宜在晴天进行，最好是在搭建的避雨遮阳棚内，避免雨天高湿易污染杂菌和晴天太阳过猛损伤菌种情况发生，以提高接种成活率。

我国多使用木屑栽培种。木屑菌种的用种量一般是 1 立方米的段木（按长 1 米、粗 10～12 厘米的段木 100 根计）需准备 750 毫升瓶装的菌种 8 瓶。根据段木数量，按此要求备足菌种。

3. 封住孔口 接种后及时将孔穴口封上。封口方法有两种：一是用事先准备好的树皮盖盖住孔穴，并用铁锤敲平，让树皮盖与段木树皮持平，既不凸出段木树皮也不凹下于段木树皮表面。二是可将石蜡液趁热用毛笔或毛刷涂于穴口，使其凝固成盖来封住穴口，要求涂抹均匀、与段木树皮保持平整、粘得牢固、涂刷直径比接种穴直径大一倍以上。

石蜡液的配制：先将 10% 的动物油如猪油和 70% 的石蜡加到 150～160℃熔化，再将 20% 的松香碾成粉末加入其中，拌匀，加热至松香也熔化，即配制成了封口石蜡液。

（七）发菌管理

段木被植入了菌种后有了香菇的菌丝，一般称为菇木或菌材。发菌就是香菇菌丝体在菇木内生长的过程。发菌管理就是为了在最短的时间内把段木培养成充满香菇菌丝的菇木，创造适宜菌丝生活的环境条件，促使菌丝在段木中尽快定植、在菇木中健壮生长，而采取的调节温度、保持湿度、遮挡阳光和通风换气等系列技术措施。香菇发菌期可长达 8～10 个月，一般将发菌期划分为成活期和培养期，进行分期管理。

1. 发菌场地准备 发菌场是指堆放菇木的场所。发菌场要选择在周围有水源、菇木资源以及高大树木遮阳，坐北朝南或东南方向，或是冬暖夏凉的缓坡地带。通常有山林露地和农户庭院两种场所。

发菌场选定后，应对场地进行整理：彻底清理杂草，平整土地，挖出排水沟，修筑浇灌和喷灌设施，搭建起黑色遮阳网的荫棚。

2. 成活期管理 将种块接入段木至菌丝定植这段时间称为菌种成活期。这期间应重点采取遮阴、防雨、保温和保湿等技术管理措施来促进种块菌丝萌发和定植，以保证接入的菌种有较高的成活率。该过程俗称"假困山"。

（1）**菇木保温堆放** 一般，可将刚接种的菇木堆放在山林露地和居家庭院，通常选择在接种场地附近。堆放方式有井叠式（"井"字形）、覆瓦式、蜈蚣式和"人"字形式。一般采取井叠式和覆瓦式堆放。井叠式堆放适合于雨水较多、场地较湿的菇场，利于通风排湿。覆瓦式堆放适合于雨水较少、场地较干的菇场，如北方干旱山区多采用此方式。

井叠式堆放方法：先在地面上垫一层厚 10 厘米以上的砖石；再将菇木呈"井"字形交错堆码放置在砖石之上，整齐地堆码成高度为 1.2～1.5 米的堆垛；然后用塑料薄膜或苇席或茅草等覆盖物（图 2-19），对堆垛的周围及上面进行覆盖，起到保温保湿、遮挡太阳光线直晒和躲避强风大雨的作用，以促进种块很好地萌发新菌丝、菌丝尽快定植。码堆时要注意不宜码得太高，否则不便操作作业。

（2）**管理措施** 码堆后经过 7～10 天，菌丝已经定植。以后每隔 3～5 天掀开薄膜或揭开苇席通风一次，并向菇木上适量

图 2-19　菌棒呈"井"字形堆码

喷水，喷水量或喷水程度以菇木表面已经喷湿均匀为宜。当气温在 10～15℃时，一般经过 15～20 天，可见树皮盖已被菌丝生长固定住，孔内菌种或孔壁上充满白色菌丝，接种口处长出白色的菌丝圈，说明菌丝生长良好。

检查菌种是否成活和菌丝生长情况的方法：接种 1 个月后，将种块挖出后观察，若穴内壁呈淡黄色并有香菇味，表示菌种已成活、菌丝已定植并已侵入菇木内。若见树皮盖已被菌丝生长牢牢固定住，孔内菌种或孔壁上充满白色菌丝，菇木截面出现白色斑点状菌落，则菌丝生长良好。通常，菇木堆放大约需要持续 1 个月。

若 1 个月后还不见接种口处有菌丝圈出现，说明种块没有成活，则应及时去掉死亡种块、重新接上菌种进行补救。若发现穴内种块变成红色、褐色、灰色或黑色，表明菌种早就死亡，杂菌已经蔓延了，则应及时清除掉霉烂种块，在染杂处涂抹上石灰浆以控制杂菌继续蔓延。之后，在染杂穴周边重新多钻几个孔、重新接上菌种进行补救。

一般，菌种成活率不到 90% 的菇木，其产菇量要减产 2～3 成；成活率为 75% 的菇木，产菇量常常只是成活率 100% 的菇木的一半左右。

3. 培养期管理　将菌丝定植后，其在菇木中不断生长蔓延，直至将菇木熟化得很好的这段时间称为培养期，又称养菌期。该过程俗称"困山"。

（1）**养菌场地**　进入培养期的场地宜选择在"三分阳、七分阴"的场所，或采用70%～85%的黑色遮阳网搭建起荫棚来作为培养场地。培养场地又称为养菌场地或养菌场。

（2）**及时翻堆**　翻堆是菇木管理的重要工作。接入段木的种块菌丝成活后，自然气温已经稳定地上升至15℃以上，有利于杂菌滋生。此时一般应将菇木堆垛拆散，移至更通风、更适宜于菌丝生长的场所，重新堆放，进行遮阴、通风等管理，继续培养，促进菌丝进一步良好生长，让菌丝大量繁殖熟化菇木。大多在雨后结合清场、调换遮阴物时及时翻堆。

翻堆的方法：对菇木在堆垛内的上下、内外进行位置上的互换，即相互间的位置调整。目的是让菌丝在每根菇木及菇木的各个部位生长均匀。

翻堆次数应因地因时而定。冬春季播种的菇木，因气温低而以保温为主，只要堆内无异常现象，可不必翻堆。3月中旬至4月上旬，气温回升，进行初次翻堆；若遇气温低时，翻后仍可紧密堆叠。以后每隔半个月或一个月选择在晴朗干燥天气翻堆一次，直至梅雨季节结束。5月高温高湿，翻堆时将每根菇木排放稀疏一些，即根与根之间稍留出空隙，以增加堆内空气流通。7月开始，气温上升，可每月翻堆一次，要防止烈日直晒。

（3）**管理措施**　养菌期重点采取清理堆场环境、喷洒药剂、通风保湿、干湿交替等技术措施对菇木进行管理。目的是预防病虫害发生、促进菌丝旺盛生长和菇木熟化。

①未翻堆的菇木　冬春季播种的菇木，因气温还较低而以保温为主，未行翻堆，但要求在晴朗温暖天气对堆垛进行适当通风换气，并喷水保湿即可。这期间，菌丝即使在枫类段木中定

植，枫树也易发芽，一旦发现树芽应及时摘掉，并置于较干、通风处即可。

②翻堆及时去杂　在翻堆过程中发现菇木两端截面、接种穴和树皮损伤部位有大面积绿霉等杂菌发生，应及时取出、除掉杂菌斑，用石灰水涂刷患处部位；并对染杂菇木另放单独管理，以免杂菌被风吹、雨淋传染到其他菇木，导致大规模菇木污染。

③清理堆场环境　菇木堆垛因为被覆盖，而且已历经堆叠1个多月时间，加之3月来临、气温回升，原来树皮上的杂菌孢子可能萌发，外界的病虫也开始危害菇木。因此，要求结合翻堆工作，对堆场的环境进行全面清理。主要是清除堆场内及附近的枯枝落叶、腐烂枝丫、畜禽兽粪便以及因冬春堆垛上已经霉烂的枝叶、茅草、苇席等，实际上就是捣毁杂菌、病菌和害虫滋生的基物，保持堆场有良好的清洁卫生，尽量不给其留有生存和繁衍的环境条件，以预防病虫害发生。

④撒施喷雾农药　为预防病虫害的发生，可在堆场内及附近的地面上和堆场死角处均匀地撒施石灰粉，喷施5%石灰水或0.5%波尔多液或多菌灵；向堆场内外空间环境和堆垛菇木表面喷施50%苯菌灵水剂、80%杀螟硫磷水剂。

⑤既通风又保湿　重点对菇木采取通风保湿措施进行管理。一是时至6月上旬，翻堆时将菇木堆垛的位置选择在向阳、干燥场所，以利于通风，如深山密林的堆场主要还是保持干燥和通风。二是6月之后，气温升至20℃以上，进入高温干旱期，要求既要通风又要注意保湿，如平坦地堆场、大型人工棚堆场尤其要通风保湿，是栽培成功的重要措施。

⑥干湿交替管理　通风保湿可采取干湿交替，即干干湿湿的管理措施来解决。干湿交替的作用原理：一般的干燥不会使香菇菌丝死亡，原因是香菇菌丝在木材中具有干燥潜伏的能力。干，可使菇木内增加空隙，让空气能够进入空隙，间接地增加了氧气数量，起到类似于通风的效果，满足菌丝对氧的需求，促使

菌丝由皮层深入木质部，积聚更多的营养。湿，能保证菌丝对水分的需求，以维持菌丝旺盛的生命活动，促使菌丝迅速旺盛生长。若仅仅只有湿，则菌丝只在菇木表面活动而不再深入向菇木内部生长。

为了产生干湿交替的作用，除了大自然气候的晴天、下雨恩赐以外，在7～8月高温干旱时，必须采取人工喷水、机械喷洒等措施，补给菇木水分。此时，菌丝已经纵深0.5厘米左右，每次应重重喷水、喷足水，而且连续2天都要喷水。一旦停止喷水后，就要停止喷水5～7天，才能起到干湿交替的作用，以达到预期管理效果。不少才开始栽培香菇的栽培者，只注意了湿的作用而忽视了干的效果，常常对菇木浇水过多，结果是菇木表层生长十分旺盛，但是菌丝并未向菇木内部深入，导致后期只出几朵小菇的不良后果。

⑦菇木熟化特点　一般，只要加强了培养期的技术管理，那么直径为10厘米的菇木，经过8～10个月的培养就会逐步熟化，其中菌丝体达到生理成熟，甚至菇木上会开始少量出菇，称为报信菇。这标志着菇木成熟，栽培措施上即可转入出菇期的管理工作。

菇木是否成熟，可采取"手提、指压、眼看、鼻闻"的方法加以判断。成熟菇木具有5个特点：一是手提菇木，质量较原段木大大减轻。一般，枫香类菇木比原段木减轻30%～35%，乌冈栎一般减轻约25%。二是用手指揿压菇木表皮，稍感柔软而又弹性。三是用刀劈进树皮及木质部，可明显地看见新鲜的黄色斑纹；菇木很易被截断，断面呈淡黄色或浅黄褐色，菌丝已经长透树心，木质部的年轮已经难以分辨清楚。四是可见树皮外表面仍然保持原来的光泽，还零星可见有瘤状突起，说明菌丝生长良好。五是剥开树皮的内侧或截断面，可闻出有香菇菌丝特有香味。

在检查时若在断面发现有异常菌丝痕迹，出现黑色或黑褐色异样菌丝带并与香菇菌丝形成颉颃线，则说明被霉菌等杂菌侵入，这类菇木称为染杂菇木。有时会发现有些菇木内根本没有香菇菌丝生长蔓延，这种菇木称为废菇木。染杂菇木和废菇木均可不要，予以除去而不参加出菇管理。

（八）出菇管理

香菇的熟化菇木，一旦遇到对自身菌丝体继续生长不利的环境条件，就会本能地产生生殖器官——子实体，子实体上发育出孢子，孢子由自然风吹或雨水冲淋传播到有基质的地方，萌发出菌丝并继续繁衍，以保持自身种族的延续，这就是菇木出菇原理。

人工栽培香菇的目的是为了获得子实体。出菇管理实质上就是采取控湿、调温等技术措施，制造不利于菇木中菌丝体继续生长的环境条件，促进菌丝体正常分化原基、形成菌蕾和发育成子实体，以达到既优质又高产的目的。出菇管理重点采取 3 项技术措施：干燥、遮光和补水。

1. 出菇场地 出菇场又称菇场，是让菇木长出子实体的场所，应选择在不适宜于菌丝体继续生长而适宜于子实体形成和发育的场所，在环境要求上与养菌场不同（表 2-3）。菇场的选择要求因地制宜，一般多在林地建造菇场。

表 2-3　出菇场与发菌场的环境要求区别 （黄年来，1994）

场　所	环境要求
发菌场	1. 气温要求基本恒定于 25℃ 2. 空气相对湿度 70%～75%，要求干湿交替促使菌丝深入菇木内部 3. 场地"三分阳、七分阴"，光照对香菇菌丝生长关系不大 4. 湿度不足时可直接向菇木浇水 5. 菇木前期呈"井"字形堆叠，后期以覆瓦式或蜈蚣式堆叠
出菇场	1. 气温要求在 15℃左右，温差刺激可促进原基分化 2. 空气相对湿度 80% 左右，菇木内水分含量要求比发菌期提高 10% 3. 场地"三分阴、七分阳"，光照对香菇子实体分化质量关系重大 4. 出菇时不能直接浇水于菇体上 5. 菇木呈"人"字形排放

　　林地菇场可选择在松树、杉树、柳杉树、柏树、竹林内。树木若长得过密则进行疏伐，若长得过稀则以黑色遮阳网适当遮阴，以"三分阴、七分阳"遮阴程度为宜。清除地面荆棘、杂草，四周搭建防护栏，以减少杂菌、害虫危害和牲畜破坏。可将发菌场改造成菇场，主要需将树木郁闭度调整至0.6～0.65。郁闭度是指森林中乔木树冠在阳光直射下在地面的总投影面积（冠幅）与此林地（林分）总面积的比，它反映林分的密度。

　　2. 干燥避光　将发育成熟的菇木，以"井"字形密集堆放，盖上薄膜或杉树皮遮阳，不让雨水漏入、停止水分供应，不透光、不让阳光照射。持续堆放半个月时间之后再进行温差刺激。

　　3. 补足水分　成熟的菇木经过数个月的发菌之后，往往大量失水，加之又给予了半个月的干燥避光处理，一旦补足水分，菌丝体便会加倍地活动起来。对菇木进行补水有两种方法：一是可对堆垛中的菇木连续喷淋水2～3天，使每根菇木均能吸收足够水分。二是将菇木放于水池中浸泡，使菇木吸足水分。浸水时间因气温而定，一般气温15～20℃时浸水24小时，气温15℃以下时浸水36小时。

　　4. 催蕾出菇

　　（1）**"井"字形堆放**　菇木浸水后质量增加50%左右、皮层发软，将其竖立约1天时间，沥去多余水分，并让其充分通风，使菇木表皮水分干燥，然后呈"井"字形堆叠。

　　（2）**温差刺激**　菇木经补足水分后，就应采取措施，促使原基分化和菇蕾形成。

　　香菇菌丝体培养至适当阶段给予低温刺激，可促使转入生殖生长。香菇是变温结实性真菌，给予一定温差刺激，可促使其原基分化。

　　香菇不同菌株的原基分化对温度要求不同：低温型菌株可在8～10℃下开始分化原基，中温或高温型菌株必须在12℃以上分化原基，大多数菌株在15℃左右分化原基。昼夜温差大，如有一个10℃左右的温差刺激，有利于原基分化。山野林地的这种昼夜温差很明显，有利于出菇。人工搭建的菇场可采取白天盖膜、夜晚揭膜的办法来人为地制造这种温差。

自然气温如在15℃左右，3～4天内菇木上便会冒出十分整齐的菇蕾。

（3）"人"字形架木　现蕾后多将菇木架排成"人"字形，以便于香菇出菇（图2-20）和人工采菇。

"人"字形架木的方法：在菇场地面先栽上一排排高度为60～70厘米的木杈，两根木杈之间距离5～10米，架上离地面60～65厘米高的横木。然后将菇木一根一根地交错排列斜靠在横木两侧、大头朝上、小头着地，每根菇木之间间隔距离为10厘米左右，以利子实体接受一定光照、正常地生长发育，同时方便采摘。架与架之间留下宽30～60厘米的作业道，便于进出。也有在菇木建堆时稀疏地堆码成"井"字形，不架木而直接出菇（图2-21），可减少架木用工。

图2-20　菇木"人"字形架木出菇
（谭伟，2009）

图2-21　菇木"井"字形稀疏堆码
直接出菇

（4）湿度调控　菇木架排之后，不应再喷水，这是保证菌盖厚度的重要技术环节。但此时重点措施为将菇场空气相对湿度调控到80%左右，让菇蕾正常生长并发育形成完整子实体。不然冒出的菇蕾遇到干燥的空气，生长发育受到影响，严重时干枯、死亡。空气太干时可用喷雾器向菇场地面和空中喷水增湿。若菇场空气相对湿度超过 90%，会影响菇体商品性，则应加强通风以降低湿度。

一般，在自然条件下段木栽培香菇，在南方春秋季出菇多、产量高；在北方春秋季出菇则不多，只有在夏季才是香菇出菇的盛产季节。在北方春秋季出菇管理要注意保温保湿，尽量延长产菇期，出菇期间要多喷水保湿，防止干热风侵袭菇木；在秋末冬初应特别加强保温措施，严防寒潮危害菇木。

第三章
黑木耳生产技术

图 3-1　黑木耳子实体

黑木耳又名木耳等（图 3-1）。黑木耳营养丰富，据中国医学科学院卫生研究所（1980）测定，每 100 克干品中含水分 10.9 克、蛋白质 10.6 克、脂肪 0.2 克、碳水化合物 65.5 克、粗纤维 7 克、灰分 5.8 克、钙 357 毫克、磷 201 毫克、铁 185 毫

克、胡萝卜素 0.03 毫克、维生素 B_1 0.15 毫克、维生素 B_2 0.55 毫克、烟酸 2.7 毫克。具有抗肿瘤、抗高血脂、抗凝血、抗血栓、抗疲劳、抗衰老等作用。质地鲜脆、滑嫩爽口。因此，黑木耳被称为素中之荤的山珍，特别受海内外华人及东南亚消费者的喜爱。

我国是世界上黑木耳生产量最大的国家。据中国食用菌协会统计，2017 年全国黑木耳产量为 751.85 万吨，在食用菌中位居第二位。我国使用代料栽培技术和段木栽培技术生产黑木耳。代料栽培具有生产成本低、周期短、见效快（从接种到收获仅需 50～90 天）等优点，目前已经在各地生产上被广泛应用。段木栽培具有操作相对简单、管理方便、木耳品质较好、售价高等特点，在林木资源丰富或具有耳木专用林的地区被采用，如四川省青川县、通江县、南江县以及我国东北一些地区。

一、基本生育特性

（一）营养需求

黑木耳属于木腐真菌，营腐生生活特性。我国有栓皮栎（粗皮青冈）、枹栎、麻栎（柞树、细皮青冈）、千年桐、拟赤杨、构树等120种阔叶树树种的树干（枝丫）和棉花、玉米、水稻等秸秆皮壳能够满足黑木耳的营养需求，适宜黑木耳生长发育。因此，可利用这些树种的树干（枝丫）进行黑木耳的段木栽培，也可利用这些树种的木屑以及棉籽壳、玉米芯、稻草、甘蔗渣、麦麸和米糠等农林副产物进行黑木耳的代料栽培。

（二）环境需要

1. 菌丝体生长

（1）**温度** 黑木耳菌丝生长温度范围为5～35℃，最适温度为22～28℃。

（2）**光照** 黑木耳菌丝生长不需要光照，但微弱的散射光有促进菌丝生长的作用。

（3）**水分及空气湿度** 黑木耳菌丝生长，段木适宜含水量为40%左右，代料培养基质适宜含水量为60%～65%。菌丝抗旱力较强，短期干旱耳木内菌丝不会死亡，而且可促使菌丝向木材纵向蔓延，干湿交替有利于菌丝在木材中纵横延伸。适宜空气相对湿度为55%～75%。

（4）**空气** 黑木耳属好气性真菌，菌丝生长需要充足氧气。

（5）**酸碱度** 黑木耳喜偏酸生活环境，菌丝生长需要pH值范围为4～7.5，最适pH值为5～6.5。

2. 原基分化和子实体发育

（1）**温度** 黑木耳原基分化温度范围为15～27℃，子实体生长发育温度范围为15～28℃，最适生长发育温度为18～25℃。

（2）**光照** 黑木耳原基分化和子实体发育需要一定散射光照，需要光照强度300～2000勒，出耳期间适宜光照强度为700～1000勒。在完全黑暗环境中不形成子实体。在15勒光照环境下子实体近白色，在200～400勒光照环境下子实体呈浅黄色，在400勒以上光照环境下子实体呈黑色。

（3）**水分及空气湿度** 黑木耳子实体生长发育需要段木适宜含水量为40%～50%、代料培养基质适宜含水量为60%～65%。耳芽（耳芽是指尚未分化出子实体的木耳幼小子实体）形成需要环境最适空气相对湿度为70%左右，子实体形成和生长发育需要空气相对湿度为85%～96%。

（4）**空气** 黑木耳原基分化和子实体发育需要充足氧气。耳棚中通气不良，供氧量不够，原基难以分化；已分化的原基不能正常开片，会形成球状或珊瑚状的畸形耳。

二、优良品种

（一）主要栽培品种

生产上使用的黑木耳主要栽培品种或菌株有秦巴2号、蜀菊55、黑22、黑19、黑人901、黑29、耳根13-6、园耳1号、绥学院2号、牡耳1号、LK2、绥学院1号、林科1号、兴安2号、元宝耳1号、兴安1号、宏达2号、康达1号、菊耳1号、延丰1号、农经木耳1号、宏大1号、特产1号、梅雪1号、德金1号、黑木耳1号、黑木耳2号、林耳1号、伊耳1号、茅仙1号、徽耳1号、茅仙2号、916、新科、三科黑背和向阳2号等。

（二）国家认定品种

全国食用菌品种认定委员会认定的黑木耳品种有黑木耳1号（8808）、黑木耳2号（黑29）、黑耳4号（931）、黑耳5号（Au86）、黑耳6号（黑威9号）、Au8129、吉AU1号（97095）、吉AU2号（9603）、中农黄天菊花耳、吉杂1号（丰收1号）、丰收2号、黑A、延特3号、延特5号、浙耳1号、单片5号、薛坪10号、H10、新科、黑威981和中农黑缎等。

（三）品种特征特性

1. 黑木耳1号（8808） 子实体聚生，菊花状，朵形大，耳根较大，耳片稍小，无耳脉，绒毛短。适合代料栽培。催芽适宜温度20～25℃，不可超过25℃，昼夜有温差，空气相对湿度85%以上。适宜出耳温度18～23℃，空气相对湿度85%～95%，干湿交替，通风量足，有自然光照。生物学效率100%～150%。适宜于东北地区春季栽培，2月下旬至3月上旬接种，4月下旬至5月上旬割口出耳。

2. 黑木耳2号（黑29） 子实体聚生，牡丹花状，朵形大小中等、碗状、黑褐色、无耳根、耳基小（耳基是指菌丝扭结而成的木耳原始子实体组织团），绒毛短。适合代料栽培。催芽适宜温度20～25℃，不可超过25℃，昼夜有温差，空气相对湿度85%以上，通风良好，有散射光。最适出耳温度20～25℃，空气相对湿度85%～95%，干湿交替，通风量足，有自然光照。生物学效率100%～150%。适宜于东北地区春、秋季栽培，春栽在2月下旬至3月上旬接种，4月下旬至5月上旬割口出耳；秋栽在6月上旬接种，7月下旬至8月上旬割口。

3. 黑耳4号（931） 子实体聚生，牡丹花状，耳根较大，耳片较小，绒毛短。适合代料栽培。春栽采用集中遮阴催耳，催芽适宜温度20～25℃，昼夜有温差，空气相对湿度85%以上，通风良好，有散射光。最适出耳温度 18～23℃，需温差，空气相对湿度 85% 以上，干湿交替，气温高时不浇水，通风量足，有自然光照。生物学效率 100%～150%。适宜于东北地区春季栽培，2 月下旬至 3 月上旬接种，4 月下旬至 5 月上旬割口。

4. 黑耳 5 号（Au86） 子实体聚生，牡丹花状，朵形大，耳根较大，耳片稍小，绒毛短。适合代料栽培。春栽采用集中遮阴催耳，催耳最适温度 20～25℃，昼夜有温差，空气相对湿度 85% 以上，通风良好，有散射光。最适出耳温度 18～23℃，需温差，空气相对湿度 85% 以上，干湿交替，气温高时不浇水，通风量足，有自然光照。生物学效率 100%～150%。适宜于东北地区春季栽培，2 月下旬至 3 月上旬接种，4 月下旬至 5 月上旬割口。

5. 黑耳 6 号（黑威 9 号） 子实体聚生，牡丹花状，耳根较小，耳片碗状，绒毛短。适合代料栽培。采用集中遮阴催耳，催芽适宜温度 20～25℃，昼夜有温差，空气相对湿度 85% 以上，通风良好，有散射光。适宜出耳温度 20～25℃，有温差，空气相对湿度 85% 以上，干湿交替，气温高时不浇水，通风量足，有自然光照。生物学效率 100%～150%。适宜于东北地区栽培，春季 2 月下旬至 3 月上旬接种，4 月下旬至 5 月上旬割口；秋季 6 月上旬接种，7 月下旬至 8 月上旬割口。

6. Au8129 子实体聚生，牡丹花状，耳片大，耳根较小，绒毛细短。适合代料栽培。利用自然昼夜温差，空气相对湿度 90%～95%，7～15 天形成原基。子实体生长适宜温度 15～25℃，出耳菌龄 70～80 天。生物学效率 100% 左右。适宜于福建中北部、浙江、江西、湖南、湖北、江苏、四川、河南、山东、辽宁、黑龙江和吉林等地区栽培，一般秋季栽培。

7. 吉 AU1 号（97095） 子实体半菊花状，绒毛短。适合代料栽培。子实体形成适宜温度 10～25℃。生物学效率 110%～150%。适宜于东北地区栽培，春耳 1 月初至 3 月 10 日接种，秋耳 5 月 20 日至 6 月末接种。

8. 吉 AU2 号（9603）　子实体半菊花状，绒毛短。适合代料栽培。子实体形成适宜温度 10～25℃。生物学效率110%～150%。适宜于东北地区栽培，春耳 1 月初至 3 月 5 日接种，秋耳 5 月 20 日至 6 月末接种。

9. 中农黄天菊花耳　子实体聚生，菊花状，色泽较黄，半透明，耳根稍大，绒毛短。适合代料栽培。原基形成到耳芽期适宜温度 20～25℃，适宜空气相对湿度85%～95%，耳基形成需低温刺激和光照，出耳适宜温度 15～32℃。生物学效率110%左右。适宜于东北、华北、长江流域栽培，长江流域秋耳 9 月中旬接种，11～12 月出耳；北方春耳 1～3 月接种，4～6 月出耳。

10. 吉杂 1 号（丰收 1 号）　子实体丛生，朵形大，耳片碗状，无菌柄，耳基小，绒毛短、细密。适合代料栽培。子实体形成适宜温度 22～26℃，适宜空气相对湿度85%～95%。生物学效率可达120%。春耳栽培，河南 10 月制袋，翌年 3 月下地出耳，5 月上旬开始采收；山东 11 月制袋，翌年 4 月下地出耳，5 月下旬开始采收；吉林、黑龙江等地 1～2 月制袋，4～5 月下地出耳，6 月下旬开始采收（大兴安岭等高寒山区 6 月下地出耳，7 月开始采收）。秋耳栽培，吉林、黑龙江 7 月中下旬至 8 月上旬下地出耳，9 月采收。

11. 丰收 2 号　子实体丛生，朵形大，耳片碗状，耳基小，反面耳脉多，绒毛短、细密。适合代料栽培。子实体形成适宜温度 22～25℃，适宜空气相对湿度90%～95%。生物学效率可达120% 左右。春耳栽培，河南 10 月制袋，翌年 3 月下地出耳，5 月上旬开始采收；山东 11 月制袋，翌年 4 月下地出耳，5 月下旬开始采收；吉林、黑龙江等地 1～2 月制袋，4～5 月下地出耳，6 月中旬开始采收（大兴安岭等高寒山区 6 月下地出耳，7 月开始采收）。秋耳栽培，吉林、黑龙江 7 月中下旬至 8 月上旬下地出耳，9 月采收。

12. 黑 A　子实体聚生，菊花状，朵形大，碗状，耳基小，无肉眼可见绒毛。适合代料栽培。催芽方法：集中遮阴，适宜温度 14～24℃，空气相对湿度 80%～90%，7 天后早、晚光诱导，温差刺激。生物学效率可达 190%。适宜于华北和东北地区栽培。河北承德地区，春栽 2～3 月制袋，5 月下地催芽；秋栽 5～6 月制袋，8 月下地催芽。北京地区，春栽 1 月制袋，4 月下地催芽。内蒙古自治区赤峰地区，3～4 月制袋，5～6 月下地催芽。辽宁朝阳地区，2～3 月制袋，4～5 月下地催芽。

13. 延特 3 号　子实体丛生，朵形中等，耳片浅圆盘形，耳基小，绒毛短、密。适合代料栽培。子实体形成适宜温度 20～28℃，适宜空气相对湿度 90%～95%。生物学效率 100% 左右，其中一潮耳占总产量的 50% 左右，二潮耳占 40% 左右，三潮耳占 5%～10%。适宜于黑木耳主产区栽培，一年四季可以大棚栽培，特别是春、秋两季户外栽培效益更高。

14. 延特 5 号　子实体丛生，朵形中等，耳基小，耳片散朵状，浅圆盘形、耳形或碗形，绒毛短、密。适合代料栽培。子实体形成适宜温度 20～28℃，适宜空气相对湿度 80%～90%。生物学效率 100% 左右，其中一潮耳占总产量的 55% 左右，二潮耳占 30%～35%，三潮耳占 10%～15%。一年四季可以大棚栽培，特别是春、秋两季户外栽培效益更高。

15. 浙耳 1 号　子实体单生，片状，耳片大、厚。适合代料栽培和段木栽培。子实体形成适宜温度 20～26℃。代料栽培，一般 8～9 月接种，11 月至翌年 5 月产耳；每千克干料产干耳 130 克。段木栽培，耳场海拔 300 米以上，上年 11～12 月伐木，2～3 月接种、采取深孔大穴梅花型点种，3～6 月养菌，6 月至翌年 5 月产耳；每立方米段木产干耳 18～27 千克。

16. 单片 5 号　子实体多单生，耳片幼时浅碗状、成熟后呈片状，绒毛短、细，耳脉无或不明显。适合代料栽培和段木栽培。子实体形成适宜温度 15～25℃。代料栽培，采取喷细雾水保湿，同时加强散射光刺激、温差刺激和干湿交替，以诱导耳芽形成。段木栽培，采取连续 3～5 天持续喷水、浇水，保持高湿度来催耳。代料栽培出耳适宜空气相对湿度 80%～90%，段木栽培出耳适宜空气相对湿度 60%～70%。使用规格为 15 厘米×55 厘米的料袋进行代料栽培，可产干耳 65～90 克/袋，当年秋耳较少，以第二年春耳为主。段木栽培第一年秋天和第二年为产耳盛期，一般直径 5～8 厘米、长度 1.2 米的栎树段木产干耳 170～20 克/段，其中第一年产量占总产量的 60%，第二年占 40%。适宜于湖北、安徽、浙江、江西、陕西、河南、四川和重庆等地栽培。代料栽培在江南地区适宜秋栽，一般 8 月中旬至 9 月上旬接种，11～12 月出第一潮耳，翌年 3～5 月继续出耳。段木栽培宜在 2 月中旬至 4 月上旬（气温 7～20℃）接种。

17. 薛坪 10 号 子实体多丛生，耳片集生时呈菊花状，耳片厚薄适中，绒毛短、细。适合段木栽培。出耳适宜温度 16～25℃。段木栽培产量为干耳 120～150 克/段。适宜于湖北、河南、四川和陕西等地区春季接种，一般 2 月下旬至 3 月下旬接种。

18. H10 子实体丛生或单生，耳片厚度适中，口感柔韧爽口，抗流耳能力强。适合段木栽培。出耳适宜温度 16～25℃。段木栽培产量为干耳 150 克/段以上。适宜于湖北、河南、陕西和四川等地区春季栽培，一般 2 月下旬至 3 月下旬接种。

19. 新科 朵形单片、耳状，肉质厚、具光泽，品质好，抗性强，产量高。适合段木栽培和代料栽培。原基形成适宜温度 10～25℃，耳场适宜空气相对湿度 85%～95%。段木栽培，每 100 千克耳木平均产干耳 1.5～2 千克，最高可产干耳 3～4 千克。代料栽培，每 100 千克培养料可产干耳 6～8 千克，生物学效率 135%。适宜于浙江、江西、福建、安徽、湖北、湖南、河北、四川、陕西、甘肃、贵州和云南等地栽培，特别适宜于春夏雨水少、夏末及秋季雨水多的湖北、四川、安徽栽培。长江以南地区 2～3 月接种，长江以北地区 3～4 月接种。

20. 黑威 981 子实体聚生，大片型，耳片碗状，朵形大，耳根较小，绒毛短、密度中等、粗细中等。肉质肥厚，商品性好，产量稳定。适合代料栽培。催芽适宜温度 20～25℃，有昼夜温差和散射光，空气相对湿度 85% 以上，通风良好。出耳适宜温度 20～25℃，空气相对湿度 85%～95%，中午气温高时不浇水，干湿交替，通风量充足，自然光照。生物学效率100%～150%。适宜于东北地区栽培，春栽 2 月下旬至 3 月上旬接种，4 月下旬至 5 月上旬割口出耳；秋栽 6 月上旬接种，7 月下旬至 8 月上旬割口。

21. 中农黑缎 多片丛生、牡丹花状，绒毛短而稀。商品外观好，耐低温，丰产，色黑，耳片小而均匀。适合代料栽培。子实体形成适宜温度 16～22℃。生物学效率 110% 以上，产量主要集中在第一潮耳。适宜于吉林、黑龙江和河北栽培。

三、代料栽培关键技术

黑木耳的代料栽培（图 3-2）是指利用木屑、棉籽壳、玉米芯等农林副产物作为栽培原料来生产黑木耳子实体的过程。生产工艺流程为：原料准备→菌袋生产→发菌管理→出耳管理→采收干制。

图 3-2 黑木耳代料栽培出耳

（一）季节安排

黑木耳代料生产，一般可进行春季栽培或秋季栽培。春季栽培安排在 4～6 月出耳，秋季栽培安排在 9～10 月出耳。需提前1～2 个月生产菌袋。

吉林、黑龙江地区，春季栽培：一般安排在 12 月至翌年 1 月制作原种，待 2 月原种长好以后，后熟 15～20 天，3 月初接种到栽培袋，4 月中旬长满袋，4 月末至 5 月初露地摆袋、开口催芽，6 月上中旬采收第一潮木耳，以后每 10～15 天采 1 潮耳，共计采收 3 潮以上；秋季栽培：4 月中旬制作原种，6 月中旬接种到栽培袋，8 月初下地开口催芽，9 月下旬开始采收。

秦巴山区，海拔 1 000 米以下的中温地区，春季栽培：一般安排 1 月上中旬接种，3 月下旬划口地栽，5 月中下旬采耳结束；秋季栽培：8 月上旬制袋接种，9 月中旬划口地栽，11 月下旬采耳结束。海拔 1 000 米以上的高寒山区，以春栽为主，于 3 月下旬至 4 月上旬划口地栽，6 月上旬采收结束。

河北地区，春季栽培安排：1 月中旬至 2 月接种，4 月中下旬下地催耳，7 月末出耳结束；秋季栽培 5 月中下旬接种，8 月上中旬下地催耳，11 月上旬出耳结束（《DB13/T 1048—2009 无公害全日光露地黑木耳生产技术规程》）。安徽地区，春季栽培 3～4 月接种栽培袋，秋季栽培 6～8 月接种栽培袋（《DB34/T 509—2005 无公害黑木耳代料生产技术规程》）。浙江地区，桑枝黑木耳露地栽培季节安排：8 月上旬至 9 月下旬生产菌棒，10 月中旬至 11 月中旬排场（《DB33/T 798—2010 桑枝黑木耳生产技术规程》）。

（二）原料准备

1. 原料选用　选择不含芳香油类抑菌物质，富含木质素、纤维素、半纤维素类物质树种如栎树、桦树等的锯木屑、棉籽壳和玉米芯等农林副产物作为栽培基质的主料，麦麸、米糠、石膏和石灰作为栽培基质的辅料。要求木屑颗粒的粒径在5毫米以下、桑枝屑粒径2～8毫米（用桑枝专用粉碎机粉碎），有机原料新鲜、未霉烂、不结块、无异味和无油污；无机原料为正品。

2. 基质配方

①木屑82%，麦麸或米糠15%，豆粉2%，石膏0.5%，石灰0.5%。

②木屑58%，玉米芯30%，麦麸10%，豆粉1%，石膏0.5%，石灰0.5%。

③木屑58%，豆秆粉30%，麦麸10%，豆粉1%，石膏0.5%，石灰0.5%。

④木屑86.5%，麦麸10%，豆粉2%，石膏1%，石灰0.5%。

⑤木屑77%，米糠20%，豆粉2%，石膏0.5%，石灰0.5%。

⑥木屑76.5%，麦麸10%，米糠10%，豆粉2%，石膏1%，石灰0.5%。

⑦木屑86%，米糠10%，黄豆粉2%，石膏1%，石灰1%。

⑧木屑86%，米糠8%，玉米粉2%，黄豆粉2%，石膏1%，石灰1%。

⑨木屑70%，棉籽壳6%，麦麸5%，米糠15%，玉米粉2%，石膏1%，蔗糖1%。

⑩木屑50%，棉籽壳26%，麦麸10%，米糠10%，玉米粉2%，石膏1%，蔗糖1%。

⑪木屑78%，麦麸5%，棉籽壳5%，麦麸或米糠10%，石膏1%，石灰1%。

⑫桑枝屑88%，麦麸10%，石膏1%，石灰0.5%，蔗糖0.5%。

（三）菌袋生产

1. 拌料装袋　按配方比例称取主料和辅料，充分混合拌匀。按料水比1:（1.2～1.3）加水，再充分拌匀，堆积30～60分钟，使基料吃透水，基质含水量 60%～65%。若使用玉米芯和桑枝屑，则在拌料前分别对其预湿 2～3 小时和 8～12 小时，使其吸透水分，无"夹生"干料，以利于达到彻底灭菌效果。拌料后，使用料袋规格 17 厘米×33 厘米（东北、河北）或 18 厘米×36 厘米（安徽）或 15 厘米×55 厘米（浙江，使用长袋）、厚度 0.04～0.06 厘米的聚丙烯（耐高压塑料）或聚乙烯折角筒袋，立即装料。要求装料装实、扎口及时、袋口薄膜与料紧贴。拌料和装袋可使用拌料机和装袋机进行，以提高效率和降低用工成本。

2. 灭菌接种 装袋后对料袋进行常规方法的灭菌、冷却和接种，可参照香菇袋料栽培的灭菌和接种方法。一般，常压灭菌灶内温度达到 100～105℃时要求维持 10～12 小时，高压灭菌在压力达到 1～1.4 千克/厘米^{2}时要求保持 1.5～2 小时。料温降至 28℃应"抢温"接种，接种时在袋口一头接入种块、堵实袋口料面并及时盖好袋塞。浙江长袋栽培则采用腹面打孔接种、套外袋方式进行，接种动作迅速。

3. 培养发菌

（1）**环境要求** 发菌室或发菌棚在使用前要求清洁卫生，干燥，通风良好，遮光。菌袋搬人之前，喷洒消毒剂和杀虫剂，地面撒上石灰。

（2）**摆放菌袋** 接种后的菌袋在发菌室（棚）中可摆放于培养架层架上，也可以直接堆码于地面上。地面上码长袋，每层 4 袋呈"井"字形摆放，接种孔朝向侧面，以防止接种孔朝上或朝下因菌袋堆压造成缺氧或水浸种块而死种。一般码袋 6～8 层，每行之间留 50 厘米间距，既利于空气流通又可作为走道，轻拿轻放，码放整齐。

（3）**环境调控**

①**先高后低控温** 接种后的 5～7 天，将发菌室（棚）环境温度尽量提高到 28℃，让种块尽快萌发菌丝定植，以增加发菌袋成品率；第 8～10 天，温度调节到 22～25℃，尽量不要超过

28℃，让菌丝在基质中快速生长。当菌丝体蔓延到1/3菌袋时，一般袋内温度较环境温度高2～3℃，可将环境温度控制在23℃左右，直至菌丝体长满整个料袋。气温低时可采取菌袋码堆加盖黑色塑料薄膜和关闭门窗等措施以提高和保持发菌环境温度，气温高时通过开启门窗通风、翻堆、稀疏码袋等措施以降低环境温度。

②遮光培养发菌　发菌期间要求发菌室（棚）的门窗用黑布遮挡住光线，让菌袋处于黑暗环境发菌。否则，黑木耳菌丝在光照条件下未长满袋就易分化形成耳芽而影响产量。当菌丝长满菌袋的85%～90%时，可提前2天进行曝光，诱导耳芽形成。

③低湿环境发菌　发菌前期将培养环境空气相对湿度控制在55%～65%，后期控制在不超过75%。南方地区以及下雨天气，空气湿度大，可采取开启门窗加大通风量和通风次数、置放生石灰、使用空气除湿机等措施来降低发菌室（棚）环境空气湿度。否则，高湿环境下菌袋很易感染杂菌。

④通风增氧调控　在整个发菌过程中每天需开启门窗通风换气1～2次，30分钟/次，排出发菌室（棚）内的二氧化碳，保证培养环境空气新鲜和有足够氧气供菌丝正常代谢的需要，以促进菌丝正常生长。

⑤结合翻堆调控　在发菌期间，一般每隔15天左右翻堆1次，总共翻堆2～4次。翻堆时将上下和里外的菌袋进行位置对调互换，以促进菌袋之间发菌平衡一致；遇高温高湿时要降低堆码层数甚至散堆，加强通风换气，以降温降湿。接种后15天左右套了外袋的菌袋内菌丝已经生长有相当数量，需要较多氧气供应，这时可采取揭开外袋袋口甚至脱去外袋、在长了菌丝处刺孔等措施增加氧气供应量，促进菌丝不断快速生长。在翻堆或观察发菌时，一旦发现有杂菌污染菌袋，应及时隔离并带出，避免杂菌孢子飞散污染别的菌袋。

（4）刺孔催耳　菌袋经过45～60天培养后，菌丝基本发透基质，要对菌棒进行刺孔。刺孔宜在气温 25℃ 以下晴天进行，用消毒的黑木耳专用刺孔机在菌棒表面刺 150～180 个、深 1～1.5 厘米的出耳孔洞。菌棒刺孔后呈"井"字形或"△"形堆放，减少单位面积堆放量；打开所有门窗加强通风，有利于菌丝恢复及菌袋生理成熟，养菌 7～10 天。给予散射光照，温度调控至 10～25℃、空气相对湿度在 80% 左右，诱发耳基形成。

（四）出耳管理

1. 耳场准备

（1）**耳场选址**　选择通风向阳、水源充足、无污染源、不易发生涝害、较为平整、接近电源的田块作为出耳场。

（2）**整畦做床**　在田块四周开挖深 30～40 厘米的排水沟，清除田间杂草。按照东西方向做畦床用于排放出耳棒，畦宽 1.4～1.5 米，长度不限，畦床做成龟背状，不积水，畦床间留宽 60～80 厘米的作业道。畦床上铺双层遮阳网或稻草，用于保湿。用小木（竹）杆或铁丝架设纵向 3 列、高 30～35 厘米、行距 40～50 厘米的支架，用于摆放长菌棒出耳。北方短菌棒无须搭建支架，可直接直立于畦床上。耳场喷洒杀虫剂和杀菌剂，安设微喷灌设施。

2. 耳棒排场　菌棒生理成熟后进行排场。选择阴天或晴天的傍晚，将菌棒搬至出耳场，斜靠于畦床支架上（长菌棒）或直立于畦床上（短菌棒）。菌棒排放保持 5～10 厘米间距。

3. 水分管理

（1）**耳基形成期**　摆袋后 7～10 天，开启喷灌设施喷水，保持床面湿润，尤其遇天气干旱要加大喷水量、延长喷水时间，让菌棒周围小环境的空气相对湿度在 80%。菌丝接受自然阳光照射后便会形成耳基。

（2）**耳芽分化期**　摆袋后 10～15 天在早、晚各喷 1 次雾状水，保持菌棒周围小环境的空气相对湿度在 85%，床面湿润即可，让耳基分化成耳芽。切忌勤浇水、浇大水，否则耳芽会参差不齐。

（3）**耳片伸展期** 摆袋后 15～20 天应加大喷水量，保持菌棒周围小环境的空气相对湿度在 90%，耳芽迅速生长成不规则的波浪状耳片。当耳片伸展生长到 1 厘米大小时，晴天和阴天应加大浇水量。子实体生长缓慢，可停止喷水 2～3 天，采取"干干湿湿，干湿交替"的方法管理水分，充分协调菌丝和子实体的生长。

（五）采收干制

1. 采耳时期 当耳片充分展开，耳根收缩变细，耳片边缘干缩，色泽转淡，肉质肥软，摇动菌棒可见耳片颤动，有的耳片腹部已有白色孢子粉产生时，表明木耳耳片已经接近成熟，是采收木耳的适宜时期。选在雨后晴天、耳片稍干后采摘，或前一日停止喷水，次日耳片上无水珠时采摘。

2. 采摘方法 采摘木耳时，一般用左手握住菌棒，用右手捏住耳片基部左右一转，连同耳根和耳片摘下。若遇耳根未被摘起则应及时用小刀尖将其挖除，以免留下耳根经雨淋后溃烂而引起杂菌和害虫危害。

3. 晾晒木耳 将采摘的鲜木耳平铺于摊晒架上，让太阳光照射木耳，使木耳体内水分因光热而蒸发，直至木耳干燥为止。此法适宜木耳生产规模较小的家庭作坊采用。

4. 烘干木耳 将采摘的鲜木耳平铺于食用菌专用烘干机的网格上，开启烘干机，在温度 35～40℃下烘 4 小时后，温度提高到 45～50℃再烘 4～5 小时，然后将温度下调至 35～40℃烘至木耳干燥为止。此法适宜于木耳生产规模较大的企业或专业合作社采用。

5. 分级贮存

（1）**等级、规格** 将晒干和烘干的木耳进行等级（表 3-1）和规格（表 3-2）划分，也可按照客户需求进行分级。

表 3-1 黑木耳等级

项 目	等 级		
	特 级	一 级	二 级
色 泽	耳片腹面黑褐色或褐色，有光亮感，背面暗灰色	耳片腹面黑褐色或褐色，背面暗灰色	黑褐色至浅棕色
耳片形态	完整、均匀	基本完整、均匀	碎片≤5%
残缺耳	无	<1%	≤3%
拳 耳	无	无	≤1%
薄 耳	无	无	≤0.5%
厚 度（毫米）	≥1	≥0.7	—

注：数据来源于《NY/T 1838—2010 黑木耳等级规格》。

表 3-2 黑木耳规格

类 别	大（L）	中（M）	小（S）
单片黑木耳过圆形筛孔直径	直径≥2厘米	1.1厘米≤直径<2厘米	0.6厘米≤直径<1.1厘米
朵状黑木耳过圆形筛孔直径	直径≥3.5厘米	2.5厘米≤直径<3.5厘米	1.5厘米≤直径<2.5厘米

注：数据来源于《NY/T 1838—2010 黑木耳等级规格》。

（2）**包装贮存** 将划分等级、规格的干制木耳装入食品包装用聚乙烯或聚丙烯塑料袋中，装量10～15千克/袋或15～50千克/袋，贮存于通风、干燥、阴凉的贮存室或仓库中。

（六）病虫害防控

1. 主要病虫 黑木耳生产过程中常见有木霉、曲霉、链孢霉等病菌危害，主要有螨虫和线虫等害虫危害。

2. 防控措施

（1）**农业防治** 选用抗病虫害强的黑木耳栽培品种；根据当

地气候和品种特性合理安排生产季节；搞好生产场地环境卫生；基质灭菌彻底，严格生产作业操作。

（2）**物理防治** 在排场周围挖深度 50 厘米的环形水沟，防止害虫迁入；挂设粘虫板、频振灯诱杀害虫，减少害虫基数；人工捕捉害虫，及时清除污染菌袋和摘除病耳。

（3）**化学防治** 在接种、发菌和排场前对作业环境进行消毒、杀菌和杀虫，必要时才使用规定药剂防治病虫害。在出耳期间不准使用农药。

四、段木栽培关键技术

图 3-3　黑木耳段木栽培出耳

黑木耳的段木栽培（图 3-3），类似于香菇段木栽培，相对代料栽培具有操作简单、管理方便、木耳售价高等优点，适宜于林木资源丰富或有耳木专用林的地区采用。生产工艺流程为：耳木选择→砍树截断→架晒干燥→打孔接种→发菌管理→出耳管理。

（一）季节安排

多在 2 月下旬至 4 月上旬气温稳定在 5～10℃时接种。长江流域在 2 月下旬至 4 月接种，最好在 3 月上旬完成接种工作。华南地区气温较高，在 12 月至翌年 3 月接种，最好在 1～2 月完成接种工作。华东地区在 11 月上旬至翌年 1 月上旬接种，最好在 11 月下旬至 12 月上旬完成接种工作。

（二）耳木选择

选择栓皮栎（粗皮青冈）、枹栎、麻栎（柞树、细皮青冈）、千年桐、拟赤杨、构树等阔叶树种，生长在阳坡、土质肥沃处，以树龄 8～12 年、直径 6～15 厘米的树木为宜。

（三）砍树截断

1. 砍树时间　一般在 12 月至翌年 2 月砍树。这时树木处于休眠期，树木养分丰富，而且养分处于不流动的"收浆"状态，树干含水量较低，树皮与木质部结合紧密，将来不易脱皮，有利于木耳菌丝生长。

2. 砍树方法　砍树时在耳树基部约 15 厘米处对侧下斧，两刀砍成"鸦雀口"，使砍伐后树桩不致积水烂芽或多芽竞发，长出丛枝，而影响耳树更新。

3. 剔枝截断　南方气候湿润，树干中含水量高，砍树后就地卧放 15 天左右，让枝叶通过蒸腾作用将树干中水分蒸发，之后才行剔枝。北方气候干燥，树干含水量低，砍树后可立即进行剔枝作业。剔枝方法：顺着枝丫延伸方向，自下而上用锋利砍刀将枝丫剔除掉。最好保留 1 厘米长的枝座，以利于树皮不被损伤。剔枝后运往山下，用锯截成 1～1.2 米长度的树段即为段木，要求断面平整。截断后在断面和剔枝伤口处涂刷 15% 石灰水，以免外界杂菌从伤口处侵入。

（四）架晒干燥

将段木搬至地势较高、阳光充足的地方，堆架呈"井"字形或"山"字形或"口"字形，堆高 1 米左右，进行架晒，使段木中水分排出以降低段木中含水量。每隔 10～15 天翻堆 1 次，将码堆的上下、内外段木对调位置，使段木干燥均匀。遇到下雨时要加盖塑料薄膜防止雨淋。一般架晒 1～2 个月，段木含水量下降至 45%～50% 时进行接种，有利于菌丝定植生长。

（五）打孔接种

选择晴天或阴天，用钻头 16 毫米的电钻在段木上打孔，纵向孔距 4～5 厘米、横向孔距 2～2.5 厘米、孔深 2～2.5 厘米。孔口与段木垂直，呈"品"字形排列，在树皮有损伤处适当多开孔。边开孔边接种，开孔后应在当天完成接种工作。

接种方法：若使用木屑栽培种则将菌种掰成较孔洞稍大的种块，放入孔内，盖上树皮盖，用木锤敲击树皮盖使之与段木树皮平整。树皮盖是事先以专用打盖锤打制的直径略大于孔口的树皮盖。若使用木粒菌种则将木粒菌种放到孔内，用锤子将种粒敲进孔内即可。

（六）发菌管理

1. 上堆定植

（1）**上堆方法**　将接了种的耳木搬至避风、向阳、干燥、平坦、排灌方便的场地进行上堆发菌。上堆方法：将场地打扫干净，先在地面铺上 1 层木棒或石块，再将耳木呈"井"字形进行堆码，堆码高度约 1 米，每堆之间相距 30～40 厘米。

（2）**定植管理**　尽量使堆内温度调控至 22～28℃，促使种块萌发新菌丝并尽早定植。若遇气温低时，将码堆盖上塑料薄膜以保温保湿；遇气温高时，改用干茅草或草帘盖堆以保湿透气。

上堆后的前 2 周时间内耳木含水量基本能够满足菌丝生长，不必浇水，之后每隔 3～4 天喷水 1 次，或结合翻堆适当喷水。发菌期间码堆小环境的空气相对湿度控制在 80% 为宜。湿度过高会引起杂菌滋生。每隔 7～10 天翻堆 1 次，将堆内上下、内外的耳木进行位置对换，促使发菌均匀。发现杂菌及时用小刀刮除，并用 1%～3% 石灰涂抹患处。

接种后 20 天左右时对菌种成活和定植情况做检查。用刀尖挑开菌种盖观察，若种块表面产生了白色菌膜则表明菌种已经成活并定植；若种块表面无白色菌膜，还与接种时的颜色和形态相似，则说明发菌慢、还未定植，是湿度不够所致，应对其浇水增湿；若木屑种块既无白色菌膜又干缩、松散，甚至发黑，则说明种块因太干燥或积水没有成活而死亡，应挑除种穴内的死种块，重新补接上新菌种块；若孔洞内出现黄色、褐色、红色、绿色等颜色异物，则说明已经被杂菌污染了，污染轻微者应及时将污染物刮除干净，加大接种量重新补接新种块，污染太重者应及时隔离烧毁，以免污染别的好耳棒。

上堆定植时间一般堆内温度控制在 15～20℃时约为 1 个月，20℃以上时为 20 天。这时揭开菌种盖可见，菌种和耳棒的木质接触部位为白色，耳木接种处周围断面为白色，树皮、木质部和年轮难以分辨清楚；用手敲击耳木树皮具有柔软和弹性感觉；有的耳棒甚至有零星耳芽发生。

2. 散堆排场 上堆定植后黑木耳菌丝已经生长到了耳木的木质部内。为了让菌丝体进一步向耳木内部蔓延，促进耳芽大量发生，就需要改变耳木的生活环境，将耳木从码堆上拆卸下来，让耳木贴近地面接收自然阳光雨露和新鲜空气，称之为散堆排场。因地势不同采取不同排场方式。

（1）**坡地匍匐式排场** 将耳木顺着场地坡度一根一根地平铺于地面，称为匍匐式排场或平铺式排场。

（2）**平地覆瓦式排场** 在平坦地面上先垫放枕木，在枕木上像农村屋顶盖瓦一样将一根一根耳木摆放上去，耳木一头距离地面 10～15 厘米，棒间距离 7～9 厘米。此法通风透光均匀，树皮不易腐烂，利于耳木吸潮和周身出耳。

排场后每隔 2～5 天在晴天的早、晚各浇 1 次水。每隔 7～10 天翻动耳木 1 次，匍匐式排场的耳木"翻身"即贴地面一侧翻向上面，覆瓦式排场的耳木"掉头"即将着地那头调向枕木上。这样让耳木均匀接受阳光雨露，菌丝体在耳木内深入均匀蔓延、早日均衡出耳，同时可减少杂菌和害虫危害。

（七）出耳管理

1. 架立耳木　排场后 45～60 天，耳木截断面可见菌丝布满断面达 2/3；接种孔穴四周有小耳芽长出，说明耳棒发菌进入成熟阶段，便可将耳木架立起来，称为起架，让其均匀接受阳光雨露，这样出耳均衡齐整、便于采摘。"人"字形起架方法：在出耳场地地面打上"×"形木桩，木桩上横置一根树干，横杆距离地面约 70 厘米，耳棒呈"人"字形、倾斜 45 度斜靠于横杆之上，耳棒间距 5～6 厘米；行与行之间留 50～60 厘米宽的人行道，便于通风和摘耳。立架纵行方向以南北朝向为宜，利于耳木均匀受光。

2. 安装微喷灌设施　安装微喷灌设施，具有省工节力的效果。在耳木立架的上方，安装带孔的塑料管，并与进水管道和水泵连接，间隔 1 架耳木安装 1 根喷水管或喷水带，并固定在铁丝上，喷水管或喷水带距离耳棒 30～40 厘米。喷水管或喷水带上有很多细小孔洞，开启水泵电源时从喷水管或喷水带中自动喷出细小雾状水。

3. 干干湿湿　黑木耳具有"干长菌丝湿长耳"的生长发育规律，因此，露天出耳管理的主要措施是水分管理。让木耳在干湿交替的适宜环境下生长发育。一般，晴天多喷水，阴天少喷水，雨天不喷水，高温时中午不喷水、早晚喷水。

遇到天气干旱时，每天开启微喷灌设施喷水 1～2 次，1～2小时/次，连续喷水 6～7 天；然后停止喷水 3～4 天，以增加耳木中的氧气含量，促使菌丝发育；之后再行喷水，促进耳芽生长，10～15 天可采摘一次木耳。高温时宜在早、晚喷水，2 小时/次；中午喷水容易引起流耳和烂耳。

第四章
平菇生产技术

平菇又名冻菌等（图4-1），通常是指侧耳属多个种的总称。生产上常用的有糙皮侧耳、佛州侧耳、美味侧耳、凤尾菇、金顶侧耳（榆黄蘑）、鲍鱼侧耳（鲍鱼菇）、白黄侧耳（姬菇、小平菇）、白灵菇、杏

图 4-1　平菇子实体

鲍菇和肺形侧耳（秀珍菇）等。平菇营养丰富，每 100 克干品中含粗蛋白质 25.6 克、粗脂肪 3.7 克，含有 18 种氨基酸，其中包含人体必需的 8 种氨基酸且占总氨基酸的 40%～50%，还含有维生素 C、磷、钾、铁等矿质元素。具有抗肿瘤和抗氧化等作用，经常食用可降低胆固醇含量，对肝炎、胃溃疡、心血管病和糖尿病有预防和治疗效果。肉质肥厚、味道鲜美，是人类理想的健康食品之一，深受人们喜爱。

平菇是世界上 10 种大规模栽培的食用菌之一，也是我国目前栽培最多的菇类之一。据中国食用菌协会统计，2017 年全国平菇产量为 546.39 万吨，在食用菌中位居第三位。最早用阔叶树的段木栽培平菇，现已被代料栽培法所取代。目前广泛使用的是熟料塑料袋式栽培法，简称代料栽培法（也称袋料栽培法），

具有栽培原料易得、操作简便、周期短、产量高、成本低和效益较好等优点。全国各地几乎均有不同规模的平菇生产，其中，河南、山东、河北、江苏、湖北、甘肃、吉林和四川为主产区，四川省金堂县被授予"中国姬菇之乡"（姬菇指小平菇，商品名）。

一、基本生育特性

（一）营养需求

平菇为腐生真菌，营腐生生活特性。不含芳香油类物质的多种阔叶树的木材及其木屑、棉籽壳、玉米芯、麦麸、米糠等农林副产物均可满足平菇对营养物质的需求，这些物质可用于平菇栽培的原料。

（二）环境需要

1. 菌丝体生长

（1）**温度**　平菇菌丝生长温度范围为5～35℃，最适温度为25℃左右。

（2）**光照**　平菇菌丝生长不需要光照，光线会抑制菌丝生长。

（3）**水分及空气湿度**　平菇菌丝生长需要培养基质适宜含水量为60%、环境适宜空气相对湿度为70%。

（4）**空气**　平菇属好气性真菌，菌丝生长需要充足氧气。

（5）**酸碱度**　平菇喜偏酸生活环境，菌丝生长需要pH值范围为3～7，最适pH值为5.5～6。

2. 原基分化和子实体发育

（1）**温度**　一般，生产上常用的平菇栽培品种正常分化原基的温度范围为5～28℃，适宜温度为10～25℃；子实体发育温度范围在7～22℃，最适温度为13～17℃。

平菇原基分化和子实体发育的温度因菌株而异，根据子实体发育所需适宜的温度范围可将平菇划分为 3 种类型，即高温型、中温型和低温型。高温型平菇子实体发育的适宜温度为 25～32℃，中温型的为 20～24℃，低温型的为 10～18℃。例如，糙皮侧耳的子实体发育最适温度为 10～16℃，属于低温型平菇；凤尾菇的子实体发育最适温度为 18～22℃，属于中温型平菇；鲍鱼菇的子实体发育最适温度为 25～30℃，则属于高温型平菇（表 4-1）。

表 4-1　常见平菇菌株生殖阶段对温度的要求　（单位：℃）

温度类型	菌 株	原基分化温度	子实体发育温度	子实体发育最适温度	备 注
低温型	糙皮侧耳	2～20	2～22	10～16	
	冻 菌	5～20	7～22	13～17	
	美味侧耳	5～20	5～22	10～18	
	阿魏平菇	0～13	5～20	15～18	熟料
中温型	紫孢平菇	15～24	17～28	20～24	
	佛罗里达平菇	6～25	6～26	10～22	
	凤尾菇	15～24	8～26	18～22	
	金顶菇	15～27	17～28	20～24	
高温型	鲍鱼菇	25～30	25～33	25～30	
	红平菇	15～30	20～28	25～28	
	盖中侧耳	22～30	22～34	25～32	熟料

注：数据来源于黄毅《食用菌生产理论与实践》。

　　平菇属于变温结实菇类，每天有 8～10℃的昼夜温差能促进原基分化与发育，恒温条件下难以分化原基。在一定温度范围内，昼夜温差越大，对平菇刺激越大，子实体分化也越快。了解平菇品种或菌株的温度特性，对于选择适宜播种期非常重要。

　　（2）光照　平菇原基分化和子实体发育需要一定散射光照，需要光照强度 200～1 000 勒。在黑暗条件下柄细、盖小、畸形。

强烈光照尤其直射光照射（＞2 500勒）条件下子实体生长被抑制。一般，光照强菇体颜色深，光照弱菇体颜色浅。

（3）水分及空气湿度 平菇子实体形成除了要求培养基质含水量60%以外，还需要环境空气相对湿度在90%左右。空气相对湿度低于70%时不易形成子实体，即使形成也易死亡；超过95%，子实体生长受阻，菇体小、菌柄长，商品性差。

（4）空气 平菇原基分化和子实体发育需要充足新鲜空气。若环境空气不流通、二氧化碳浓度过高，超过0.1%时，子实体因供氧量不足往往长成盖小、柄长的畸形菇，甚至不分化菌盖而成为高脚菇、菜花菇或珊瑚菇等畸形菇，失去商品价值。

二、优良品种

（一）主要栽培品种

生产上使用的平菇主要栽培品种或菌株有西德89、平菇99、平菇2026、双抗黑平、津平90、特白1号、亚光1号、唐平26、平菇SD-1、德丰5号、平菇茅仙1号、皖平1号、皖平2号、平菇丰5、平菇SD-2、平菇新831、豫平5号、平菇新科1号、平菇苏引6号、黑平菇王、平优2号、灰美2号、平菇双庆518和辽平8号等。

（二）国家认定品种

全国食用菌品种认定委员会认定的平菇品种有：杏鲍菇类：川杏鲍菇2号、杏鲍菇川选1号、中农脆杏和中农美纹；白灵菇类：华杂13号、中农翅鲍、中农1号、KH2、中农短翅1号和中农致密1号；佛州侧耳：中蔬10号；糙皮侧耳：SD-1、SD-2、丰5、亚光1号、特白1号、CCEF89和CCEF99；肺形侧耳：秀珍菇5号和中农秀珍；杂交平菇：P234、平杂19、平杂 27、平杂 28、HZ24 和金地平菇 2 号等。

（三）品种特征特性

1. 糙皮侧耳

（1）SD-1　子实体叠生覆瓦状；菌盖大而平展，幼期黑褐色，随温度升高变浅（温度 6～12℃以上灰褐色），成熟时深灰色，表面光滑、无绒毛；菌褶白色、较密，辐射状；菌柄白色、侧生，质地紧密，无绒毛、无鳞片。菇形美观，菇体紧实，有韧性。子实体生长适宜温度 8～24℃，空气相对湿度 85%～95%。适宜在山东、河北、河南、吉林、江苏、山西等地推广栽培，早秋至冬末接种。

（2）**丰 5**　子实体叠生，大型，菇形圆整；菌盖幼时灰黑色，渐变为浅灰色，且随着温度的变化而变化，温度 6～12℃时灰黑，12℃以上时浅灰，表面光滑。菌肉较厚，韧性好。原基形成需要 5～8℃温差刺激；子实体生长发育适宜温度 12～24℃，出菇期间温度过高、菌盖变薄，空气相对湿度 90% 左右。棉籽壳主料栽培生物学效率 150%～200%，一潮菇占总产量的50% 左右，二潮菇约占 30%，三潮菇占 10%～15%，以后占5%～10%。适宜在山东、河北、河南、吉林、江苏、山西等地早秋、初春两季栽培。

（3）**亚光 1 号**　子实体大型，近喇叭状至扇形（出菇部位不同形态不同）；菌盖幼时灰色，渐变为浅灰色或灰白色，且随温度的变化而变化，温度低时色深，温度高时色浅，菌柄侧生、偏生；生长发育过程中产孢量很少，孢子释放晚，只是当子实体完全成熟、菌盖边缘出现波状卷曲才开始较大量地弹射孢子。子实体形成适宜温度 10～25℃，空气相对湿度 90%～95%。抗青霉和根霉的能力强。棉籽壳栽培生物学效率 180%～250%，一潮菇占总产量的 50%～60%，二潮菇占 30% 左右，三潮菇占 10%～15%，以后占 5%～10%。适宜在北京、河北、四川、湖北、河南等地栽培，四川和河北的姬菇产地常作为姬菇品种使用。

（4）**特白1号** 子实体纯白色，丛生，整丛呈牡丹花形；菌盖中大型、厚度中等；菌柄短而细。质地紧密且嫩。出菇最适温度12～14℃。抗细菌性黄斑病较强。纯棉籽壳栽培生物学效率一般在110%以上，中等管理水平下130%～140%，最高生物学效率163%。一潮菇占总产量的60%左右，且个体大、均匀；二潮后菇体明显变小，出菇3潮，菇潮间隔期10～15天。适宜在福建、浙江以外的南方菇区冬季栽培，北方菇区秋、冬和早春栽培。1987年开始在北京、天津、河北廊坊等地推广，之后在四川、湖北、湖南、江苏、山东等地推广使用。

（5）**CCEF89** 子实体丛生，大型；菌盖断面漏斗形，长径与短径比值为1.3，厚1.2厘米，表面光滑，致密中等偏上。幼时和低温下菌盖深褐色带微黄，随生长发育颜色渐变浅；高温条件下菌盖浅灰色至灰白色。菌褶低温下暗灰色，高温下颜色变浅，底端有网纹。菌柄白色、无纤毛、表面平滑细腻，短粗型。子实体形成适宜温度12～20℃，空气相对湿度80%～95%，有充足氧气。生物学效率130%左右，较高的管理水平下生物学效率150%以上。可作为姬菇栽培品种使用。适宜在全国各地栽培，四川、湖北、河北的姬菇产地可作为姬菇栽培。

（6）**CCEF99** 子实体丛生，大型；菌盖断面凹形，长径与短径比值为1.2，厚1.2厘米，表面光滑，质地极其致密。幼时和低温下菌盖深青褐色，菌盖随生长发育颜色渐变浅；高温条件下菌盖浅灰色。菌褶低温下暗灰色，高温下颜色变浅，无网纹。菌柄白色、无纤毛、表面平滑细腻，短粗型，下细上渐粗。商品外观好，色泽深，子实体形成适宜温度11～21℃，空气相对湿度80%～95%，氧气充足。生物学效率130%左右，较高的管理水平下生物学效率160%以上，最高可达到200%。适宜在全国各地栽培。

2. 佛州侧耳 例如中蔬10号。子实体中型，丛散生；菌盖在低温下或光线强时呈浅棕褐色，高温下或光线弱时呈乳白色，外被一层白色绒毛。质地紧密，宜于制罐；口感清脆，味道甘甜；蛋白质和脂肪含量均高于糙皮侧耳和肺形侧耳。在发育过程中，在适宜的环境条件下，没有明显的桑葚期。出菇适宜温度16～26℃。抗细菌性黄斑病较强。纯棉籽壳栽培生物学效率可达130%～170%。适宜在北京、山东、河北、河南、辽宁、吉林、江苏、山西、浙江等地区春、秋两季栽培。

3. 肺形侧耳

（1）**秀珍菇5号**　子实体单生或丛生，多数单生，菌盖呈扇形、贝壳形或漏斗状等，开始分化时颜色为浅灰色，后逐渐变深，呈棕灰色或深灰色，成熟后又开始逐渐变浅最后呈灰白色；菌柄白色、偏生。子实体生长适宜温度15～25℃，温度20～22℃时，生长速度适中，菌盖不宜开伞，肉质肥厚；温度高于25℃，菇蕾生长快，成熟早，易开伞。生物学效率60%～70%。

（2）**中农秀珍**　子实体单生或散生，中大型；菌盖浅棕褐色，成熟后边缘呈波状；菌肉和菌褶白色，菌褶延生，不等长；菌柄白色、侧生，幼时肉质，基部稍细。子实体大小较均匀，质地致密、柔软，菌柄纤维化程度低。口感较同类品种清脆、清香、幼嫩。出菇最适温度12～14℃，空气相对湿度85%～92%。纯棉籽壳栽培生物学效率70%～80%。适宜于北方春、秋、冬季栽培，南方初冬季节栽培。

4. 杏鲍菇

（1）**川杏鲍菇2号**　子实体中型，质地紧实；菌盖黄褐色，平展，表面覆盖纤毛状鳞片；菌柄白色、中生，保龄球形，质地紧实。口感脆嫩、清香。子实体形成最适温度15～17℃，空气相对湿度80%～90%，光照强度100～500勒。棉籽壳栽培生物学效率60%，较高的管理水平下生物学效率可达70%。

（2）**杏鲍菇川选1号**　子实体中型；菌盖浅褐色至淡黑褐色，平展，顶端凸，表面覆盖纤毛状鳞片；菌柄白色、保龄球形、中生，质地紧实。口感脆嫩、清香。子实体形成最适温度

12～15℃，空气相对湿度 80%～90%，光照强度 500～600 勒。抗木霉能力强。棉籽壳栽培生物学效率可达 60%，较高的管理水平下生物学效率可达 70%。适宜在全国范围春、秋季栽培。

（3）**中农脆杏** 原基簇生，灰白色；成熟时菌盖呈灰褐色，盖小，表面无突起物，质地硬；菌柄白色，保龄球形，表面光滑，质地中等；菌褶淡黄色，有网纹。子实体出菇整齐，菇形较好，形态的一致性高于 80%。质地紧密，口感清脆。待菌丝长满菌袋后搔菌，加盖无纺布保持湿度在 85%～95%，于温度 10～15℃条件下培养，7 天左右形成菇蕾。待菌蕾有明显的菌盖和菌柄分化时，撤掉无纺布，温度控制在 12～15℃，空气相对湿度 85%～90%。棉籽壳栽培生物学效率可达 50%。北方地区秋栽 8～9 月接种，春栽 1～2 月接种；南方地区 9～10 月接种。

（4）**中农美纹** 原基丛生，灰白色；商品菇菌盖灰褐色，盖顶平展，表面有形似大理石花纹；质地紧密；菌柄浅灰色，近保龄球形，表面光滑，质地紧密；菌褶呈浅黄色，有网纹。出菇整齐，大小均匀，子实体形态优美，形态的一致性高于 80%。质地紧密，口感细腻。子实体形成适宜温度 10～12℃，空气相对湿度 85%～90%。催蕾时温度 8～18℃、空气相对湿度 95%、光照强度 10～300 勒，搔菌。棉籽壳栽培的一潮菇生物学效率 60% 左右，子实体平均单重 226 克。北方地区秋栽 8～9 月接种，春栽 1～2 月接种；南方地区 9～10 月接种。

5. 白 灵 菇

（1）**华杂 13 号** 菌盖白色、扇形，直径 7～12 厘米，厚约 2.5 厘米；菌柄处菌褶有时呈网格状；菌柄长短中等，长 6～8 厘米，侧生或偏生。子实体形成适宜温度 12～18℃，空气相对湿度 85%～95%。催蕾时搔菌之后在温度 18～22℃条件下培养 5 天，再于 0～13℃的低温下处理 7～10 天，以后控制菇房温度在 10～15℃，空气相对湿度提高到 85%～90%，光照强度达到 500 勒以上，保持空气新鲜，经过 7～10 天即可现蕾。一般只出一菇潮，生物学效率40%以上，覆土栽培出少量二潮菇。适宜在湖北、江西、安徽等南方白灵菇产区栽培，亦可在河南以北等北方地区栽培。湖北地区9月上中旬接种、11月下旬至翌年3月出菇，北方地区可适当提前接种。

（2）**中农翘鲍**　子实体掌状，大中型，色泽白，后期边缘易出现细微暗条纹；菌盖长宽比为1.1∶1；菌柄白色，中实，侧生或偏生，菌盖宽与菌柄长的比为10.5∶1，菌柄长粗比小于1；菌褶乳白色，后期稍带肉粉黄色，长短不一。催蕾时解开袋口，去掉老菌皮，搔菌后松扎袋口，0～13℃，自然光照。幼蕾期温度控制在8～12℃，空气相对湿度85%～95%；子实体发育期温度控制在5～18℃，注意防低温冻害，空气相对湿度85%～95%。华北及其相似气候地区8～9月接种，东北6月底至8月20日接种，华中及其相似气候地区9月上中旬接种。

（3）**中农1号**　子实体色泽较其他品种洁白，致密度中等；菌盖贻贝状，长宽比约1∶1；菌柄白色，偏生，表面光滑，长宽比约1∶1，菌盖长和菌柄长之比约2.5∶1。子实体形态的一致性高于80%，几乎无畸形菇形成。子实体分化适宜温度15～19℃，商品菇品质形成最适温度10～14℃。子实体发育期较耐高温，适宜空气相对湿度为85%～90%。对斑点病抗性强。生物学效率可达60%以上。适宜在华北各地、河南、湖北和东北各地栽培。华北各地8月中旬至9月中旬接种，河南和湖北9月中旬至10上旬接种，东北地区则7月接种。

（4）**KH2**　子实体单生、双生或丛生，致密度中等；菌盖白色，浅漏斗形，表面光滑，菌柄白色、柱状、中生、偏中生，无绒毛和鳞片。催蕾时有较充足的散射光，充分利用自然昼夜温差，温差5℃以上，空气相对湿度90%～95%。子实体生长适宜温度8～13℃，空气相对湿度90%～95%；空气新鲜，较强的散射光。生物学效率50%～70%。适宜除热带地区外，各地夏、秋季栽培。

（5）**中农短翅 1 号** 原基聚生，白色；菌盖浅灰色，贻贝状，质地普通，表面光滑；菌褶乳白色，有少量网纹，排列整齐。菌盖长宽比约为 1.2∶1，菌柄长宽比约为 1∶1，菌盖长和菌柄长之比约为 3.9∶1。质地紧密，口感细腻。子实体出菇整齐，菇形好，形态的一致性高于 80%。催蕾时早晚有 10℃左右温差刺激，促进原基形成。子实体分化温度 10～14℃，幼蕾期空气相对湿度 85%～95%；子实体发育期温度 5～14℃，空气相对湿度 85%～95%，需要少量散射光。以棉籽壳为主料栽培生物学效率 50% 左右。出菇整齐度高，菇形好，柄短，一级优质菇在 80% 以上。东北地区 8～9 月接种，华北及黄河流域 9 月底接种，长江流域 10 月下旬接种。

（6）**中农致密 1 号** 原基散生，白色；成熟时菌盖浅灰色，贻贝状，质地硬；菌柄白色、中生，质地硬；菌褶乳白色，有网纹。菌盖长宽比约为 1.16∶1，菌柄长宽比约为 0.7∶1，菌盖长和菌柄长之比约为 6.68∶1。质地紧密，口感细腻。子实体出菇整齐，菇形好，形态的一致性高于 80%。催蕾时早晚有 10℃左右温差刺激，适量光照刺激，促进原基形成。子实体分化最适温度 10～14℃，幼蕾期空气相对湿度 85%～95%；子实体发育期温度 5～14℃，空气相对湿度 85%～95%，需要少量散射光。当原基长至 2 厘米以上后开袋、疏蕾，增加光照。以棉籽壳为主料栽培生物学效率 50% 左右。出菇整齐度高，菇形好，菇柄特别短小；菇体可用部分比例高，菌盖与菌柄重量比为 47.8∶1，菇质硬，一级优质菇比例在 80% 以上。东北地区 7 月份接种，华北及黄河流域 8 月底接种，长江流域 9 月上旬接种。

6. 杂交平菇

（1）**P234** 子实体丛生，菌盖灰褐色。口感脆、嫩、柔、清香；适宜制罐加工。催蕾温度 8～20℃，光照强度 50～300勒，空气相对湿度 80%～95%，通风良好。子实体生长最适温度 10～15℃。适宜的空气相对湿度 90%～95%，光照强度

$100\sim300$ 勒，通风良好，对二氧化碳和光照均较敏感。菇潮明显，间隔期为 $20\sim25$ 天。生物学效率95%以上。适宜在四川平原及与其相似气候条件的地域栽培，$9\sim11$ 月接种。

（2）平杂19　子实体丛生，出菇较整齐；菌盖颜色灰色略偏黑色，受光照刺激较强时颜色偏灰；菌盖较薄，中部靠菌柄处下凹并有少量白色绒毛；菌柄乳白色、圆柱形，侧生，质地均匀，基部有少量绒毛。平均单菇重13.23克。口感滑嫩，以鲜销为主。出菇适宜温度 $15\sim19℃$，空气相对湿度85%～95%。催蕾时保持温度 $10\sim20℃$，昼夜温差 $8\sim10℃$，空气相对湿度80%～90%。最高生物学效率153.8%。适宜在湖北秋、冬季节栽培，9月中旬接种，10月中旬开始出菇。

（3）平杂27　子实体丛生、致密；菌盖颜色灰黑色，菌肉厚实，菌柄洁白、圆柱状，侧生，质地均匀。平均单菇重20.34克。口感脆嫩，以鲜销为主。催蕾时保持温度 $10\sim20℃$，昼夜温差 $8\sim10℃$，空气相对湿度80%～90%。出菇适宜温度 $15\sim18.5℃$，空气相对湿度85%～95%。最高生物学效率171.8%。适宜在湖北地区秋、冬季节栽培，9月中旬接种，10月中旬开始出菇。

（4）平杂28　子实体丛生，质地致密；菌盖灰白色、扇贝状，菌肉厚实；菌柄乳白色，质地均匀，表面有少量微绒毛。平均单菇重18.77克。口感脆嫩，以鲜销为主。催蕾方法和条件：温度保持在 $10\sim20℃$，昼夜温差 $8\sim10℃$，空气相对湿度80%～90%，适当增加散射光。出菇适宜温度 $15\sim20℃$，自然散生光，空气相对湿度85%～95%。子实体对二氧化碳耐受性较强，极少出现子实体无菌盖等畸形。最高生物学效率140.5%。适宜在湖北秋、冬季节栽培，9月中下旬接种，10月中下旬开始出菇。

（5）HZ24　子实体丛生或单生，出菇较整齐；菌盖洁白、扇形、较厚；菌柄乳白色、圆柱状，侧生，质地均匀，致密度中等，无绒毛和鳞毛。平均单菇重6.1克。口感脆嫩，以鲜销为主。子实体生长适宜温度22～28℃，空气相对湿度80%～90%，子实体对二氧化碳耐受性一般，二氧化碳过高则子实体将出现畸形。棉籽壳主料栽培生物学效率100%～120%。适宜在湖北地区栽培，3月上旬接种，3月下旬开始出菇；或者10月初接种，但秋、冬季栽培时要采取升温措施。

（6）**金地平菇2号**　子实体丛生，灰白色至青灰色，菌柄中生至侧生。子实体形成适宜温度15～18℃，适宜空气相对湿度85%～95%，适宜光照强度10～50勒。生物学效率90%～100%。适宜在四川及生态气候条件相似地区栽培，9～10月接种。

（7）**姬菇258**　菇体丛生，菌盖椭圆形或近圆形，青灰色，菌盖白色，菌柄侧生、柱状、较粗。子实体形成和生长最适温度10～15℃，适宜空气相对湿度85%～90%，需要一定散射光照，10勒即可，通气良好。生物学效率不低于60.8%。子实体含粗蛋白质31.9%，氨基酸总量25.1%。适宜于四川姬菇各主产区秋季栽培，8～9月制袋，10月至翌年2月出菇。

三、代料栽培关键技术

平菇代料栽培（图4-2），目前主要指熟料塑料袋式栽培，是指将配制的培养料装入塑料袋内进行灭菌，然后接种、菌丝培养和出菇管理的过程。生产工艺流程为：原料准备→菌袋生产→发菌管理→出菇管理→采收加工。一般，平菇从播种到出菇需30天左右，从出菇到采收结束需40～120天。整个生产周期70～150天。

（一）季节安排

制袋季节一般可以安排在8月至翌年1月。一般秋季栽培可以选择低温型或中温型品种，春季栽培可以选择高温型或中高温

图4-2 平菇代料栽培出菇

型品种或菌株进行栽培。

四川省通过品种搭配周年生产平菇，每年10月至翌年4月以姬菇、糙皮侧耳、白色平菇栽培为主，5～9月以金顶侧耳和鲍鱼侧耳为主。成都地区栽培姬菇，一般9月制袋接种，10月至翌年3月出菇上市。

重庆市栽培平菇，一般9月底至10月初制袋接种，11月中旬可以出菇上市。

甘肃省在海拔2000米以下地区大多进行春季栽培平菇，每年6月下旬制母种、7月中旬制原种、8月中旬制栽培种，9月中旬至12月制栽培袋，10月中旬至翌年4月出菇，5～6月高温季节来临前清棚。

李慧杰等（2013）认为，在吉林省双辽市栽培平菇，最适栽培季节选在春、秋两季，即每年的3月上中旬或9月中下旬。

湖北省一般秋季播种安排在9月20日前后至10月上旬，中高温型平菇在 10 月中下旬开始出菇，中低温型平菇在 11 月中下旬出菇。春季栽培，使用高温型平菇，常在 2 月上中旬播种，4 月中旬至 5 月上中旬出菇。

河北省秋季栽培平菇常在 8～10 月进行。

山东省春季栽培平菇一般在 2 月中旬至 4 月下旬播种，秋季栽培在 9 月上旬至 12 月中旬播种。12 月至翌年 2 月播种广温型平菇品种。

河南省栽培低温型平菇品种一般安排在 9 月中下旬制袋、11 月初出菇，栽培高温型平菇品种则在 4 月制袋、5 月开始出菇。

（二）原料准备

用于平菇栽培的培养料的主料有棉籽壳、木屑、玉米芯、稻草、麦草等，辅料有麦麸、米糠、石膏、石灰等。要求有机物原料未生虫、未霉变腐烂，无机物原料属正品。

稻草和玉米芯等在使用前需用粉碎机粉碎加工成小颗粒或小节段，以便于拌料、装袋等。

（三）菌袋生产

1. 基质配方

①棉籽壳 85.7%，麦麸 10%，过磷酸钙 1%，石灰 2%，石膏 1%，尿素 0.3%。

②阔叶树木屑 87%，麦麸或米糠 10%，石灰 3%。

③稻草 78%，麦麸或米糠 15%，石灰 3%，钙镁磷肥 3%，石膏 1%。

④玉米芯 77%，麦麸或米糠 15%，石灰 4%，钙镁磷肥 3%，石膏 1%。

⑤麦秆 90.7%，麦麸 5%，石灰 2%，过磷酸钙 1%，石膏 1%，尿素 0.3%。

⑥豆秆 40%，玉米芯 40%，麦麸或米糠 13%，石灰 3%，钙

镁磷肥 3%，石膏 1%。

⑦玉米芯 82.9%，麦麸 12%，石灰 4%，石膏 1%，多菌灵 0.1%。

⑧白金针菇（杏鲍菇，白灵菇）菌渣 70%，棉籽壳或玉米芯 27%，石灰 3%。

⑨棉籽壳 43%，玉米芯 40%，麦麸 15%，石灰 2%。

⑩甘蔗渣 84.7%，麦麸 10%，石灰 3%，石膏 2%，尿素 0.3%。

各地可根据原料资源来源情况选择使用以上栽培基质配方。

2. 拌料装袋

（1）**拌合基质** 按照栽培料基质配方比例分别称取主料，平铺于地面上，再将辅料均匀地撒在主料上（若主料为玉米芯则需将玉米芯用水浸泡 3 小时以上，使其浸透水分后再与其他原料混合，以利于灭菌彻底）。然后，用铁铲或拌料机将培养料拌和均匀。之后，按照料水比 1 :（1～1.3）的比例向料面洒入自来水，再将培养料干湿拌匀，使培养料含水量控制在 60%～65%，即用手捏料无水滴滴出但在手指间可见有水。

（2）**基质分装** 盛装培养料的料袋一般选用聚乙烯塑料袋，料袋规格（折径×长度×厚度）一般有 17 厘米×33 厘米×0.004 厘米、22 厘米×42 厘米×0.004 厘米和 23 厘米×45 厘米×0.004 厘米等。基质分装方法有手工装袋和装袋机装袋。

①手工装袋 打开塑料袋的袋口，用手抓取培养料放入袋内，一边填料一边用手压实，装料松紧适度并一致。袋两端用绳子扎口，或者上硬质塑料颈圈并用塑料膜封口。

②装袋机装袋 一人将塑料袋套在装袋机出料筒上并用手顶住外端，另一人铲取培养料倒入料斗中，当培养料不断地进入袋内后，逐渐后退料袋，直至装满料袋。手顶袋子的人可通过顶压力度调整装料松紧。然后，袋两端用绳子扎口，或者上硬质塑料颈圈并用塑料膜封口。装袋机装料具有装袋速度快和效率高等优

点，特别适宜较大规模装袋。

3. 灭菌接种

（1）**灭菌料袋** 土蒸灶具有结构简单、造价低廉、使用简便等优点，所以农村广大平菇专业户通常采用土蒸灶对装有基质的料袋进行常压灭菌。土蒸灶建造结构和规格多种多样，但灭菌原理和方法大体一致，其常压灭菌方法为：将料袋装整齐地堆码进土蒸灶的装袋仓内，袋与袋之间稍留空隙；加大火力烧开锅内水，产生蒸汽持续 0.5～1 小时，让高温蒸汽将料堆内的冷空气充分排出，再关闭仓门；当仓内温度上升至 100℃左右时，微火保持 12～18 小时（因仓内料袋数量多少而异：一般 1000 袋以内保持 12 小时；1000～1500 袋保持 13～15 小时；1500～2000 袋保持 15～18 小时），熄火，闷一夜后第二天才开启仓门，将料袋取出。

（2）**接种场所消毒** 接种可在接种箱、接种室和接种罩等场所内进行。在灭菌料袋搬入接种场所之前 3～4 小时需进行提前消毒处理，一般采用点燃气雾消毒剂，产生气体熏蒸空间进行杀菌，药剂用量为 2～3 克/米^3，或每立方米用 37% 甲醛溶液 15 毫升与高锰酸钾 5 克混合对空间杀菌。

（3）**冷却接种** 将灭菌料袋取出搬至接种室内。当料袋内温度降至 30℃左右时，就可将平菇栽培种接入料袋之中。使用质量合格的平菇栽培种。在料袋的两头接种，接种方法为：打开料袋口，将平菇栽培种放进去稍与培养料紧贴，用已经灭过菌的封口纸封住袋口。用种量以盖严袋口培养料料面为宜，一般为干料重的 10%～15%，如两头接种：1 瓶（75 毫升容量）玻璃瓶栽培种可转接栽培料袋 10～12 袋，1 袋（袋子规格：折径×长度＝22 厘米×42 厘米）塑料袋栽培种可转接栽培料袋 30～40 袋。

（四）发菌管理

1. 发菌室（棚）准备 发菌是指将接种后的料袋进行菌丝体培养的过程。发菌室或发菌棚又称养菌室或养菌棚，是指用于培养菌丝的场所。干燥、无污染源、通风良好的闲置房屋等设施可用作发菌室。一般，在农村多搭建专门发菌棚来用于平菇菌袋发菌。

（1）**场地选址**　要求选择地面平坦、开阔、干燥，通风良好，周边环境卫生良好的场所来搭建发菌棚。发菌棚周边5千米以内无化学污染源；100米以内无集市、水泥厂、石灰厂、木材加工厂等扬尘源；50米之内无畜禽圈舍、垃圾场、堆肥场和死水池塘等危害食用菌的病虫源滋生地；距离公路主干线200米以上。

（2）**荫棚搭建**　可用毛竹或木棒作为骨架、四周和顶部覆盖草帘或帆布或遮阳网等遮盖物来搭建发菌荫棚。单个发菌棚，一般可搭建成地面宽度6～8米、长度20米、高度4米规格的荫棚，并留有能通风对流的门窗。

（3）**场地消毒**　接种菌袋搬入发菌棚之前，将棚内杂草、石粒等异物清理干净，平整地面，在棚内地面撒上生石灰。对曾经栽培过平菇的老棚，在新菌袋进入前进行严格消毒，每立方米施用37%甲醛溶液17毫升和98%高锰酸钾14克，闭棚8小时，进行气体消毒。

2. 发菌环境条件控制

（1）**菌袋堆码**　将接种后的菌袋搬入发菌室（棚）可直接呈墙式整齐成排堆码，堆码高度以当时气温而定，一般气温在15℃以下时可堆码5～6层，墙与墙之间相距10厘米，间隔3墙后将墙间距离增至30厘米，以便于人行管理作业；用编织袋或塑料薄膜覆盖堆码菌袋进行保温。气温高于20℃时，应将菌袋呈"井"字形摆放于地面，有利于通风散热，以避免高温烧袋。

（2）**温度**　发菌环境温度调控可"前高后低"：前期采取对菌袋码堆覆盖塑料薄膜、关闭发菌棚门窗等措施，尽量将发菌环境温度控制在25～28℃，以利于种块快速萌发新菌丝、吃料定植和蔓延；后期菌袋内菌丝体数量已经增多，采取揭开码堆上覆盖物、开启发菌室（棚）门窗等措施，尽量将发菌环境温度控制在 20～25℃，以利于发菌均匀整齐。

（3）**湿度** 发菌期间尽量使发菌室（棚）内环境保持相对干燥，空气相对湿度控制在 60%～70%。湿度过高，菌袋易被杂菌感染，这时可在室（棚）内放置生石灰吸潮以降低空气湿度。若空气太干燥、空气相对湿度太低，袋内基质水分容易被蒸发，影响菌丝正常生长，这时可采取向地面适当喷水以提高空气相对湿度。

（4）**通风** 接种后发菌 1 周时间，菌丝体生长已将袋口料面封住，这时应及时揭开码堆上覆盖的塑料薄膜、开启发菌室（棚）门窗和翻堆进行通风，并随着菌丝体数量不断增多而加大通风次数和每次通风时间，空气中二氧化碳浓度控制在 0.1% 以下，以满足菌丝生长对氧气的需求。温度高于 28℃时加大通风量，以防止高温烧袋和杂菌污染。温度若低于 15℃则以保温为主，应减少通风。

（5）**光线** 整个发菌期间应遮光培养菌袋。除了人为管理作业外，应保持培养环境黑暗或暗光（以读报困难的光照强度为宜），门窗和通风口用纸板或厚布帘遮光，以防止强光照射菌袋。

3. 发菌期间勤查常管 发菌期间，应经常检查菌袋菌丝生长状况，可隔 10 天左右对菌袋码堆进行 1 次翻堆，使上、中、下菌袋位置交换，避免局部温度过高，利于发菌均匀一致。当栽培袋两端菌丝已布满后，应在菌丝长过的部位，沿菌袋用针扎一圈眼，深度以刺破塑料为宜，以增加氧气进入袋内，扎眼工作可与翻堆同步进行。协调控制发菌环境的温度、湿度和通风，尽量让菌袋在适宜环境条件下健康发菌。如果发现有杂菌感染的菌袋，那么应及时隔离剔除，感染链孢霉严重者应及时深埋或烧毁，以避免扩散感染别的菌袋。一般，培养 1 个月时间后可以长满整个菌袋。

（五）出菇管理

平菇生产一般可采取"一棚制"发菌出菇，即发菌和出菇在同一棚内进行，一棚两用。

1. 墙式码袋 将发满菌丝的菌袋整齐地单行堆码呈墙式，堆袋5～10层高，菌墙堆码长度视出菇棚长度而定，让平菇从菌袋的两头出菇；每行菌墙之间留60厘米宽的距离，便于人行作业和空气流通。

2. 催促菇蕾 主要采取拉大温差、加强通风换气和适当增加散射光的技术措施，来促进平菇菌丝体扭结分化原基和形成菇蕾。白天关闭菇棚门窗保持适宜平菇出菇的温度，晚间打开门窗以降低棚内环境温度，人为创造8～12℃的昼夜温差，既拉大了温差又增加了棚内新鲜氧气供应量。向棚内地面和空间喷雾状水，增加环境空气相对湿度至90%～95%。白天将菇棚门窗及四周遮盖物适当揭开，让一定散射光照射菌袋。

我国多数地区平菇出菇一般在9月至翌年4月，这期间昼夜自然温差也在10℃以上，完全可以满足平菇原基分化和菇蕾形成的需要。但是，采取催蕾措施具有出菇整齐、潮次明显、易于管理、商品性好和单产较高等优点。

3. 环境调控

（1）原基发育成菇蕾期管理 刚分化出的原基嫩弱、细小、抗逆性差，对环境条件较为敏感。一般，将环境温度调控在13～17℃和空气相对湿度控制在90%。若遇气温过高，则采取开启菇棚门窗通风降温；反之，若遇气温过低则减少门窗开启次数和时间来保持环境温度。若遇阴雨连绵天气、空气太湿，则每天增加门窗开启通风的次数以降低环境湿度。

当原基分化后一定要增加开启门窗次数和时间，有足够新鲜空气进入菇棚，保证原基发育成菇蕾有足量的氧气供应，能很好地分化出菌盖和菌柄，否则会产生无菌盖的畸形菇。并且最好让外界气流在菇棚内缓慢通过，避免菌袋基质失水过多和原基干枯。炎热天气宜在早、晚通风，寒冷天气宜在中午高温时通风。

（2）菇蕾发育成子实体期管理　菇蕾形成后就要采取控温、提湿和增氧等技术措施，促进菇蕾正常发育和迅速长大成完整子实体。

这期间，一般将棚内环境温度调控在 13～20℃。遇气温过高时采取白天盖草苫增加遮阴度和早、晚掀膜通风等措施降温；遇温度过低尤其是连续低温时则采取在塑料棚上加盖草帘防寒保温，白天又适当减少荫棚上遮盖物以增加阳光照射等措施，来提高棚内温度。

当出现幼菇时，向空中和地面喷雾状水，要少而勤，保持空气相对湿度在 85%～90%，不能直接将水喷在菇类上，以免菇体吸收大量水分后发黄水肿、变软萎缩甚至死亡，从而导致病害发生。随着菇体长大，后期需水量也增大，每天至少喷水 2～3 次，空气相对湿度保持在 90%，可适当向菇体上喷雾状水，要求每次喷水后菇体表面有光泽但无积水为宜。

第一茬菇采收完，要及时清理料面，去掉残留的菌柄、烂菇，同时进行喷水保湿，并盖塑料薄膜保温。为了提高第二茬菇的产量，结合喷水管理，可在 100 千克水中加 0.2 千克磷酸二氢钾，或用糖水喷在菇体上。10～12 天第二茬菇现蕾。如此反复管理，一般可出 3～5 潮菇。

（六）采收加工

1. 适时采收

（1）采收适期　菌盖充分展开、边缘平伸，连接菌柄处下凹且有白色毛状物开始出现，孢子尚未散发，这个时期是收获平菇子实体的最适采收期（姬菇例外，姬菇以采收菌盖直径 5 厘米以内的小菇为目的）。这时采收的平菇菇体蛋白质含量高、纤维素含量低，菌肉厚实，菌柄柔软，菌盖边缘韧性好、便于运输、破损率低，商品外观质量好，收获单产高，生产经济效益高。

（2）**采收方法** ①采收前在棚内向空间喷1次水但不宜过多，提高棚内空气湿度，可使菇体表面湿润而具新鲜感，菌盖不易开裂；不能将水喷在菇体上，以免菇体腐烂。②整丛菇一起采摘，同一丛菇当大部分菇体达到采收期时应大菇小菇一起采摘，不要等小菇长大后再采摘。③采摘时，通常一手按住菇柄基部的培养料，另一手捏住菇丛菌柄轻轻地将整丛菇拧下，小心地轻放于竹筐或塑料筐等盛菇容器内即可。切忌强行拔出，以免将培养料带起，影响下潮出菇。

采摘时应注意四点：一是要求采摘人员最好戴上布质手套采菇，以免手指上的汗渍污染菇体，保证鲜菇卫生；二是在不影响基部小菇蕾的情况下，尽量少留菇柄，以免菇柄腐烂生霉殃及料面污染；三是一旦发现有枯萎、死亡、腐烂的菇以及无效菇（无效菇指生长瘦弱、不能发育成正常菇体的小菇，菇农俗称其为"阴菇"，类似于水稻的无效分蘖），那么一定要及时清除掉，以免菌袋污染；四是装菇容器要干净，采摘时盛装鲜菇的容器如竹篮、竹筐、罗筐、背筐、塑料筐、塑料桶等要求干净而未被污染。

2. 保鲜方法 消费者购买鲜平菇渴求能够很新鲜，料理出来的菜品才会味道纯正、鲜味浓郁。这就要求生产者采取一定的保鲜方法，延长鲜菇的保存期。

（1）**低温贮藏保鲜** 利用自然低温或人为降温措施，抑制鲜菇细胞的生理代谢的方法，以达到延长保持平菇鲜度的时间。我国北方菜农的冰窖保鲜蔬菜可用于平菇贮藏保鲜，鲜菇贮藏时散发的热量被天然冰块或人造冰块吸收，冰块融化致使环境温度维持在2～3℃，达到保鲜目的。其他地方用于蔬菜和水果贮藏的冷库，也可以用于贮藏平菇保鲜。

（2）**薄膜包装贮藏保鲜** 又称限气包装贮藏，是利用特制的专用包装薄膜封闭鲜菇，抑制鲜菇细胞的生理代谢的方法。这种包装薄膜具有一定的透气性和透湿性。目前，以醋酸乙烯树脂为材料的包装薄膜用于蔬菜包装贮藏保鲜效果理想，可用于平菇保鲜。以薄膜包装鲜平菇，若用于市场鲜销，则可采用 200～500 克/袋的小袋进行包装；若用于贮藏或运输，则可采用 5～10 千克/袋的大袋进行包装。

3. 干制方法 在平菇出菇旺季，大量鲜菇上市，遇到一时难以将鲜菇销售出去或鲜菇市场售价不理想，则可将鲜菇加工成干品，陆续销售。平菇干品是指平菇鲜品经热风、晾晒、干燥脱水等工艺加工成的干制品。干品加工又称干制加工，就是指利用热量将鲜菇中大量水分脱去的措施，致使杂菌或病菌因水分不足而难以危害菇体的方法，既经济又实用。其优点是加工设备可简可繁，加工技术容易掌握，干品耐贮藏和运输，利于周年上市。

（1）阳光晒干 将鲜菇摊开，放在太阳下暴晒至干，摊晒时，要注意勤翻动，小心操作，以免破损。对于伞菌，晒时应倒放，让菌褶向上，确定晒干后，放入塑料袋中，迅速密封后即可贮藏。

（2）机器烘干 将鲜菇放在烘箱、烘笼或烘房中，用电、炭火或远红外线加热干燥，使其脱水，成为干品。为提高菇品质量，多以机械脱水为主，设备有三种：一是以电能为主的脱水机，但耗电多，成本高；二是适合于家庭烘干的小规模脱水烘干机；三是以烧柴为主的烘干机（烘房），规模大，适于专业加工，而且烘房设备简单，容易修建，农村或乡镇企业广为采用。

（七）病虫鼠害防控

在平菇生产存储过程中，平菇遭受微生物、昆虫和老鼠等其他生物的危害，称为病虫鼠害。吴菊芳等（2003）称，我国每年由有害菌所造成的损失一般在 10% 以上，严重的地方和菇场可高达 90%。因此，应对病虫鼠害加以防控，将病虫鼠害导致的损失降低到最低限度，以提高平菇生产经济效益。

1. 病害防控

（1）**主要杂菌** 在平菇栽培过程中，将与平菇争夺养分、水分、氧气和空间，污染菌种基质和栽培基质的有害微生物称为竞争性杂菌，或习惯上简称为杂菌。杂菌给平菇生产带来的危害类似于田间农业生产上的杂草对农作物的危害。某些杂菌还能分泌毒素，抑制、消解和毒杀平菇菌丝体。常见的杂菌有细菌、放线菌、酵母菌和霉菌等，是平菇生产中的主要病害。

（2）**引发原因** 生产中引起杂菌病害发生的原因有：一是种源本身已污染杂菌，接种前未仔细检查，扩接到新的培养基后将杂菌一起带入。二是生产过程中操作不规范、不小心：培养基质灭菌不彻底，基质中杂菌孢子萌发生长；接种操作时没有严格按照无菌操作规程进行，空气中、接种用具上杂菌进入基质；制备培养基时，培养基粘到棉塞上，棉塞长杂菌掉入基质；培养基灭菌时棉塞受潮，又遇高温高湿天气，空气中的杂菌孢子落到棉塞上萌发菌丝进入基质。三是发菌环境不良、贮藏条件差：培养室靠近饲料仓库及畜禽饲养场，环境卫生条件差，牲畜粪便满地，杂菌丛生，殃及平菇菌种和菌袋而被杂菌污染；菌种贮藏期间阴暗、潮湿，棉塞受潮感染杂菌；发菌期间高温高湿环境，菌瓶和菌袋内基质很易遭受杂菌污染；产品贮存仓库阴暗、潮湿，滋生病菌。

（3）**防控措施** 针对平菇病害产生的原因，防治平菇病害的主要措施是：使用优质菌种作为扩繁的种源；彻底灭菌培养基质，接种时严格无菌操作；及时剔除感杂料瓶（袋）和生病子实体；保持平菇培养场所的环境卫生；满足平菇正常生长发育的环境条件；平菇产品贮存环境卫生、通风干燥。

2. 虫害防控 由不良昆虫或其他软体动物导致对平菇的危害，称为虫害。这些昆虫或其他软体动物对平菇而言有害，称为害虫。

（1）**主要害虫** 危害平菇的害虫主要有双翅目、鞘翅目、鳞翅目和弹尾目的昆虫，如菌蝇、菌蚊等；还有蜘蛛纲的部分螨类、软体动物的部分蛞蝓和线形动物的部分线虫。

（2）**虫害原因** 平菇被害虫危害的原因是：种源本身已污染害虫；生产中遭到害虫侵袭；培养环境不良、贮藏条件差。

（3）**防控措施** 针对平菇虫害产生的原因，防治平菇虫害的主要措施是：使用优质菌种作为扩繁的种源；生产场所清洁卫生、喷洒杀虫农药，确保无虫源；发菌室（棚）或出菇室（棚）设置防虫网；及时剔除被害虫侵染了的料瓶（袋）和生虫菇体；保持平菇培养场所的环境卫生；满足平菇正常生长发育的环境条件；平菇产品贮存环境卫生、通风干燥。

3. 鼠害防控 由鼠类导致对平菇的危害，称为鼠害，这些老鼠称为害鼠。

（1）**害鼠种类** 据兰云龙（1991）统计，危害平菇等食用菌的鼠类有 8 种：热线姬鼠、组双、黄毛暇、小像妞、拐家吸、燕东限、黄脚城和红腹松限。

（2）**鼠害原因** 生产设施本身留下了害鼠，形成隐患；生产中没有采取防鼠治鼠有效措施；生产场地周边环境很差、害鼠猖獗。

（3）**防控措施** 针对害鼠对平菇生产导致危害的原因，应采取以下有效措施预防鼠害：一是在设计建造生产原料和产品仓库、发菌室或发菌房、出菇室或出菇房时，天窗、门窗和地漏等处一定要预设防鼠铁丝网。二是在平菇生产过程中，生产厂房和车间中及其周边一定要安装"电子铁猫"、放置夹鼠板和粘鼠板，进行人工诱捕杀，菇房内凡人不易接触的死角可投放"敌鼠钠"和"灭鼠灵"等灭鼠药。

4. 综合防控 采取"预防为主，综合防控"措施对平菇病虫鼠害进行综合防治，使平菇生产安全和优质。

①栽培原辅材料应储存于阴凉干燥、设有防虫网和防鼠网的仓库中。

②应选择未霉变腐烂、新鲜的原料作为培养料，并在露天暴晒 2～3 天后使用。

③拌料和装瓶（袋）车间、接种室、发菌室（棚）、出菇室

（棚）以及产品库房等生产场地内外清洁卫生，使用前彻底消毒灭菌，避免杂菌产生的环境条件。

④栽培中调节好温湿度，加强通风换气，控制料面无积水，严防杂菌污染。

⑤栽培场所出入口如门窗安设防虫网，防止螨类、菇蝇和跳虫、害鼠等迁入；挂设黄板、频振灯，利用昆虫趋光性诱杀害虫；在下水道、地洞等处安设防鼠铁丝网以防止害鼠进入，生产厂房和车间中及其周边安装"电子铁猫"、放置夹鼠板和粘鼠板，人工诱捕杀害鼠。

⑥严格执行国家有关规定，不使用高毒、高残留农药：一是科学使用农药，注意不同作用机理的农药交替使用和合理使用，以延缓病菌和害虫的抗药性，提高防治效果。二是允许使用的低毒农药，每种每茬最多使用2次，施药距采菇期10天以上。三是坚持农药的正确使用，按使用浓度施用，施药力求均匀周到。四是杂菌防治，木霉：用50%多菌灵可湿性粉剂800～1000倍液或70%甲基硫菌灵可湿性粉剂1000～1500倍液或70%代森锰锌可湿性粉剂600～800倍液喷洒，每15千克药液可喷洒4000～5000袋；青霉、毛霉、曲霉：感染后要及时挖除发病部位，然后撒上一层厚0.2～0.3厘米的石灰或草木灰，也可用0.1%多菌灵喷雾。五是虫害防治，跳虫：用90%敌百虫晶体1000倍液或80%敌敌畏乳油800倍液喷雾；螨类：用20%甲氰菊酯乳油1000倍液或1.8%齐墩螨素1000倍液或20%螨死净胶悬剂2000～3000倍液或1.8%阿维菌素乳油5000倍液或15%哒螨灵乳油3000倍液喷雾；线虫：用1%冰醋酸溶液喷雾；菇蝇：用2.5%溴氰菊酯乳油1000～1500倍液或5%氯氰菊酯乳油1000～1500倍液喷雾，可兼治跳虫等，还可用80%敌敌畏800倍液喷雾。

第五章
双孢蘑菇生产技术

图 5-1　双孢蘑菇子实体

双孢蘑菇又名蘑菇等（图 5-1）。双孢蘑菇营养丰富，每 100 克干品中含蛋白质 23.9～34.8 克、脂肪 1.7～8 克、粗纤维 8～10.4 克、灰分 7.7～12 克；含人体必需的 8 种氨基酸，含铁、磷、钾、钙等矿质元素和维生素 B_1、维生素 B_2、维生素 C 等。具有抗肿瘤、抗氧化和提高免疫功能等作用。所含酪氨酸具有降低血压和胆固醇、防治动脉硬化和心脏病的效果。双孢蘑菇肉质细嫩、味道鲜美，深受欧美国家消费者喜爱，是目前世界上消费最广的一种全球性食用菌。

世界上有 100 多个国家和地区在生产双孢蘑菇。欧美国家人工栽培最主要的食用菌就是双孢蘑菇。目前荷兰、美国等采取工厂化栽培双孢蘑菇，其温光水气环境控制实现了智能化和自动化管理，菌种、培养料和覆土材料等的生产和供应实现了专业化分工。我国部分企业开始采取工厂化栽培技术生产双孢蘑菇，多数地区主要采用发酵培养料常规栽培技术进行生产。本章介绍适宜于广大农户的双孢蘑菇发酵料常规栽培技术。

一、基本生育特性

（一）营养需求

双孢蘑菇为腐生真菌，营腐生生活特性。马粪、牛粪、鸡粪、稻草等农作物秸秆和菜籽饼等动植物生产的副产物可满足双孢蘑菇对营养物质的需求，这些物质可用作双孢蘑菇栽培的原料。

（二）环境需要

1. 菌丝体生长

（1）**温度**　双孢蘑菇菌丝生长温度范围为 5～33℃，最适温度 22～26℃。

（2）**光照**　双孢蘑菇菌丝生长不需要光照。

（3）**水分及空气湿度**　双孢蘑菇菌丝生长需要培养料适宜含水量为 65%，需要环境适宜空气相对湿度 75% 左右。

（4）**空气**　双孢蘑菇属好气性真菌，菌丝生长需要充足氧气，环境空气中二氧化碳浓度在 0.1%～0.5% 较为适宜。

（5）**酸碱度**　双孢蘑菇喜偏微酸生活环境，菌丝生长需要pH 值范围为 5～8.5，最适 pH 值 6.5～7。

2. 子实体生长发育

（1）**温度**　双孢蘑菇子实体生长发育的温度范围为 4～23℃，适宜温度 16～18℃。但因品种不同而有所差异。

（2）**光照**　双孢蘑菇子实体生长发育不需要光照。在黑暗条件下生长的子实体颜色洁白、菇盖厚、品质好。光线过强、直射光照会使菇体表面干燥发黄，品质降低。

（3）**水分及空气湿度**　双孢蘑菇子实体生长发育需要培养料最适含水量 60%～65%，覆土用沙壤土适宜含水量 18%～20%、砻糠河泥土适宜含水量 33%～35%、泥炭或草炭适宜含水量 75%～85%；环境适宜空气相对湿度 85%～90%。

（4）**空气** 双孢蘑菇子实体生长发育需要大量氧气，要求环境空气中二氧化碳浓度在 0.1% 以下，空气中二氧化碳浓度在 0.03%～0.1% 时可诱导菇蕾发生。若菇房通风换气不良，出菇环境空气中二氧化碳浓度超过 0.1%，菌盖会长得小、菌柄细长、易开伞，商品价值低。

（5）**有益微生物** 在培养料堆制发酵过程中常常会产生嗜热细菌、放线菌和真菌等微生物，对培养料中许多碳源和氮源物质进行先行降解，之后双孢蘑菇才能吸收利用；同时还有防止有害微生物入侵培养料的作用。这些微生物就是对双孢蘑菇生长有益的微生物。覆土材料中也含有对双孢蘑菇有益的微生物。

（6）**土壤** 双孢蘑菇菌丝在培养料中繁殖到一定数量时，必须要对其覆盖土壤后，菌丝才能扭结分化出原基并发育长大成子实体。双孢蘑菇具有不覆土不出菇的特性，故又被归类为土生菌。覆土质量的优劣对双孢蘑菇产量和品质的高低产生直接影响。

关于覆土的作用机制至今尚不明确，没有一套完整的理论来加以诠释。但是，有人认为覆土后二氧化碳浓度在培养料、覆土层和菇房中呈梯度变化，诱导了原基分化；又有人认为覆土具有支撑固定子实体的作用；还有人认为覆土中臭味假单胞杆菌可以消除双孢蘑菇菌丝产生的乙烯，进而促进原基形成。

二、优良品种

（一）主要栽培品种

目前我国生产上使用的双孢蘑菇主要栽培品种或菌株有 As2796、英秀 1 号、棕秀 1 号、As3003、20、176、111、浙农 1 号、夏菇 93、双 13 和夏秀 2000 等。

（二）审认定新品种

全国食用菌品种认定委员会认定的双孢蘑菇品种有 As4607、As2796、英秀 1 号、棕秀 1 号和蘑加 1 号等。

（三）品种特征特性

1. As4607　子实体大型，单生；菌盖白色，半球形，表面光滑；菌柄白色，圆柱形，质地致密，中生。制罐平均煮得率68%，吨耗 890 千克，整菇率 53%；开罐后色泽正常，汤汁清晰，组织结实，风味好。子实体形成适宜温度 14～22℃，空气相对湿度 90%～95%。稻草为主料栽培生物学效率 38%～42%，较高栽培管理水平下生物学效率可达 43%～48%。第一朝菇产量占总产量的 30% 左右，第二潮占 20% 左右，第三潮占 15%，第四潮占 15%，第五至第七潮占 20%。各蘑菇产区均可栽培。北方地区主要在秋季和春季栽培，南方地区从秋末至翌年春季均可栽培。

2. As2796　子实体大型，单生；菌盖白色，半球形，表面光滑；菌柄白色，圆柱形，质地致密，中生。制罐平均煮得率65%，吨耗 900 千克，整菇率 50%；开罐后色泽正常，汤汁清晰，组织结实，风味好。子实体形成适宜温度 14～22℃，空气相对湿度 90%～95%。抗干泡病、绿霉能力较强，对湿泡病也有一定抗性。稻草为主料栽培生物学效率 35%～40%，较高栽培管理水平下生物学效率可达 40%～45%。第一朝菇产量占总产量的 30%左右，第二潮占 20% 左右，第三潮占 20% 左右，第四潮约占15%，第五至第七潮约占 15%。各蘑菇产区均可栽培。北方地区主要在秋季和春季栽培，南方地区从秋末至翌年春季均可栽培。

3. 英秀 1 号　子实体中型，菌盖白色，菌柄中生。子实体形成适宜温度 10～18℃，子实体形成和生长适宜空气相对湿度85%～90%。抗霉性较强。生物学效率 35%～45%，一至三潮菇分布相对均匀。双胞蘑菇产区秋季至翌年春季均可栽培。

4. 棕秀 1 号 子实体中型；菌盖幼时浅棕色，色泽深浅随温度变化而有所不同；菌柄中生。子实体形成适宜温度 $10\sim18℃$，子实体生长适宜空气相对湿度 $85\%\sim90\%$。抗霉性中等。生物学效率 $40\%\sim50\%$，一至三潮菇分布相对均匀。双胞蘑菇产区秋季至翌年春季均可栽培。

5. 蘑加 1 号 子实体较大，前期多丛生，后期多单生，组织致密；菌盖洁白，半球形，空气干燥时易产生同心圆状的较规则的鳞片；菌柄白色，近柱状。菇形好，出菇较集中，菇潮较明显，适合工厂化栽培。床栽一般可出六潮菇，生物学效率可达 $30\%\sim40\%$，其中秋菇占 $60\%\sim70\%$、冬菇占 10%、春菇占 $20\%\sim30\%$。适宜于蘑菇主产区栽培，湖北地区一般 9 月初播种，10 月底至翌年 4 月出菇。

6. W192 子实体单生，组织致密；菌盖白色，扁半球形；菌柄白色，圆柱状，中生，无绒毛和鳞片。子实体生长适宜温度 $16\sim20℃$，空气相对湿度 $90\%\sim95\%$，二氧化碳浓度 1500 毫克 / 米^3 以下。栽培产量 $10\sim12$ 千克 / 米^2。适宜于各蘑菇主产区（福建、江苏、广西、山东、河南、四川、浙江、江西、湖北和云南等）栽培。南方平原区域在秋、冬和春季栽培，北方在秋、春季栽培，高寒和冷凉区域可在夏、秋季栽培。

7. W2000 子实体单生，组织致密；菌盖白色，扁半球形；菌柄白色，圆柱状，中生，无绒毛和鳞片。子实体生长适宜温度 $16\sim20℃$，空气相对湿度 $90\%\sim95\%$，二氧化碳浓度 1500 毫克 / 米^3 以下。栽培产量 $9\sim11$ 千克 / 米^2。适宜于各蘑菇主产区（福建、江苏、广西、山东、河南、四川、浙江、江西、湖北和云南等）栽培。南方平原区域在秋、冬和春季栽培，北方在秋、春季栽培，高寒和冷凉区域可在夏、秋季栽培。

8. As2987 子实体单生或群生，组织致密；菌盖白色，扁半球形，不易开伞；菌柄白色，圆柱状，中生，无绒毛和鳞片。适合罐头加工和超市保鲜销售。子实体生长温度 $14\sim22℃$，空气相对湿度90%～95%，二氧化碳浓度1500毫克/米^{3}以下。栽培产量10～15千克/米^2。适宜于各蘑菇主产区（福建、江苏、广西、山东、河南、四川、浙江、江西、湖北和云南等）栽培。南方平原区域在秋、冬和春季栽培，北方在秋、春季栽培，高寒和冷凉区域可在夏、秋季栽培。

9. AG223　子实体单生，组织致密；菌盖白色，半球形；菌柄白色，柱状，中生。菇体口感脆、柔、浓香。子实体形成和生长温度14～18℃，空气相对湿度90%～95%。在四川10月至翌年栽培，利用一次发酵料在室内床栽产量为6.3千克/米^2。

三、发酵料栽培关键技术

双孢蘑菇的发酵料栽培即发酵料常规栽培，是指先将培养料进行堆制发酵，然后播种、覆土，利用自然气候进行发菌培养和出菇管理的过程。我国的双孢蘑菇栽培既有室外田间栽培，如四川、贵州等产区，又有室内床架栽培，如福建、浙江等产区。生产技术流程为：原料准备→堆制发酵→铺料播种→发菌覆土→出菇管理。

（一）季节安排

利用自然气候栽培双孢蘑菇，要根据当地气温情况来安排生产季节。一般安排在夏季或秋季建堆发酵，秋季播种，冬季至翌年春季出菇。适宜播种期要求安排在当地昼夜平均气温稳定在20～25℃，播种后30天气温能够下降至18℃的时候。反推回去，建堆发酵期就应安排在播种前的25～30天。从培养料建堆发酵至收菇结束的常规栽培周期约为8个月。

全国各地气候不一样，双孢蘑菇栽培季节有所差异。

福建省适宜播种期：沿海地区在11月中旬至12月下旬，高海拔山区在9月底至10月初。

浙江省适宜播种期：浙北地区在 9 月 15 日前后，浙南地区在 10 月上中旬。

　　山东省秋季栽培，4～6 月备料、7 月中旬至 8 月初建堆发酵、8 月中下旬播种、10 月上旬开始采菇。

　　河南省秋季栽培，9 月上中旬播种、10 月中下旬开始出菇。

　　江苏省林菇套作栽培，8 月建堆发酵、9 月播种、10 月至翌年 5 月出菇。

　　甘肃省，海拔 1 500 米左右的荒漠绿洲地区，如酒泉、武威、兰州、白银等大部分地区，采取日光温室越冬栽培为主，适宜在 7～8 月堆制培养料、8～9 月播种、10 月至 12 月上旬出秋菇、12 月中旬至翌年 3 月中旬越冬、3 月下旬至 5 月中旬出春菇，出菇期 150 天左右。海拔 2 000 米以上的河西走廊沿山冷凉地区和高寒阴湿地区，如永昌、天祝、民乐等，采取夏季栽培为主，适宜在 4 月堆制培养料、5 月播种、6 月覆土、7～10 月出菇采收，出菇期 110 天左右。海拔 1 300 米以下的陇东南地区，如天水、陇南、平凉、庆阳等，采取秋冬栽培为主，适宜在 6～7 月堆制培养料、7～8 月播种、8 月下旬至 9 月上中旬覆土、9 月中旬至 12 月出菇采收，出菇期 90 天左右。

　　四川省盆地内的多数地区，适宜安排在 8～9 月堆沤发酵培养料、9 月上旬播种、10 月至翌年 4 月上旬出菇采收。

（二）原料准备

　　1. 原料种类　用于双孢蘑菇栽培的原料种类较多：有机物原料有稻草、麦草、玉米芯等农作物秸秆，栽培杏鲍菇和平菇等食用菌后留下的菌渣，牛粪、鸡粪和菜籽饼等；无机物原料有尿素和磷肥等。要求用于栽培的有机物原料晒干、无霉、未变质，无机物原料属正品。

　　2. 基质配方

　　（1）浙江省推荐基质配方（每 110 平方米）　见《DB33／T

447.2—2003 无公害双孢蘑菇 第 2 部分：生产技术》。

①稻草 2 400 千克，干牛粪 2 400 千克，尿素 40 千克，过磷酸钙 50 千克，食用菌专用生石膏 50 千克，石灰 25 千克，轻质碳酸钙 25 千克，含水量在 70%，pH 值 7.5。

②稻草 2 500 千克，尿素 20 千克，硫酸铵 40 千克，过磷酸钙 50 千克，食用菌专用生石膏 50 千克，石灰 25 千克，轻质碳酸钙 25 千克，含水量在 70%，pH 值 7.5。

（2）山西省推荐基质配方（每 100 平方米） 见《DB14/T 556—2010 无公害食品 双孢蘑菇生产技术规程》。

①麦秆或稻草 1 800 千克，干马粪 1 000 千克或干牛马粪 750 千克，干鸡猪粪 150 千克，饼肥 120 千克，石膏粉 30 千克，过磷酸钙 20 千克，钙镁磷肥 15 千克，尿素 10 千克，碳铵 10 千克，pH 值 7.5～8（以石灰粉调节）。

②麦秆或稻草 1 600 千克，干牛马粪 750 千克，过磷酸钙 35 千克，石膏粉 30 千克，轻质碳酸钙 20 千克，饼肥 10 千克，碳铵 7.5 千克，pH 值 7.5～8（以石灰粉调节）。

（3）南京市推荐基质配方（每 111 平方米） 见《DB3201/T 022—2003 无公害农产品 双孢蘑菇生产技术规程》。

①稻草 2 000 千克（或稻草、麦秆各 1 000 千克），干牛粪 1 000 千克，菜籽饼 250 千克，过磷酸钙 35 千克，石膏粉 40 千克，石灰 50 千克。

②稻草 2 250 千克，石灰 75 千克，45% 复合肥 62.5 千克，过磷酸钙 50 千克，石膏粉 62.5 千克，石灰 75 千克。

（4）苏州市推荐基质配方（每 111 平方米） 见《DB3205/T 002—2002 无公害农产品 双孢蘑菇生产技术规程》。

①稻草 2 000 千克（或用部分麦草代替稻草），菜籽饼或棉饼 150 千克，干猪牛粪 1 750～2 000 千克，尿素 25 千克，复微石膏（或石膏粉）60 千克，石灰 50 千克，过磷酸钙 40～45 千克，石灰 50 千克。

②稻草2 250千克，菜籽饼150千克，尿素37.5千克，复微石膏（或石膏粉）75千克，石灰25千克。

（5）厦门市推荐基质配方（每100平方米） 见《DB3502/T 013—2005 无公害双孢蘑菇栽培技术规范》。

干稻草1 400千克，干牛粪粉1 400千克，过磷酸钙50千克，豆饼或花生饼100千克，碳酸钙50千克，尿素18千克，石灰粉15千克。

（6）福建省基质配方（每230平方米）

①干稻（麦）草4 500千克，干牛粪3 000千克，豆饼粉180千克，石膏粉110千克，石灰粉110千克，碳酸钙90千克，过磷酸钙70千克，尿素60千克，碳酸氢铵60千克。

②干稻（麦）草4 400千克，干牛粪2 000千克，菜籽饼粉200千克，石灰粉120千克，石膏粉100千克，碳酸钙80千克，过磷酸钙60千克，尿素60千克，碳酸氢铵60千克。

③干稻（麦）草5 500千克，干鸡粪1 600千克，豆饼粉200千克，石膏粉200千克，石灰粉200千克，碳酸钙160千克，尿素80千克，过磷酸钙60千克。

（7）山东省基质配方（每100平方米）

①干稻草2 000千克，干牛粪1 750千克，过磷酸钙50千克，石膏50千克，石灰30千克。

②稻草或麦草1 000千克，干牛粪1 000千克或干鸡粪400千克，石膏40千克，石灰35千克，碳酸钙30千克，过磷酸钙20千克，尿素10千克，增温发酵剂0.75千克。

③麦草1 250千克，干鸡粪600千克，石膏粉50千克，石灰25千克，尿素12.5千克，过磷酸钙12.5千克。

④稻草或麦草1 500千克，菜籽饼100千克，石膏粉45千克，石灰37.5千克，过磷酸钙25千克，碳酸钙20千克，尿素10千克，增温发酵剂0.75千克。

⑤麦草1 500千克，双孢蘑菇专用肥150千克，石膏25千克，

石灰粉15～25千克，增温发酵剂0.75千克。

⑥棉籽壳1250千克，玉米芯500千克，干牛粪100千克，麦麸65千克，饼肥65千克，石灰125千克，过磷酸钙40千克，草木灰25千克，石膏20千克，尿素10千克，增温发酵剂0.75千克。

⑦废棉1250千克，牛粪1250千克，石膏粉25千克，石灰25千克，过磷酸钙25千克，增温发酵剂0.75千克。

（8）河南省基质配方（每亩）

①稻草或麦草2000～2250千克，干牛粪1000～1250千克，菜籽饼175千克，石膏75千克，石灰50千克，过磷酸钙40千克，尿素15千克。

②稻草或麦草2000～2250千克，干牛粪800～1000千克，干鸡粪250千克，菜籽饼175千克，石膏75千克，石灰50千克，过磷酸钙40千克，尿素15千克。

③稻草或麦草2250千克，干鸡粪750千克，菜籽饼100千克，石膏75千克，石灰50千克，过磷酸钙40千克。

④玉米秆2000～2500千克，牛粪或鸡粪500～800千克，尿素10千克，石灰25～50千克，石膏25～30千克，过磷酸钙20～30千克。

（9）甘肃省基质配方

①大麦草54%，羊粪40%，过磷酸钙2%，石膏粉2%，石灰1.5%，尿素0.5%。

②小麦草47%，羊粪47%，过磷酸钙2%，石膏2%，石灰1.5%，尿素0.5%。

③大（小）麦草50%，牛（羊）粪44%，过磷酸钙2%，石膏粉2%，石灰1.5%，尿素0.5%。

④大（小）麦草58%，牛（羊）粪或其他畜粪30%，油渣6%，过磷酸钙2%，石膏粉2%，石灰1.5%，尿素0.5%。

（10）四川省基质配方（每100平方米）

①稻草1250千克，菜籽饼粉100千克，复合肥25千克，

尿素 15 千克，石灰 13 千克，石膏或碳酸钙 13 千克，过磷酸钙 12 千克。

②稻草 700 千克，麦秆 300 千克，家畜粪（湿）1 000 千克，菜籽饼粉 80 千克，尿素 15 千克，石膏或碳酸钙 13 千克，石灰 13 千克，过磷酸钙 12 千克。

③麦秆 1 000 千克，玉米秆 500 千克，干牛粪 180 千克，石灰 50 千克，石膏 50 千克，碳酸氢铵 25 千克，过磷酸钙 12 千克，尿素 8 千克。

④稻草 2 000 千克，干牛粪 1 300 千克，菜籽饼粉 80 千克，石灰 50 千克，碳酸钙 40 千克，尿素 30 千克，过磷酸钙 30 千克，碳酸氢铵 30 千克。

⑤麦秆 470 千克，干牛粪 470 千克，过磷酸钙 20 千克，石膏 20 千克，尿素 10 千克，石灰 10 千克。

⑥稻草 1 500 千克，蘑菇基料 800 千克。

各地可根据当地原料资源来源情况，因地制宜地选择以上基质配方。

（三）堆制发酵

栽培料需要经过堆制发酵腐熟后，才能成为双孢蘑菇的栽培基质而用于生产，发酵质量的好坏直接关系到双孢蘑菇产量的高低和品质的优劣，因此，必须科学地堆制发酵培养料。

1. 堆制发酵原理　栽培料的堆制发酵，是指将培养料按照一定方法堆积起来，让微生物将大分子有机质分解为可溶性的小分子物质，产生二氧化碳、水和热量的过程。经过堆制发酵的培养料常被称为堆肥。这种堆肥就是双孢蘑菇生长发育的基质，对双孢蘑菇的产量和品质起着决定性作用。

堆制发酵的原理：给培养料加入适量水分，堆积起来，培养料中自然存在的各种微生物开始生长繁殖，产生热量，料内温度会逐渐升高。料温在 20～40℃时嗜中温菌大量繁殖，这时嗜中温菌成为主要菌群；料温升至 40～45℃时，嗜中温菌菌群因不适应而死亡消退，由嗜热菌逐渐取代曲霉和青霉等嗜中温菌菌群而成为优势菌群，直到 60～63℃。微生物主要起着两个方面的作用：一是微生物将组成培养料的粪草进行分解，将大分子有机质变成小分子物质，如简单的糖类物质等，才能被双孢蘑菇菌丝吸收利用；二是微生物在繁殖代谢过程中产生热量，可有效杀死培养料中对双孢蘑菇生长有害的害菌和害虫，为双孢蘑菇蘑菇生长发育创造出良好的环境条件。

2. 堆制发酵方法

（1）建堆发酵法（一次发酵）　在室外将培养料一次性建堆，进行堆制发酵，称为一次发酵，或称前发酵。用手抓一把预堆的秸秆料，能拧出 7～8 滴水，即可建堆发酵。若水分不足，则浇足水分后方可建堆发酵。

①晒料粉碎　在培养料建堆发酵前 1 周，需要将稻草、麦草、玉米秆等秸秆类原料晒干、粉碎，或切成 10～15 厘米长的小段，并将麦秆和玉米秆碾破；饼肥、粪肥等原料进行粉碎。

②浸水预堆　将秸秆料放入水池内浸泡，吸水湿透后捞出；或者向秸秆料上浇水，边浇水边踩，让草料吸水湿透。之后，将秸秆料堆成圆形堆或椭圆形堆，让秸秆料充分吸水湿透，多余的水流失，堆积 2～3 天。此外，用清水将畜禽粪便和饼肥等预湿备用。

③场地选择　建堆发酵场地应选择在通风向阳、地势较高、场地开阔、取水方便、交通便利和卫生条件良好的地方。同时应尽可能远离出菇房，以避免病菌和害虫传播至菇房。

④建制料堆　首先在地面上用石灰粉画宽度 2 米的长方形边框，长度因所需培养料数量和场地而定，在边框内建制料堆。建堆方法：先铺一层厚度 20～30 厘米预堆过的秸秆料，秸秆料上铺一层厚度 2～4 厘米预湿过的粪肥。如此一层秸秆料、一层粪肥，直到料堆高度达到 1.5～2 米，最后用粪肥封顶。其中，从

第四层开始添加少量饼肥、尿素、石灰、碳酸钙及石膏，直至顶层。从第三层开始秸秆料和粪肥上要多浇水，水分应浇足，直至有水从料堆中流出为宜。料堆四周要求与地面垂直整齐，料堆顶部呈龟背形，整个料堆呈近似长方体形，切勿建成圆锥形料堆，否则会发酵不良。建堆时，在料堆部位中心线上，间隔40～50厘米直立粗竹筒或木棒，建好堆后，拔出竹筒，即在料堆中部形成通气孔，以增强料堆的透气性，有利于提高发酵质量。最后用草苫将料堆顶部覆盖以保温保湿，下雨天用塑料薄膜覆盖防止雨淋。若无异常情况发生，则一般经过2～3天，料堆内温度可上升至70℃左右。

⑤3次翻堆　翻堆是指将料堆内处于不同部位的粪草进行位置调换的过程。其目的是改善料堆的通透性，排出废气，补充新鲜空气，拌匀培养料，调节水分，为微生物生长创造一个良好的生活条件，促进料内微生物活跃繁殖，均衡分解培养料，让培养料均匀腐熟。翻堆的时间根据料内温度变化来决定。一般翻堆3次，翻堆间隔时间为6天、5天和4天。

第一次翻堆：建堆后料堆内温度上升到70～80℃，并且稳定后开始进行第一次翻堆。翻堆方法：将料堆的上层料与下层料、内层料与外层料相互调换，重点要浇足水分，重新建制成宽1.7米、高不变的长方体料堆。可利用翻堆机进行翻堆，以提高翻堆效率。如建堆时一样，在料堆中用竹筒或木棒插制通气孔。料堆顶部覆盖塑料薄膜保温保湿，经过2天料堆内温度上升到70℃左右时，揭去塑料薄膜，以增加料堆内通气性。

第二次翻堆：第二次翻堆方法与第一次翻堆相同。重新建堆时，要将料堆宽变窄，建成宽1.5米、高不变的近似长方体料堆。结合建堆作业，将余下所有氮肥及50%过磷酸钙均匀地加入料中；若料的水分不足，则浇水补充水分，料的含水量掌握在以手紧握粪草料可挤出3～5滴水为度。建好料堆后，覆盖塑料薄膜，经过2天后，掀开料堆顶部部分塑料薄膜，同时卷起四周底部塑料薄膜，进行透气发酵。

第三次翻堆：第三次翻堆方法与第一次翻堆相同。重新建堆时，将料堆建成堆宽 1～2 米、堆高 0.8～1 米的近似长方体料堆。结合建堆作业，将剩余的过磷酸钙均匀地加入料中，以石灰水调节含水量，料的含水量掌握在以手紧握粪草料可挤出 2～3 滴水为宜。建堆后，通过适当增插通气孔来增加通气性，在晴天揭去塑料薄膜，让料堆内产生的氨气等废气排出，但在雨天须盖上塑料薄膜，防雨水淋湿培养料；或者在料堆顶部盖草帘防雨水淋湿培养料。将温度控制在 50～60℃ 之间进行低温发酵，培养出大量的放线菌。

一般经过 3～4 天后，即可终止发酵，进行铺料播种；或者进行二次发酵处理。发酵时间不能过长，否则培养料腐熟过度，养分损失大，通透性下降，将会影响蘑菇产量。同样也不能发酵时间过短，若培养料中出现"夹生料"，则需适当加长发酵时间，否则会造成病害加重。发酵结束后，及时散开料堆，让料中产生的氨气等废气排出，以免影响蘑菇菌丝生长。

（2）**发酵料质量** 发酵得好的优质培养料应该为培养料疏松，不粘结成团，秸秆料一拉即断并有弹性；呈棕褐色或咖啡色；无氨气味和粪臭味；含水量在 60%～65%，即用手握料可见水或者能滴出 1～2 滴水；pH 值 7.2～7.5；碳氮比（17～18）:1。

（四）室外田间栽培

室外田间栽培，是指将发酵后的培养料直接铺于田块畦面，播下菌种、覆土，遮盖草帘、黑色塑料薄膜，进行发菌和出菇管理的过程。室外田间栽培与室内层架栽培相比，因为没有搭建层架的费用投入，所以具有生产成本低的优点，在广大农村被广泛应用。

1. 菌种准备 菌种要求菌丝体浓白，生长旺盛，生长均匀，有双孢蘑菇菌种特有的香味，无酸味、臭味、霉味等异味，有部分菌皮或没有菌皮，没有萎缩、无黄水出现，无角变，无高温抑制线，无害虫。

麦粒菌种的用种量为 1 瓶 / 米²，或每亩用麦粒种 400～500 瓶（瓶子容量 500～750 毫升）；发酵料菌种的用种量为 2 袋 / 米²〔（18～20）厘米×（33～35）厘米规格的塑料袋装菌种〕。

2. 场地准备 选择栽培过一季水稻的稻田作为栽培场地较好，稻田因被水淹过，则旱地固有害虫相对较少。不宜选在上一茬种植过双孢蘑菇、姬松茸、大球盖菇、生姜、蔬菜、花生等旱地来栽培双孢蘑菇，否则，易遭受病害和虫害。水稻田种植过双孢蘑菇的田块，可栽种一季小麦或油菜后即间隔 1 年以后，方能种植双孢蘑菇，否则，会出现连作障碍而影响蘑菇产品和品质。

栽培双孢蘑菇的田块应尽量远离工矿区、畜禽圈舍、垃圾场和公路铁路干线等。否则，环境空气被污染，影响出菇品质；害菌害虫滋生，易遭受病虫害，导致减产减收。

用于栽培的田块不能施用农药，如除草剂、杀菌剂和杀虫剂等，否则，农药会抑制蘑菇菌丝生长甚至导致蘑菇菌丝不能在土壤中生长。

3. 开畦做床 收割水稻后，及时开沟排水晒田，使土壤含水量达到以手捏能扁又不粘手为宜，即人踩不下陷为止。将稻田翻耕打碎整平地面后，用干石灰粉在地面上画线开畦（畦是指在田块中划出小块区域），或者直接在稻田中开畦。畦面宽 80～100 厘米，畦面长度依栽培地块长度而定，畦与畦之间留出 60 厘米宽的人行兼作业道。畦即为铺料播种的菌床，畦面不宜过宽，因田间栽培的双孢蘑菇多在菌床边缘出菇，较窄的畦有利于提高产量，同时又利于草帘完全覆盖菌床。

4. 铺料降温 将发酵好的培养料，均匀地堆放在畦面上，按照上述基质配方中要求的单位面积用料量铺料，保证适当厚度，让培养料内温度下降到 30℃以下，同时使培养料中的氨气散发。遇到下雨时，需在料上覆盖塑料薄膜防雨淋；晴天则要盖上草帘，防止培养料中水分蒸发而干燥。

5. 整理料面 用手将铺料抖松散，干湿料混匀，将料面调平整，尽量使培养料厚度在20～25厘米之间。注意不要将培养料压得太紧，否则，培养料透气性差，会因氧气供应不足而影响蘑菇菌丝生长。堆放2～3天，让培养料中的氨气全部散发掉，直至料中没有氨气味时才可播种。

6. 下播菌种

（1）播种时间 播种时宜在阴天进行，晴天应在早晨和傍晚进行，中午太阳大时不宜播种，否则菌种和培养料会因失水而干燥，影响菌种萌发生长。雨天不能播种，以免雨水淋湿培养料。

（2）播种方法 播种方法因使用栽培菌种基质类型不同而采取不同方法。一般，麦粒菌种应采取撒播法，发酵料菌种采取层播法和穴播法。

①撒播法 首先，将筷子或铁钩周身从火焰上飘过，进行表面杀菌。然后，用筷子或铁钩从菌种瓶中将麦粒菌种掏出，装在干净盆子里。最后，手经过酒精消毒后直接抓取菌种，按照亩用种量400～500瓶，均匀地将麦粒菌种撒在料面上即可。种粒会"星罗棋布"地落入料面和料内。

②层播法 首先用利刀去掉发酵料菌种的塑料袋，然后将菌种分成块状，大小如鸡蛋，不能分成细粒或粉状，否则会降低菌种萌发率。取2/3菌种均匀地分放在料面上，播完第一层菌种后，从邻近畦上取1/3培养料覆盖在菌种上，然后再在料面上播上余下的1/3菌种。共播两层菌种。最后，用手轻拍料面，让菌种与培养料充分接触。

（3）遮盖菌床 播下了菌种的培养料，被称为菌床。播种后，一般可直接对菌床料面进行覆盖土壤，这样既可避免培养料水分散发，又能提早出菇。但是，若遇到土壤水分含量较高，无法进行覆盖土壤时，在料面上应覆盖塑料薄膜和草帘，用来保温保湿，让菌种很快萌发出新菌丝并进行生长。3天后，每天揭开塑料薄膜和草帘通风换气1次。7天后，方可在料面上再行覆盖土壤。

7. 覆盖土壤

（1）**准备土壤**　用于菌床料面覆盖的土壤可就地就近挖取，来源有两个：一是在开畦做床时，挖取畦间留出60厘米宽人行兼作业道上的土壤，并且挖土后留下的畦沟则成为排水沟；二是挖取附近免耕田内的土壤。

取行道土的方法：先将距地面3～5厘米深的地表土铲取放在菌床边，再挖松其下层土壤，打碎呈鸽蛋大小、粗2～2.5厘米的细土粒来作为覆盖用土。挖取的土壤含水量以手捏能扁，并可搓成圆形而不粘手为宜，若含水量低时，则要洒水加以调节。覆土的土粒不宜过大，否则，蘑菇菌丝在大块土下发生的菇体前期会被隐藏而不易被发现，被俗称"地雷菇"，等其"冒出"来时已经被挤压成畸形菇，或者长成很大的菇体，没有了商品价值。

（2）**覆土方法**　将准备好的土壤均匀地覆盖在菌床料面之上，要求用土将培养料完全覆盖住，覆土厚度掌握在3.5～4厘米为宜。取土后留下的畦沟，要求畦沟底部平整，顺着沟道走向，沟道底部一头高而另一头低，高的一头向低的一头顺势逐渐低下去，这样排水通畅，畦沟不会长期有积水，以避免菌床内进去大量的水，影响发菌。

8. 露地草帘覆盖发菌管理　双孢蘑菇菌丝生长和子实体发育均无须光线。因此，在菌床料面覆土后应对菌床进行遮光，让双孢蘑菇菌丝在无光照条件下很好发菌。室外田间栽培蘑菇，通常采取草帘覆盖和搭建塑料荫棚两种方式来遮挡阳光；覆土后通过浇水、适当调控环境温度等措施，促进蘑菇很好发菌。

（1）**草帘准备**　使用干燥未霉变的干稻草来制作草帘。用竹板或竹片将稻草基部夹住并编制成帘子状即可。要求草帘编制厚度为2～3厘米，即不透光为度；长度2米左右。草帘数量根据栽培菌床面积大小而定。

（2）**覆盖菌床**　培养料面覆土后，立即用两扇草帘并排着将菌床完全覆盖起来，不让菌床裸露；同时，在草帘上再加盖一层塑料薄膜，既防止雨水进入菌床，又对培养料进行保温保湿，让菌种萌发新菌丝、菌丝尽快吃料和生长。

（3）**揭膜通气**　7 天以后，晴天需揭去塑料薄膜，增加通透性，降低土壤水分，促使菌丝向下生长，抑制菌丝在土表大量生长。但在晚上和雨天要盖好塑料薄膜，防止雨水淋湿菌床，使培养料含水量增高，菌丝吃料生长不良，甚至菌种死亡。

（4）**补充水分**　覆土 15 天后观察覆土层水分状况，若土壤呈灰白色，表明覆土偏干，则要向土面喷水，进行水分补充。宜少喷勤喷，每次不宜喷水过多，喷水量以水刚好湿透土层而没有到达料层为宜，切勿将水淋透到培养料内，以免培养料因含水太多而影响发菌甚至窒息死亡。这样也能促使蘑菇菌丝体向湿润土层内生长，为出菇奠定条件。

9. 田间荫棚遮阳发菌管理

（1）**荫棚搭建**　田间荫棚搭建有塑料小拱棚和塑料中棚两种类型。

①塑料小拱棚搭建　塑料小拱棚又有两种类型，一种为弧形拱棚即顶部弧形，这种小棚具有易保温保湿、建造简便等优点，在生产上可大面积应用。另一种为"人"字形塑料小拱棚，这种小棚便于在塑料棚上覆盖草帘，防止阳光直晒和在冬季有利于保温。在塑料小拱棚内地面做畦时，可将畦面宽度做成 120 厘米，畦沟宽度做成 60 厘米。

弧形塑料小拱棚搭建方法：用竹板或细竹竿制作棚架，在菌床边缘插上竹板或细竹竿，弯曲成弓形，相距 40～50 厘米插一根，顶部距床面 40～50 厘米，然后覆盖黑色塑料薄膜。

"人"字形塑料小拱棚搭建方法：在菌床中部立一根高 50 厘米的竹竿，相距 1～1.5 米立一根，在顶部放上一根竹竿，固定在立柱上。再取竹竿斜放在横竿上，相距 50 厘米放一根。最后盖上黑色塑料薄膜，两侧相隔40～50厘米，用土块压实两侧塑料薄膜。

②塑料中棚搭建　在播种之前，即在最后一次翻堆时，搭建好塑料薄膜棚。用竹竿、木桩、草帘和黑色塑料薄膜等材料，一般建成棚宽5米、高1.8米、长20～25米的荫棚。

搭建方法：先用竹竿制作棚架，棚架中部高1.8米，在地面间隔0.5米插入一根竹竿，将竹竿弯曲成弧形，制作成拱形棚架，或者制作成屋脊式棚架，棚架要求牢固结实，抗风吹雨淋。最后在棚架上盖上黑色塑料薄膜，两侧间隔40～50厘米，用土块压实塑料薄膜，再在塑料棚上放上绳子，将绳子的两端固定在地面木桩上，防止大风掀开塑料薄膜。在棚的两端用草帘遮挡，这样既有利于通风透气，又遮光、保湿。在一端中部开一个高1.5米、宽1米的门。最后在棚的四周开好排水沟，间隔1米，再建另一个塑料中棚。

地面做畦：在棚内地面中部开一条0.6米宽的沟，在两侧横向开畦，畦宽为0.8～1米，畦与畦之间宽为0.6米，用作人行道和取土覆盖之用；或者以棚走向开畦，中部畦宽1.2米，靠棚两侧的畦宽0.6米，畦与畦之间相距0.6米。

（2）**发菌管理**　播种覆土后10天内为菌种萌发生长并向料层内生长的阶段。此阶段主要做好温度和水分管理。其做法是：将塑料棚两端敞开或者用草帘遮挡，两侧的塑料薄膜间隔40～50厘米用土块压着。若为"人"字形塑料小拱棚，为了防止阳光照晒使棚内温度升高，应在塑料棚上盖草帘来防晒。增加棚内通风量的目的是：防止棚内出现高温，抑制双孢蘑菇菌种萌发生长；同时让覆土层土壤水分适当减少，促使菌丝向料层内生长，抑制菌丝向土表层生长。

10. 出菇管理

（1）秋季管理

①菌丝扭结形成原基阶段

一是喷施结菇水。结菇水是指覆土层菌丝体完全生长后，间歇地向覆土层喷重水，以促进菌丝体扭结形成原基的水分，也称诱菇水。当菌丝大面积长至覆土层1/2时，保持土层湿润。一般，在覆土20天后，气温已下降到20℃以下，覆土层表面生长有80%左右蘑菇菌丝体，这时就应该喷施结菇水，以促进菌丝形成菌索，并进一步扭结形成原基。

喷施用水使用清洁井水、河水等，不可用污染的水。早、晚喷水，连续2～3天。喷水量为平时的2～3倍，以湿透土层但水又未漏至培养料为度，否则，若培养料内积水，菌丝体萎缩死亡而不结菇。土壤含水量达到手捏能扁，手搓成圆，不粘手为宜。遇气温高于20℃时，应减少喷水量，增加通风量，推迟结菇水的喷施。若土壤含水量适宜，则不喷水。

结菇水喷施方法：若用洒水壶浇水，则在覆土层上来回移动浇水2～3次，浇水速度要快。最好用喷雾器喷雾状水，喷头朝上或稍微向上倾斜，喷水力度掌握在以不冲伤菌丝体为宜。

二是通风换气。在每次喷结菇水后，掀膜揭帘，加大通风量，通风量是平时的3～4倍，增加棚内和土层中氧气量，排出二氧化碳，降低环境空气湿度，抑制土层中蘑菇菌丝大量向土表层蔓延，以促进蘑菇从营养生长转向生殖生长，菌丝扭结形成原基。喷水后，在菌床上只盖草帘，以增加菌床的通气性；下雨时和晚上才盖上塑料薄膜，防雨淋。

②菇蕾发育成子实体阶段

一是喷施出菇水。出菇水是指原基发育成绿豆或黄豆大小的菇蕾时，间歇向覆土层喷重水，以促进菇蕾发育成完整子实体的水分，也称维持水。一般，喷结菇水后5天左右，可见土层土粒缝中会出现黄豆大小的菇蕾，这时就应喷施结菇水。目的是补充土壤水分，增加菌床湿度，满足幼菇发育所需水分供应，同时防止菇蕾因失水而死亡。

喷水量要根据土壤含水量和天气情况来定，当土壤干燥呈灰白色时，需及时喷水调湿土壤，喷水要做到少喷勤喷，切勿一次性喷水过多，否则幼菇会死亡。若土壤含水量适宜则不喷水，始终保持土壤呈湿润状态。早、晚喷水，连续2～3天。喷水量及喷水方法与喷结菇水类似，喷水力度掌握在以不冲伤原基和菇蕾为度。保持棚内空气相对湿度在85%～90%。

二是通风换气及温度调控。此期间棚内通风要结合气温变化情况协调管理，尽量将出菇环境温度调控至20～22℃。注意在高温时要在早、晚多通风，雨大时多通风。一般只盖草帘，但在晚上和雨天须在草帘上盖塑料薄膜。若超过23℃则在早、晚揭开草帘和薄膜等覆盖物，延长通风时间，加大通风量。否则，菇蕾在高温条件下发育出来的菇体小、菇薄、易开伞，商品性差。

一般，在喷施出菇水后、环境也适宜的情况下，经过3天时间，幼菇发育成菇体圆整、表面光滑和菇体洁白的成熟子实体。要求菌柄长到3.5～4.5厘米、菌盖直径2～3厘米时，即可采收菇体。

（2）越冬管理　秋季已经大量出菇，进入冬季，就很少有菇长出，进入越冬阶段。这期间，借助低温停止出菇，让菌丝体进入"休眠阶段"，即让蘑菇菌丝体能够维持基本生命活动而又不死亡。在管理上主要采取菌床保暖和维持培养料及覆土层基本水分的措施，使菌丝体不致被冻结和干枯死亡。

冬季尤其是严冬，一定要用草帘和塑料薄膜覆盖菌床，尽量少通风。在1～2月，当气温下降到10℃左右时基本不喷水，让其自然出菇，会有零星出菇；需间隔2～3天采收一次菇，避免菇体长大成熟后腐烂，招致病虫危害。当气温降至5℃时，每周可向菌床上喷水1～2次，喷水量尽量少，保持土壤不发白、稍微湿润即可，以免菌丝因缺水而干死。

（3）春季管理　3～4月春天来临，气温逐渐回升，可对菌床进行管理，生产春菇。当气温回升到12℃以上时，重点采取补充水分的措施，及时诱导出菇，赶在气温上升至23℃之前多出菇，否则，超过23℃后就不易出菇。

春菇的用水量要比秋菇大，通过加大结菇水用量来增加出菇量。补充水分的方法：一是用洒水壶洒水，淋透土壤，并让部分水进入培养料。二是能自流灌溉的，在厢沟内淹水，当沟内出现积水且还未到达料层时，需及时排水，通过培养料下层土壤潮湿来补充培养料内水分；同时在菌床上洒水，调湿土壤。三是在小雨天揭去塑料薄膜，让雨水淋湿草帘和土壤来补充水分。

出菇期间，仍然盖好草帘，雨天则要在草帘上覆盖塑料薄膜。

由于经过秋季和冬季出菇后，培养料中养分消耗较大，长出的菇个体小，盖薄易破膜开伞，因此采菇要及时，避免长成薄皮菇和开伞菇。气温达到 20℃以上时，每天须采收 2 次。若在洒水时结合进行追肥，如喷洒酵母粉浸出液、豆浆水等，有利于提高蘑菇产量和品质。

（五）室内层架栽培

室内层架栽培（图5-2），是指在砖墙菇房和大棚菇房内搭建层架，将二次发酵后的培养料铺于层架中，播下菌种、覆土，进行发菌和出菇管理的过程。室内层架栽培与室外田间栽培相比，尽管搭建层架的费用投入较高，但是，出菇产量较高、

图5-2　双孢蘑菇子实体

品质较好，而且较为稳定，多在福建、浙江等地采用。

1. 菇房建造　菇房是指用于栽培出菇的建筑物。我国各地室内栽培双孢蘑菇的菇房主要有砖瓦菇房和大棚菇房两类建筑物。下面介绍福建省使用的两种菇房的搭建规格和特点。

（1）砖瓦结构菇房　用砖砌成墙体、房顶盖瓦，建造出来用作栽培出菇的房屋。

①漳州高层砖瓦栽培房　单体房屋建造规格为高5～6米，长12～15米，宽8～9米，边高6～7米，中高6～7米。地面用混凝土浇灌而成，屋顶用大片石棉瓦呈瓦状覆盖。房内床架排列方向与菇房方向垂直，层架分8～12层，底层距离地面0.3米，层间距离0.45米，顶层距离房顶1米左右。床架间通道两端自上而下间隔50厘米处开设通风窗，窗口大小0.3米×0.4米。

这种菇房栽培面积为350～550平方米，具有保温保湿性能好和栽培空间利用率高的优点，但也有层间距太小、不利于通风的不足之处，遇到外界气温较高且持续时间较长时，易引起烧菌、菌丝萎缩和死菇等。

②闽中多层砖瓦栽培菇房　单体房屋建造规格为高5～6米，长12～15米，宽10～12米，边高5～6米，中高6～7米。地面用混凝土浇灌而成，屋顶用大片石棉瓦呈瓦状覆盖。房内床架排列方向与菇房方向垂直，床架长9～10米，宽约1.4米，6～10架。菇床分7～8层，底层距离地面0.3米，层间距离0.55米，顶层距离房顶1.5米左右。床架间通道中间的屋顶设置拔风筒，筒高1米左右、内径0.3米，共设置5个。拔风筒顶端装风帽，大小为筒口的2倍，帽缘与筒口平。菇房在中间通道或第二、第四、第六通道处开门，宽度与通道相同，门上开设地窗。

这种菇房栽培面积为400～700平方米，保温保湿性能有了明显提高，通风良好。

（2）塑料大棚菇房　用竹竿、木板条、草帘、塑料薄膜等搭建出来用作栽培出菇的房屋。

福建省标准化菇房就是塑料大棚菇房，主要用毛竹搭建菇房与菇床骨架，外披塑料薄膜，再覆盖草帘。其单体建筑规格为长11.5米，宽7.5米，边高4.5米，中高5.5米。

床架排列方向与菇房方向垂直。两侧操作的床架长6米、宽1.5米，共4架；单侧操作的床架长7.5米、宽0.9米，共2架。菇床分5层，底层距离地面0.2米，层间距离0.66米，顶层距离房顶 1 米以上。在床架间与床架两头设宽 0.7 米的通道。床架间通道两端各开上、中、下纱窗，窗口大小 0.3 米×0.4 米，床架间通道中间的屋顶设置拔风筒，筒高 1 米左右、内径 0.3 米，共设置 5 个。拔风筒顶端装风帽，大小为筒口的 2 倍，帽缘与筒口平。菇房设置 1~2 扇门，在中间通道或第二、第四通道处开门，宽度与通道相同，门上设地窗。建造每个菇房需使用毛竹 1000~1200 千克，尾竹 2000 千克，草帘 200 千克，5~6 丝厚塑料薄膜 25 千克，铁钉和铁丝 8 千克，木板条、砖块和石块若干。

这种菇房栽培面积为 230 平方米，具有使用效果好的优点，是福建省的标准化蘑菇栽培菇房。

2. 二次发酵 二次发酵是指培养料在经过前发酵（一次发酵）之后，再次进行后发酵（二次发酵）的过程。室内层架栽培双孢蘑菇，通常都使用经过二次发酵的培养料，进行栽培出菇。

（1）二次发酵目的 一是通过巴氏消毒法来杀灭培养料中尚存的有害生物体，如有害微生物和害虫的产卵等。二是让有益菌群继续活动繁衍，将培养料不断降解成为只适合蘑菇菌丝利用的选择性营养堆肥。达到减少蘑菇病虫害和提高产量的最终目的。

（2）二次发酵方法

①**菇房消毒** 以栽培面积 230 平方米的菇房为例，在菇房内用甲醛 4 克和敌敌畏 1 克熏蒸，密闭房间 24 小时之后，开启门窗通风，排出废气后即可进料。

②**趁热进料** 将经过前发酵的培养料，趁热迅速搬进菇房，堆放于床架中。若为填料量少于 25 千克/米^{2}的菇房，则培养料应堆放在中间 3~5 层床架上，厚度自上而下递增，分别为 30 厘米、33 厘米和 36 厘米，要求堆料疏松、厚薄均匀。若为填料量达到 35 千克/米^{2}的菇房，则将培养料分层定量填料，发酵后就可直接进行整床播种。

③**升温培养** 密闭门窗，不得漏气，让培养料自热升温。依料温上升情况启闭门窗，适当换气，调节吐纳量，促其自热达到

48～52℃，培养 2 天。待料温趋于下降时再进行巴氏消毒。

④巴氏消毒　每座菇房可采用由 4 个汽油桶改装成的蒸汽发生炉灶，向菇房内通入热气对培养料进行加热，使料温和室温达到 60～62℃，时间 6～8 小时。

⑤控温培养　之后，压炉火使温度保持在 48～52℃，继续培养 3～5 天，每天小通风 1～2 次，每次通风数分钟。这样，可有效杀灭培养料中的杂菌和害虫。

二次发酵效果好的质量标准：培养料颜色呈棕褐色，腐熟均匀，富有弹性，轻拉秸秆料易断；具浓厚特有的料香味，无氨气等异味；含水量 65%；料内及床架上长满白色、可供蘑菇优先利用的嗜热性微生物菌落，使培养料具有较强的选择性。

3. 播种发菌

（1）**降温整料**　开启门窗，加大通风量，让料温降至 25～30℃时，将培养料均摊到各个层架内，上下翻透，抖松混匀，料层厚度掌握在 20 厘米左右。若培养料偏干，则可适当用冷开水调制的石灰水一边喷洒一边翻料，使之干湿均匀。若培养料偏湿，则应抖松培养料，开启门窗，加大通风量，让流动空气将料中水分带走，以降低培养料水分含量。然后，将培养料料面整理平整。

（2）**下播菌种**　当培养料温度稳定在 28℃左右，同时外界气温在 30℃以下时进行播种。使用麦粒栽培种，每平方米播种量为 1 瓶（容量 750 毫升）。将种粒撒播于培养料面，并部分轻翻入料内，稍压实让料、种接触，平整料面。

（3）**发菌管理**　播种后 2～3 天内，关闭门窗，保持较高湿度，促进菌种萌发新菌丝。若料温超过 28℃，则应适当通风降温。3 天后，可见到种粒上萌发出白色菌丝并向料表生长时，进行适当通风。7～8 天，菌丝生长基本丰满料面时，应逐渐加大通风量，控制菇房内空气相对湿度在 75%～80%，促使菌丝整齐地往下蔓延吃料。发菌时间长短因填料量多少和播种后菇房温度高低而有所不同，在正常情况下一般播种后 20～35 天菌丝可发菌生长至培养料底部。

4. 覆土管理 蘑菇菌丝长满培养料后，需要在料面覆盖土壤，才会长出子实体。

（1）**土壤材料** 国内用于蘑菇覆土的土壤材料主要有稻田土、菜园土、冲积壤土、池塘沉积泥、河泥、红壤土、黄壤土和草炭土等。蘑菇主产区大多采用稻田土耕作层20厘米以下的土壤。

（2）**取土消毒** 挖取稻田土耕作层20厘米以下的土壤，栽培面积230平方米的，用土量为10立方米，约9000千克；尽量打碎成直径1～1.5厘米大小的土粒，在烈日下暴晒至土粒无白心后装入编织袋中，置于洁净阴暗处备用。

使用之前先用石灰水100～150千克与土粒混合均匀，pH值调节至7.5左右；再用5%甲醛溶液80千克均匀喷洒土粒，盖上塑料薄膜，密闭消毒24小时后摊开，让甲醛充分挥发至无甲醛气味为止。

（3）**覆盖土壤** 覆土时，在料面上一般先盖放1层厚2.5～3厘米的粗土粒，然后再在粗土粒层上盖放细土粒，厚约1厘米。太细的土粒可与适量谷壳拌匀后覆盖。整个覆土层厚度控制在3.5～4厘米为宜。

（4）**调节水分** 覆土后对土层进行轻喷浇水，在2天内喷水3～4次，逐步将土壤含水量调节至适宜蘑菇菌丝生长的水分含量，要求达到"手捏成团、掉地即散"为宜。菇房空气相对湿度控制在90%左右。

（5）**预防杂菌** 覆土3天后，栽培面积230平方米的，可用400克灰霉克星蘑菇专用高效杀菌剂加水160千克，均匀喷洒于覆土层上，以预防疣孢霉、绿霉、青霉等真菌性杂菌。3天后加大通风量，利于菌丝爬土。

5. 出菇管理 一般，蘑菇秋季播种后，在秋季、冬季和春季出菇。出菇管理，按季节重点进行水分管理。

（1）**秋季管理** 覆土12天左右，土缝中见到蘑菇菌丝时及时喷施结菇水，早、晚喷水，连续2～3天，喷水量为平时的2～3倍，总喷水量达到4.5千克/米²左右，以土层系住水分但水分又漏到料面为度。同时，加大通风量，通风量较平时大3～4倍，促使结菇。

喷施结菇水后5天左右，从土缝中冒出黄豆大小的菇蕾时，就应及时喷施出菇水，早、晚喷水，连续2～3天，总喷水量同结菇水。菇房用水要求洁净、符合卫生标准。喷重水后应及时加大通风量。23℃高温时不易喷水，以免引起死菇。一般菇蕾经过3天后发育成熟，即可采收。

（2）**冬季管理** 当气温下降到10℃左右时基本不喷水，让其自然出菇，会有零星出菇，让蘑菇菌丝开始进入冬季休眠阶段。当气温降至5℃时，每周可向菌床上喷水1～2次，喷水量尽量少，保持土壤不发白、稍微湿润即可。当气温低于0℃时，每周喷水1次，喷水量约0.45千克/米²，以免菌丝因缺水而干枯致死。严冬时应加强菇房保温措施，尽量少开门窗，在中午适当通风，保持菇房内空气流通即可，并且无结冰现象发生。

（3）**春季管理** 春天气候变暖。当气温回升到10℃左右时，对覆土进行松动，清除死菇与老根，喷施发菌水，喷1次/天，连续2～3天，总用水量约为3千克/米²，增加通风，排出菇房内和培养料中废气，让蘑菇菌丝恢复生长。气温低于16℃时中午通风，到20℃左右时早、晚通风。温度偏高时要注意采取延长开启门窗时间来降低温度，减少薄皮菇发生，以获得较高产量和提高出菇质量。

第六章
金针菇生产技术

金针菇又名构菌等（图6-1）。金针菇营养丰富，每100克鲜菇中含蛋白质2.72克、脂肪0.13克、糖类5.45克、粗纤维1.77克、铁0.22毫克、钙0.097毫克、磷1.48毫克、钠0.22毫克、镁0.31毫克、钾3.7毫克、维生素 B_1 0.29毫克、维生素 B_2 0.21毫克、维生素C 2.27毫克。每100克干金针菇中所含氨基酸总量高达20.9克，其中人体必需的8种氨基酸占氨基酸总量的44.5%，尤其是赖氨酸和精氨酸含量分别高达1.02克和1.23克。赖氨酸具有增强儿童智力发育的作用，故金针菇被美称为"增智菇""一休菇"。具有抗肿瘤、抗病毒、抗疲劳、抗过敏、降低胆固醇和保护肝脏等作用。菇盖滑爽、菇柄脆嫩、味鲜，深受东南亚各国人们喜爱。

我国早就开始了金针菇半人工栽培，1980年后开始了商业化纯人工栽培。金针菇是目前我国栽培食用菌的主要种类之一，有黄色菌株和白色菌株之分。据中国食用菌协会统计，2017年全国

图6-1　金针菇子实体

金针菇产量为 247.92 万吨，在食用菌中位居第五位。目前我国金针菇栽培主要是代料栽培，包括利用自然气温进行的熟料塑料袋式农法栽培和温光水气自动控制的熟料塑料瓶工厂化栽培。全国各地几乎均有不同规模的金针菇生产，工厂化生产金针菇具有投资特别大的特点，农法生产金针菇的投资相对较小而适宜广大农户所采用，本章主要介绍适宜于农户的金针菇生产技术。

一、基本生育特性

（一）营养需求

金针菇属腐生真菌，营腐生生活特性。棉籽壳、棉渣、玉米芯、杂木屑等可作为金针菇的营养物质。

（二）环境需要

1. 菌丝体生长

（1）**温度** 金针菇菌丝生长温度范围为 5～34℃，最适生长温度为 20～23℃。其中黄色品种菌丝生长最适宜温度为 23℃，白色品种菌丝生长最适宜温度为 18～20℃。

（2）**光线** 金针菇菌丝生长不需要光照，过强光照抑制菌丝生长。

（3）**水分及空气湿度** 金针菇属喜湿性菌类，菌丝生长需要培养料适宜含水量为 65% 左右，需要环境适宜空气相对湿度在65%～70%。

（4）**空气** 金针菇属好气性真菌，菌丝生长需要充足氧气，环境空气中氧气不足时菌丝生长活力下降，呈灰白色。

（5）**酸碱度** 金针菇喜弱酸性生活环境，菌丝生长需要 pH 值范围为 3～8.4，最适 pH 值 4～7。

2. 子实体形成和生长

（1）**温度**　金针菇属低温型恒温结实性菌类，子实体形成和生长的温度范围为 5～20℃，其中黄色菌株为 7～20℃，最适为 8～12℃；白色菌株为 5～16℃，最适为 6～10℃。温度偏低，菇体发育健壮；温度偏高，生长快但品质较差。

（2）**光线**　金针菇在黑暗条件下能够形成原基，菌柄要生长，但是不分化菌盖，因此，光线是子实体成熟所必需的条件。在弱光照条件下产生的菇盖和菇柄颜色浅，且菌柄基部无绒毛和色素，品质好。在强光照条件下产生的菌柄短、菌盖开伞快，颜色深，品质差，商品价值低。

金针菇子实体生长具有强烈的向光性，菌柄分化后如果不断改变光线来源的方向，那么菌柄会扭曲生长，造成菇体没有卖相。

（3）**水分及空气湿度**　金针菇原基形成需要环境空气相对湿度保持在 85% 左右，子实体发育生长需要环境空气相对湿度保持在 90% 左右。培养料含水量太高和环境空气湿度过大，容易发生根腐病等病害和虫害；湿度过小，菇体容易枯萎。

（4）**空气**　金针菇需要有充足的氧气供应，菌丝才能扭结形成原基，原基分化出菌盖、菌蕾形成需氧量较大。

菇房空气中二氧化碳含量是影响金针菇菌盖大小和菌柄长短的主要因素。据 Plunkett（1956）报道，金针菇的菌盖直径随着二氧化碳含量（0.06%～4.9%）的增大而变小，二氧化碳含量超过 1% 就会抑制菌盖的发育，较高浓度的二氧化碳会促进菌柄的伸长，但超过 5% 时就不能形成子实体。又有报道，当菇房空气中二氧化碳含量增高至 5 000～6 000 微升/升时，金针菇菌盖生长受到抑制，菌柄伸长，子实体菌盖小而菌柄长，商品性好。若二氧化碳含量过高，则菌盖生长完全受到抑制，会形成菌柄长、无菌盖的针头菇，商品性差。人们以食用金针菇菌柄为主，因此，栽培中当金针菇子实体长出袋口或瓶口 1～2 厘米时，常常采取在袋口或瓶口处套上套塑料袋或纸筒的措施，提高局部二氧

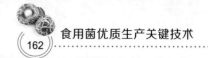

化碳含量，抑制菌盖生长，促进菌柄伸长，以培育出菌柄长、菌盖小的优质金针菇子实体。

（5）酸碱度　金针菇子实体形成所需培养料最适 pH 值为 5～6。

二、优良品种

（一）主要栽培品种

近年，山东省主栽金针菇品种或菌株有金杂 19 号、金针菇 SD-1、金针菇 SD-2、金白 1 号、金针 913 等；四川省有川金 3 号、川金 4 号、川金 6 号、F2153 等；浙江省有江山白菇（F21）、FL8903、雪秀 1 号等；河北省有苏金 6 号、黄金 1 号、黄 064、Fv093、日金 1 号、1011 等。

（二）审认定新品种

审认定的金针菇品种有 F7、川金 2 号、川金 3 号、川金 4 号、川金 6 号、金杂 19 号、明金 1 号、江山白菇、F0306（A30）、A47、D113。

（三）品种特征特性

1. 金杂 19 号　菌盖淡黄色，圆形，表面光滑，中部突起，边缘内卷；菌柄淡黄色，少绒毛，无鳞片，见光后基部褐变。产量高，抗逆性好。催蕾方法和条件：在 5℃以上，有昼夜温差，有散射光，空气相对湿度 85%～90%。子实体生长适宜温度 8～16℃，空气相对湿度 80%～90%。生物学效率 90% 以上。

2. 金针菇 SD-1　子实体丛生、直立，纯白色；菌盖半圆球形，边缘内卷，不易开伞；菌柄韧性较强，基部有细密白色绒毛，粘连少，无褐变。适宜工厂化温控菇房栽培。出菇适宜温度

5～10℃，空气相对湿度85%～90%。灯光诱导，二氧化碳浓度0.15%左右。生物学效率120%以上。

3. 金针菇SD-2 子实体丛生，乳黄至淡黄色；菌盖淡黄色，近半球形，顶部稍凸起；菌柄上中部乳白至乳黄色，下部浅黄至黄色，基部有褐变及少量黄色绒毛。子实体生长发育适宜温度6～19℃。出菇期菇房温度控制在7～15℃为宜，空气相对湿度80%～90%，有散射光，二氧化碳浓度控制在0.12%左右。生物学效率125%以上。

4. 金白1号 菇体纯白色，一、二潮菇出菇整齐，不易开伞，菇柄粗细中等；菇柄挺直光滑，根部不粘连，口感脆嫩；菇盖小球形。出菇温度范围5～22℃。上市较早。生物学效率110%以上。

5. 金针913 菇体浅乳黄色，一、二潮菇出菇整齐，色泽较好。菇柄从顶部自上而下为浅白色，基部乳黄色，柄长、硬挺，基部不褐变；菌盖小球形，不易开伞。出菇温度5～15℃。生物学效率110%以上。

6. F7 子实体小型，近半球形；菌盖幼时浅黄色，渐变深至黄色。子实体形成适宜温度12～15℃，空气相对湿度90%左右，空气新鲜，有散射光。生物学效率110%～140%，其中，一、二潮菇占总产量的80%左右。

7. 川金2号 子实体小型，伞状；菌盖黄褐至褐色。子实体形成适宜温度10～15℃，空气相对湿度90%～95%，空气新鲜，有散射光。抗青霉和木霉能力较强。棉籽壳主料栽培生物学效率90%左右，其中一潮菇占总产量的50%左右，二潮菇约占30%，三潮菇约占15%，四潮菇约占5%。适宜于各金针菇产区秋末、冬季和初春栽培。

8. 川金3号 子实体中大型；菌盖黄褐色至褐色。子实体形成适宜温度10～15℃，空气相对湿度90%～95%，空气新鲜，有散射光。棉籽壳主料栽培生物学效率90%左右，其中一潮菇占总产量的 60% 左右，二潮菇约占 35%，三潮菇约占 3%，四潮菇约占 2%。适宜于各金针菇产区秋末、冬季和初春栽培。

9. 川金 4 号 子实体丛生；菌盖黄色，半球形；菌柄上端近白色，基部浅黄色，中生、圆柱状，基部无绒毛，粘连度低，质地较硬。菌柄长度与直径比为 59.3：1，菌柄长度与菌盖直径比为 26.7：1。口感嫩、柔、清香。子实体形成适宜温度 12～15℃。生物学效率可达 94%。适宜于四川省及相似生态区域栽培。

10. 川金 6 号 子实体丛生；菌盖黄白色，半球形；菌柄上端近白色、基部浅褐色，中生、圆柱状，基部有少量绒毛，粘连度中等，质地较硬。菌柄长度与直径比为 57.8：1，菌柄长度与菌盖直径比为 25.5：1。口感嫩滑、柔、清香。出菇温度控制在 12～15℃，光照强度 5～30 勒。生物学效率 95%。

11. 明金 1 号 菇体淡黄色；菌盖淡黄色，圆形，表面光滑，中部突起，边缘内卷；菌柄淡黄色，少绒毛，无鳞片，基部见光后褐变。产量高，抗逆性好。催蕾需 5℃ 以上昼夜温差刺激，有散射光，空气相对湿度 85%～95%。子实体生长适宜温度 8～16℃，空气相对湿度 85%～95%，空气新鲜和有散射光。生物学效率 90% 以上。适宜于除热带外各地栽培，一般 10～12 月接种。

12. 江山白菇 菇体纯白色，丛生；菌盖半球形，菌肉厚，不易开伞；菌柄成熟时柔软、中空、不开裂、不倒伏，下部生有稀疏绒毛。抗木霉能力较强。子实体形成适宜温度 8～15℃，空气相对湿度 85%～90%。棉籽壳主料栽培生物学效率 100%～150%，其中一潮菇占总产量的 50% 左右，二潮菇约占 30%，三、四潮菇约占 20%。适宜于长江以南地区栽培，9 月下旬至 10 月底接种，11 月底至翌年 3 月出菇。

13. F0306（A30） 子实体白色，丛生；菇体紧实，口感嫩、滑、脆。10℃ 下可贮存 5 天。菌盖幼时球形至半球形，逐渐展开至平坦，中央略带黄点，表面光滑、有胶质薄皮，湿时有黏性，边缘内卷；菌柄白色、硬直，表面光滑。子实体生长温度不宜超过15℃。以棉籽壳、蔗渣和麦麸为主料的熟料工厂化栽培，生物学效率为70%～85%。

14. A47 子实体白色、丛生；菇体紧实，口感嫩、滑、脆。10℃下可贮存5天。菌盖幼时球形至半球形，逐渐展开至平坦、中央略带黄点、有胶质薄皮，湿时有黏性，边缘内卷；菌柄白色、硬直，表面光滑。子实体生长温度不宜超过15℃。以棉籽壳、蔗渣和麦麸为主料的熟料工厂化栽培，生物学效率为60%～80%。

15. D39 子实体白色、丛生，质地紧实，菌柄较细。口感细嫩、润滑、脆。10℃下可贮存5天。菌盖白色、半球形，表面有胶质薄皮，湿时有黏性，边缘内卷；菌柄白色、硬直，表面光滑。子实体生长温度不宜超过15℃。以棉籽壳、蔗渣和麦麸为主料的熟料工厂化栽培，生物学效率为70%～85%。

16. D113 子实体白色、丛生；菇体紧实，口感嫩、滑、脆。10℃下可贮存5天。菌盖白色、半球形，表面光滑，有胶质薄皮，湿时有黏性，边缘内卷；菌柄白色、硬直，表面光滑，中等粗细。子实体生长温度不宜超过15℃。以棉籽壳、蔗渣和麦麸为主料的熟料工厂化栽培，生物学效率为75%～87%。

17. 2153 菌盖黄白色，菌柄基部有绒毛。最适出菇温度10～13℃。

18. FL8903 菌柄较硬挺，基部多粘连、有绒毛。出菇最适温度12～13℃。浙江省工厂化再生栽培法的主要品种之一。

19. 雪秀1号 菌柄直挺壮实，基部绒毛少，口感好，爽滑脆嫩，略带甘甜味，耐贮存。最适出菇温度8～9℃。浙江省工厂化瓶袋栽培的主要品种。

20. 苏金6号 菇体黄色，不易开伞。原基形成最适温度12～15℃。生物学效率110%～130%。

21. 黄金1号 抗病力较强，出菇整齐，菇体淡黄色，不易开伞，菌柄褐变少，商品性好。子实体生长最适温度 4～18℃。生物学效率 120%。河北省适合在春节前后出菇。

22. 黄 064 原基形成最适温度 10～12℃，子实体生长最适温度 3～16℃。出菇 3 潮以上，菇体近白色，生物学效率 110%～120%。河北省适合在春节前后出菇。

23. Fv093 菇体洁白，适合鲜销、制罐及冷冻出口的食品要求。出菇适宜温度 7～12℃。是河北省的主栽品种。

24. 1011 出菇整齐，菌柄粗，不易开伞，商品性好。出菇温度 4～18℃。生物学效率 60%～80%。特别适合北方半地下式菇棚栽培。

三、代料栽培关键技术

金针菇代料栽培（图 6-2），目前主要指熟料袋式栽培，是指将配制的培养料装入塑料袋内进行灭菌，然后接种、菌丝培养和出菇管理的过程。生产工艺流程为：原料准备→菌袋生产→发菌管理→出菇管理→采收保鲜。

（一）季节安排

利用自然气温栽培金针菇，在我国北方地区一年可安排两次

菌袋卧式袋口出菇　　　　　　　菌袋立式袋口出菇

图 6-2　金针菇出菇

栽培。第一次于9月上旬开始接种发菌，10月下旬、11月出菇。第二次于1月接种，室内加温发菌，2～3月出菇。在南方地区，一般9月中下旬接种，11月中下旬至12月出菇。

山东省金针菇栽培安排在中秋节前后，即9月中下旬至10月上旬接种；也可在早春即12月至翌年1月接种，2～3月出菇。河北省金针菇栽培安排在7月20日至9月20日制袋接种，10月1日至翌年3月20日出菇。四川省金针菇栽培安排在9～11月接种，11月至翌年3月出菇。浙江省金针菇栽培安排在9月下旬（秋分后）至11月接种，11月至翌年3月出菇。

（二）原料准备

用于金针菇栽培的培养料主料有杂木屑、棉籽壳、废棉、玉米芯、甘蔗渣、黄豆秆、蚕豆壳、高粱壳和醋糟等；辅料有麦麸、米糠、玉米粉、豆粉和各种饼粕（豆饼、棉籽饼、菜籽饼、花生饼粉、茶籽饼等）、尿素、过磷酸钙、磷酸二氢钾、石膏、石灰、糖等。

木屑在使用前过筛，以免有较大尖锐木刺刺破料袋。木屑颗粒太细的不宜单独使用。木屑颗粒间应具有良好的通气空隙，粗细木屑搭配使用，颗粒直径<0.85毫米的占22%，0.85～1.69毫米的占58%，1.69毫米以上的约占20%。经堆积、陈旧的木屑比新鲜木屑好。玉米芯应暴晒后粉碎至绿豆大小的颗粒；干稻草粉碎成草绒，备用。

（三）菌袋生产

1. 基质配方

①棉籽壳89%，麦麸或米糠10%，石膏1%。

②木屑73%，麦麸或米糠25%，蔗糖1%，石膏1%。

③玉米芯78%，麦麸15%，玉米粉5%，石膏1%，石灰1%。

④棉籽壳38%，油麦菜32%，杂木屑25%，玉米粉3%，轻

质碳酸钙 1.5%，过磷酸钙 0.5%。

⑤杂木屑 39%，玉米芯 39%，麦麸或米糠 20%，轻质碳酸钙 2%。

⑥棉籽壳 77%，麦麸或玉米粉 20%，石灰 3%。

⑦棉籽壳 50%，废棉 30%，麦麸 10%，玉米粉 7%，石灰 3%。

⑧棉籽壳 50%，蚕豆壳 20%，稻草 10%，麦麸 10%，玉米粉 7%，石灰 3%。

⑨棉籽壳 33%，玉米芯 32%，麦麸 32%，石灰 3%。

⑩棉籽壳 37%，高粱壳 30%，麦麸 30%，石灰 3%。

⑪废棉 72%，麦麸或玉米粉 25%，石灰 3%。

⑫棉籽壳 50%，杂木屑 18%，麦麸 15%，玉米粉 10%，米糠 5%，石膏 1.5%，生石灰 0.5%。

⑬棉籽壳 57%，麦麸 15%，木屑 10%，玉米粉 8%，棉籽饼 6%，糖 1%，过磷酸钙 1%，石膏 1%，石灰 1%。

⑭棉籽壳 61%，麦麸 15%，木屑 10%，玉米粉 8%，大豆粉 2%，糖 1%，过磷酸钙 1%，石膏 1%，石灰 1%。

⑮棉籽壳 52%，木屑 10%，麦麸 10%，米糠 10%，玉米粉 8%，棉籽饼 6%，糖 1%，过磷酸钙 1%，石膏 1%，石灰 1%。

⑯棉籽壳 88%，麦麸 10%，石膏 1%，石灰 1%。

⑰棉籽壳 78%，麦麸 15%，玉米粉 5%，石膏 1%，石灰 1%。

⑱棉籽壳 53%，玉米芯 30%，麦麸 15%，石膏 1%，石灰 1%。

⑲棉籽壳 58%，玉米芯 20%，麦麸 20%，石膏 1%，石灰 1%。

⑳棉籽壳栽培白金针菇（白灵菇、杏鲍菇）的菌渣 60%，新棉籽壳 30%，麦麸 8%，石膏 1%，石灰 1%。

㉑废棉 86%，麦麸 10%，玉米粉 3%，石灰 1%。

㉒锯木屑 20%，棉籽壳 53%，麦麸 10%，玉米粉 8%，棉仁饼 7%，石膏 1%，石灰 1%。

㉓秸秆粉 53%，锯木屑 10%，麦麸 10%，米糠 10%，粗玉米粉 8%，棉仁饼 7%，石膏 1%，石灰 1%。

㉔木屑 76%，麦麸 21%，石膏 1%，碳酸钙 2%。

㉕木屑 40%，玉米芯 34%，麦麸 20%，玉米粉 3%，碳酸钙 2%，石膏 1%。

㉖木屑 20%，玉米芯 50%，米糠 14%，麦麸 10%，玉米粉 3%，碳酸钙 2%，石膏 1%。

㉗棉籽壳 83%，麦麸或米糠 15%，石膏 1%，过磷酸钙 1%。

㉘棉籽壳 63%，木屑 20%，麸皮或米糠 15%，石膏 1%，过磷酸钙 1%。

㉙棉籽壳 38%，废棉 25%，木屑 20%，麸皮或米糠 15%，石膏 1%，过磷酸钙 1%。

㉚废棉 63%，木屑 20%，麸皮或米糠 15%，石膏 1%，过磷酸钙 1%。

㉛棉籽壳 35%，麦麸 34%，甘蔗渣 30%，轻质碳酸钙 1%。

㉜棉籽壳 92%，麸皮 5%，石膏 1%，过磷酸钙 1%，尿素 1%。

㉝棉籽壳 88%，玉米粉 9%，石膏 1%，过磷酸钙 1%，蔗糖 0.5%，尿素 0.5%。

㉞玉米芯 80%，麸皮 18%，石膏 1%，磷酸二氢钾 0.5%，蔗糖 0.5%。

㉟杂木屑 73%，麸皮 25%，石膏 1%，蔗糖 1%。

2. 拌料装袋

（1）**拌合基质**　按配方要求比例，准确称取原料。主料需提前 8～12 小时预湿。将原料放在水泥地面上拌和均匀，加水使基质含水量控制在 65%～70%，手捏料有 3～4 滴水从指缝间流出即可。可用食用菌拌料机进行拌料，拌料均匀程度更好、省力、效率高。

（2）**基质分装**　盛装培养料的料袋一般选用聚乙烯塑料袋，采取直立出菇方式栽培的塑料袋规格（折径×长度×厚度）为

17 厘米× 33 厘米× 0.0035 厘米，采取横卧排袋出菇方式栽培的塑料袋规格为 22 厘米× 42 厘米× 0.0035 厘米或 22 厘米× 45 厘米× 0.0035 厘米。

①手工装袋　打开塑料袋的袋口，用手抓取培养料放入袋内，一边填料一边用手压实，装料松紧适度并一致。袋两端用绳子扎口，或者上硬质塑料颈圈并用塑料膜封口。

②装袋机装袋　一人将塑料袋套在装袋机出料筒上并用手顶住外端，另一人铲取培养料倒入料斗中，培养料被出料筒内的转子不断向袋内装料，直至装满料袋。手顶袋子的人可通过顶压力度调整装料松紧。然后，袋两端用绳子扎口，或者上硬质塑料颈圈并用塑料膜封口。利用装袋机装料具有装袋速度快和效率高等优点，特别适宜较大规模装袋。

装袋过程中应注意不要刺破料袋。

3. 灭菌接种　参见第四章的"灭菌接种"。

（四）发菌管理

1. 发菌室（棚）准备　参见第四章的"发菌室（棚）准备"。

2. 菌袋排放　接种后的菌袋要及时进行合理排放或堆码，以利于金针菇种块萌发新菌丝和菌丝正常吃料发菌。要因当时气温的不同而采取不同的菌袋排放方式，当气温高于 22℃时将菌袋单层排放在菌床上，或"十"字形堆码于发菌室（棚）的地面上，每堆码袋 5～6 层菌袋；或先在地面上排放一层菌袋，然后排放两根竹竿后，再排放菌袋，如此一层菌袋一层竹竿地排放，由竹竿将每层菌袋间隔开，有较大空隙让空气流通，以利于散热降温，防止烧袋。若气温较低时，将菌袋多层重叠排放在菌床上，或者横放堆码于发菌室（棚）的地面上，每堆码袋 6～7 层菌袋，每排之间间距 10 厘米左右，加盖塑料薄膜或编织袋，关闭门窗进行保温培养。

3. 环境调控　金针菇在发菌期间，一般应将培养环境温度控制在 20～23℃，空气相对湿度为 65%～70%，遮光培养，有适量氧气即可。重点要做好保温管理。因为菌丝生长的呼吸作用产生热量，料内温度会高于室温 2～4℃，所以，培养室温度以 20℃左右为宜，不应低于 18℃，而且一旦超过 25℃，要立即通风降温。一般在适宜的条件下，接种后 2～3 天，菌丝开始恢复生长。菌丝培养期间，控制室内相对湿度在 65% 以下，能有效降低污染，培养室要求尽可能地遮光，保持黑暗的条件，适当通风。当菌丝长入料内 5 厘米时，需氧量增加，应松开两头的扎口绳。

4. 发菌检查　接种后 3 天、7 天、15 天各检查一次金针菇菌丝在料袋中的生长情况和杂菌污染情况。接种后 3～7 天检查菌种块是否萌发新菌丝，若发现有接种后 7 天种块仍不萌发菌丝的菌袋，则应及时剔出，重新灭菌后补接上菌种。一般，接种后 7 天菌丝生长将袋口料面封住。每次检查若发现有被杂菌感染的菌袋，则应立即将污染的菌袋带出培养室，对于尚未产生杂菌孢子的袋子可以破袋取料，重新利用；对于已产生杂菌孢子的菌袋，应先用湿报纸包严，轻拿轻放，带到远离培养室 1 000 米以外的安全地带烧毁或深埋（离地表 30 厘米以下）。

一般，在适宜条件下，经过 25～35 天的培养，菌丝体即可长满料袋。菌丝在棉籽壳和木屑主料培养基中生长快，发菌期较短，一般 20～25 天即可长满料袋，而且菌丝生长致密、较浓白；在木屑和蔗渣主料培养基中生长较快，一般 25 天左右长满料袋，菌丝致密、淡白、不强壮；在棉籽壳主料培养基中生长较木屑的慢些，一般要 30 天左右长满料袋，菌丝生长强壮、浓白。

黄色金针菇菌丝在还未长满料袋时就有出菇的能力，因此，在菌丝体生长至料袋 1/2 时就可以进行出菇管理，这样可提早出菇。

5. 开袋搔菌　当菌丝长到培养基的 2/3 至菌丝满袋时，菌丝培养阶段转向生殖阶段的管理，开始搔菌，先把培养基筒袋拉开，然后向下对折 2 次，即袋口离料面 5 厘米左右，用消毒过的瓷汤勺等工具轻轻刮去结在培养基表面的老菌块和气生菌丝。

（五）出菇管理

1. 出菇室（棚）准备　金针菇菌袋出菇既可在砖瓦结构的房屋内，也可在室外搭建的塑料大棚内进行。出菇室（棚）的场地要求：应选择地势平坦、通风良好、水源充足、水质纯净、远离畜禽舍、无污染、环境清洁卫生的地方。菇房坐北朝南，具备窗、门通风装置和保温、保湿、遮光条件。安装纱门和纱窗避虫、鼠。

在南方如南京地区，搭建塑料菇棚要求：南北向，规格长×宽以 6 厘米×（25～30）厘米为宜；具备遮光、通风、保温、保湿条件。覆盖防虫网避虫鼠。菇房内可设置床架，床架呈南北向排列。床架底层离地面不少于 15 厘米，顶层离屋顶不少于 150 厘米。床架宽 65～70 厘米，层间距 50～55 厘米。床架之间留走道 50～60 厘米（《DB3201/T 098—2007 金针菇生产技术规程》）。安徽地区要求：在水源充裕的地方，按每万袋 400 平方米搭建塑料棚，上盖草帘、稻草或遮阳网遮光（《DB34/T 508—2005 无公害白金针菇生产技术规程》）。厦门地区，要求出菇房坐北朝南，搭建规格为长度 20～30 米，宽度 7～12 米，高度 4～5 米（《DB3502/T 015—2005 无公害金针菇栽培技术规范》）。

在北方如辽宁地区，菇棚建造应坐北朝南，可利用温室大棚、闲置保鲜库、地下窖等。结构有两种：一种是层架，采用竹木或金属搭建层架，层架间距 0.45 米，下层距地面 0.2 米，上层距顶棚 0.5 米，设 5～6 层，过道宽 0.8 米；另一种是地摆袋。平整地面后，将袋立摆在地面，宽 0.8～1 米，过道宽 0.5 米（《DB21/T 1539—2007 农产品质量安全 金针菇栽培技术规程》）。

2. 环境调控措施

（1）催促菇蕾　棚室温度控制在 13～15℃；空气相对湿度为 80%～85%，应经常向地面和空间喷水保湿；每日棚室通风

2～3 次，30 分钟 / 次，关门后再揭膜通风 1 次，约 20 分钟；保证一定的散射光或间歇见光。经 6～10 天，培养料表面产生一层菇蕾。

（2）**低温育菇** 降低棚室温度至 8～12℃，空气相对湿度达到 85%～90%，每天揭膜通风 1 次，室内保持黑暗。低温育菇的幼菇标准是：菌盖成形不开伞，直径 0.2～0.5 厘米，菌柄坚挺，长 2～3 厘米，菇丛高度一致，菇体色淡。

（3）**促柄伸长** 棚室温度控制在 11～15℃；空气相对湿度提高到 90%～95%，多向地面喷水，减少空间喷水量，切忌直接向子实体喷水；减少通风，隔天振膜通风 1 次，并随即盖好膜。采收前 2～3 天应停止通风和喷水。

3. 转潮管理措施 金针菇栽培 1 次，可收 3～4 潮菇，产量主要集中在一、二潮。转潮时间 15 天左右。

（1）**搔菌** 一潮菇采完后立即进行搔菌，用消过毒的接种锄、匙子或专用半圆形耙子，将袋口的老菌种和表层老化干缩的菌丝扒掉，并清理、整平料面。

（2）**调湿** 搔菌后 3 天，向袋内注入适量清水，以菌块吸水 1 天后袋内无积水为度。如袋内有积水，应及时倒净。补水后，盖好薄膜进行催蕾，经 7～10 天，又能形成一潮菇。催蕾期和伸长期的管理方法同第一潮菇。

（3）**补养** 采收 2～3 潮菇后，应补充营养液，常用营养液配方：0.1% 硫酸镁＋0.2% 磷酸氢二钾；0.1% 硫酸镁＋0.2% 磷酸氢二钾＋0.2% 糖水。将配制的营养液注射进菌袋中。

（六）采收保鲜

1. 适时采收

（1）**采收标准** 一般商品金针菇要求菇柄挺立、脆嫩，菇盖小，柄长 13～20 厘米，不开伞。以生产鲜销金针菇为目的的采收标准：菌盖内卷、微开伞（六七分开伞度）、一般菌盖直径

0.8～1.2厘米，菌柄长度达12～20厘米（因品种而异）。若以生产脱水烘干和盐渍菇为目的，则可适当推迟采收。采收不宜太迟，以免柄基部褐变，基部绒毛增加而影响质量。

（2）**采收方法**　采菇人员要穿戴洁净的工作服、帽、口罩和布质手套，采摘时一手按住菌袋，另一手抓住菌柄，稍旋转地整丛拔起，剪除根须、去除杂质，轻轻放在洁净的竹筐或塑料筐内码放整齐，以防破损。盛装金针菇的竹筐或塑料筐应避雨淋和日晒。

2. 保鲜包装　采用聚丙烯塑料膜包装，用高频抽气机密封，低温保藏，一般在1～3℃环境中可保鲜15天，4～6℃可保鲜10天（因品种而异）。每袋金针菇包装量可根据市场需求掌握。

3. 运输要求　鲜销金针菇的运输，根据到达目的地的远近有常温运输和低温运输两种运输方式（《NY/T 1934—2010 双孢蘑菇、金针菇贮运技术规范》）。

（1）**常温运输**　生产场地距离市场较近，运输距离较短，可采用常温运输方式。运输时应用篷布（或其他覆盖物）对金针菇货件进行遮盖，并根据天气情况，采取相应的放热、防冻和防雨措施。常温运输期限不宜超过24小时。

（2）**低温运输**　生产场地距离市场较远，运输距离较远，可采用低温运输方式。运输时冷藏车车内温度调节为2～8℃，运输途中不得有熄火停止制冷情况发生。低温运输最长期限不宜超过48小时。

无论采取哪种运输方式，在装车时码堆要稳固，货件之间以及货件与地板间留有5～8厘米间隙；在运输过程中应行车平稳，减少颠簸和剧烈震荡；运达目的地后应及时交货。

（七）病虫害防控

1. 病害防控

（1）**竞争性病害**　在生产中危害金针菇的主要病菌有霉菌和细菌，包括链孢霉、放线菌、绿霉、曲霉、青霉、根霉、毛霉、黑霉、酵母、细菌等，这些杂菌属于竞争性病菌，与金针菇菌丝争夺营养和空间，抑制金针菇菌丝生长，霉菌类严重时很快长满整个培养料，使金针菇菌丝无法生长。

发生竞争性病害的主要原因：①培养料灭菌不彻底，②菌种带有杂菌，③接种和发菌过程中杂菌侵入料袋等。

防控方法：①在料袋灭菌装锅时防止留下空压死角，让灶内热循环均匀，灭菌时间要够（灭菌时间长短因灶仓容量多少而异），等温度降低、菌袋收缩后才能开门取袋。②使用合格菌种，菌种纯净，菌龄适宜、充满活力，无杂菌和害虫。③接种环境干净，接种作业"稳、准、快"，同时生产中避免弄破料袋，以避免环境空气中杂菌趁机侵入料袋。④发菌环境温度控制在20～25℃、空气相对湿度湿度最好控制在60%～70%，以避免高温高湿使杂菌滋生。

（2）金针菇褐斑病　金针菇褐斑病又名黑斑病、斑点病、金针菇黑头病，是由病原菌假单胞杆菌引发菌盖表面产生褐色斑点。属细菌性病害。

防控方法：搞好菇房内外卫生，将菇房内温度控制在10℃左右、湿度控制在85%～90%可减轻病害；病菇要迅速烧掉或掩埋处理。

（3）金针菇褐腐病　金针菇褐腐病是由病原菌欧文式杆菌引发金针菇菌盖、菌柄上形成褐色斑点，随后斑点扩大并开始腐烂。属于细菌性病害。

防控方法：保持菇房通风，降低菇房温度和湿度。一旦发病，立即采收。在出菇间歇期对菌床喷施50%多菌灵1000倍溶液或30%百·福（菇丰）500倍溶液，进行防治。

（4）金针菇锈斑病　金针菇锈斑病是由病原菌荧光假单胞杆菌引发金针菇菌盖上出现黄褐色至黑褐色锈色小斑点，初期约有针头大小，扩大后约有芝麻粒至绿豆粒大小，边缘不整齐。病菌只危害菌盖表皮，不引起菌盖变形和腐烂。属细菌性病害。

防控方法：①严格规范灭菌作业，对培养料进行彻底灭菌。②使用合格菌种。③菇房在使用前消毒杀菌：清空菇房后用40%二氯异氰尿酸钠1000倍溶液冲洗菇房，并用高锰酸钾和37%甲醛溶液熏蒸后再通风晾干方才使用；用移动式大功率臭氧消毒机处理菇房空间4～6小时，以有效杀灭空气中病菌，随后开窗通气4小时后开始使用。④出菇期控制菇房的空气相对湿度不超过85%，不能直接往子实体上喷水，水中可以加入3%漂白粉，每次喷水后要及时通风换气。⑤一旦发现有病菇出现应及时清除掉。

（5）金针菇基腐病 金针菇基腐病又称柄基腐病，是由病原菌瓶梗青霉引发金针菇菌柄基部初期呈现水渍状斑点，之后逐渐变为黑褐色至黑色并腐烂，严重时也往菌盖部蔓延。属真菌性病害。

防控方法：①加强菇房通风，出菇期菇房空气中二氧化碳含量控制在5000～7000微升/升；避免喷水过多。②适当减少菇房菌袋的排放量，利于降低菇房温度，可有效减少病害发生和降低病害严重程度。③强化菇房使用前的消毒处理，空菇房时可通入70℃热蒸汽持续2小时，并用高锰酸钾和37%甲醛溶液熏蒸5小时以上。④一旦发生病害要及时清除，病子实体烧掉或掩埋处理。

（6）金针菇蓝霉病 金针菇蓝霉病是由病原菌拟青霉引发金针菇菌柄基部初期呈现水渍状斑点，之后逐渐变黑腐烂，往往成丛发生，严重时也往菌盖蔓延。属于真菌性病害。

防控方法：与锈斑病的防控方法相同。

（7）金针菇黏菌病 由黏菌引发的金针菇病害。

防控方法：菇房环境、栽培架和栽培菌袋表面要求清洁卫生，控制适宜的湿度，把感染部位菌块削掉，埋入土中或烧毁。

（8）生理性病害 在金针菇栽培中由非生物因素引发出一些病害，导致子实体发育不良的病状。

①针头菇 菇体长成尖头状、纤细的绒毛。主要是菇房内空气中二氧化碳高于8000微升/升所致。

防控方法：保持菇房良好通风，待原基形成、菇盖长成后才在菌袋口套袋，上下层架之间要有空气流动，出菇期菇房内空气中二氧化碳控制在 5 000～7 000 微升/升。

　　②出菇参差不齐　一是菌袋四周出菇，是由于发菌过程中见光或光照过强，栽培料装得过松等所致；二是发菌未满袋就出菇，是由于栽培料中含氮量偏低、营养不足，菌丝生长偏慢，发菌期过长所致；三是菌丝生长不到料底，是由于栽培料装得过紧，含水量超过了 70%，料袋底部有积水，菌丝生长至积水处便停止生长。

　　防控方法：装料松紧适度；栽培料碳氮比和含水量适宜；发菌期严格遮光。

　　③提早开伞　在菌柄尚未完全伸长、菇体还未成熟时，菌盖即开伞。发生原因有：使用的品种特性就易于开伞；菇房过于通风，空气中二氧化碳浓度偏低；袋口套袋太迟。

　　防控方法：选用不易开伞的优良品种；调节好菇房中二氧化碳浓度；菌袋口适时套袋。

　　2. 虫害防控　危害金针菇的主要害虫包括多菌蚊、瘿蚊和螨类等。

　　（1）**多菌蚊**　多菌蚊俗称菇蚊、菇蛆。幼虫常从金针菇菌柄蛀入，咬食菌柄，造成短柄或菇体倒伏；同时成虫体上常携带的螨虫和病菌随着虫体活动而传播，造成多种病虫同时发生危害。

　　防控方法：①栽培场地周围 50 米范围内无水塘、无积水、无腐烂堆积物，以减少多菌蚊寄宿场所，减少虫源基数，降低危害程度。②及时对症下药，当发现袋口或料面有少量多菌蚊成虫活动时，马上用 500～1 000 倍浓度的菇净、甲氨基阿维菌素等低毒农药对整个菇场进行均匀喷雾并喷透。

　　（2）**瘿蚊**　危害金针菇的瘿蚊有真菌瘿蚊和异翅瘿蚊。其中以真菌瘿蚊最为常见。幼虫咬食金针菇的菌丝和菇体，并以幼体繁殖形式，很快大量爬满培养料和菇体菌褶之上。

防控方法：①发菌场和出菇场保持适当的低温和干燥，能有效地控制瘿蚊危害。②出菇期遭瘿蚊爆发时，将菇采摘后喷上1000倍浓度的菇净，可有效减少虫口数量。

（3）**螨类** 危害金针菇的螨类主要是粉螨，其主要有腐食酪螨、长食酪螨、蘑菇嗜木螨、伯氏嗜木螨。螨虫啃食金针菇培养料、菌丝和菇体，导致培养料发黑腐烂、菇根和菌盖腐烂。

防控方法：①选用合格金针菇菌种，绝对属于无螨菌种。②在原料仓库和厂房冷库四周设置防螨水沟（螨虫很难越过水沟）。③保持生产场地环境清洁卫生，场地内清扫干净培养料和菇体，培养室（棚）和出菇房门口设施缓冲区。④出菇期一旦有螨虫危害菌柄和菌盖时，及时剔除被害菇体，用菇净1000倍液或螨危4000倍液喷雾，过5天左右再喷雾1次，连续2～3次，以有效控制螨虫危害程度。

3. 综合防控 采取"预防为主，综合防控"原则，防治金针菇病虫害。

（1）**农业防治** 选用抗病力强的优良菌种，制备菌丝健壮、生活力强的生产菌种，创造有利于金针菇生长发育而不利于病虫及杂菌繁殖的环境条件。菇房保持良好的通风、清洁卫生，使用符合饮用水卫生标准的水源。

（2）**物理防治** 利用日光暴晒、高温闷棚、黑光灯诱杀等措施。菇房的门窗及通风孔安装60目的窗纱，做到随手关门，经消毒隔离带进棚。

（3）**生物防治** 采用生物农药和农用链霉素以及生物防腐保鲜剂、天然杀虫剂防治病虫害。

（4）**化学防治** 化学防治使用农药时，要按照《中华人民共和国农药管理条例》的要求，不得使用剧毒、高毒以及药毒残留高的农药。原基形成后至采收绝不准使用任何农药。

第七章
毛木耳生产技术

毛木耳是黄背木耳和白背木耳的总称，又名粗木耳等（图7-1）。毛木耳营养丰富，每100克干毛木耳中含水分9.3克、粗蛋白质9.1克、粗脂肪0.6克、糖类69.2克、粗纤维9.7克、灰分2.1克。含17种氨基酸，包括人体必需

图 7-1　毛木耳子实体

的8种氨基酸，还含有维生素 B_1、维生素 B_2、抗坏血酸、胡萝卜素等维生素。具有抗肿瘤，滋阴壮阳、清肺益气、补血活血、止血止痛，降低血脂和胆固醇、抑制血小板凝聚等疗效。质地脆嫩、清新爽口，似海蜇皮，是爆炒、火锅、烧烤和凉拌菜肴的优良食材，深受中国、日本、印度尼西亚、菲律宾等国家消费者喜爱。

我国毛木耳人工栽培始于1975年。福建省西北地区等地段木栽培，一般每100千克产干耳2.5～3.5千克；漳州地区1980年开始推广甘蔗渣袋栽毛木耳。目前我国是全世界毛木耳生产量和出口量最大的国家。据中国食用菌协会统计，2017年全国毛木耳产量为168.64万吨，在食用菌中位居第六位。四川省2017年毛木耳产量为100.7万吨，是全国毛木耳生产规模最大的

省份。目前我国毛木耳栽培主要是代料栽培，在四川、福建、河南、江苏、安徽、河北、湖南、广西等地均有不同生产规模，其中黄背木耳产区主要集中在四川和河南等地，白背木耳主产区在福建漳州。

一、基本生育特性

（一）营养需求

毛木耳属腐生真菌，营腐生生活特性。棉籽壳、棉渣、玉米芯、杂木屑等可作为毛木耳的营养物质。

（二）环境需要

1. 菌丝体生长

（1）**温度**　黄背木耳菌丝生长温度范围为 5～35℃，最适温度为 25～30℃。白背木耳菌丝生长温度范围为 8～37℃，最适温度为 25～28℃。

（2）**光线**　毛木耳菌丝生长不需要光照，而且光照会诱导耳基过早形成，降低产量和品质。

（3）**水分及空气湿度**　毛木耳属喜湿性菌类。黄背木耳菌丝生长要求培养基适宜含水量为 62%～65%；白背木耳菌丝生长要求培养基适宜含水量为 55%～58%。环境适宜空气相对湿度为 70%。

（4）**空气**　毛木耳属好气性真菌，菌丝生长需要充足氧气。若培养环境空气中氧气不足，二氧化碳超过 1%，则会抑制菌丝生长。

（5）**酸碱度**　毛木耳喜弱酸性生活环境，菌丝生长环境 pH 值范围为 5～10，最适 pH 值为 6～7。

2. 子实体形成生长

（1）**温度** 毛木耳属中高温型恒温结实性真菌。原基分化和子实体发育的温度范围为 18～32℃，最适温度为 22～28℃。白背木耳原基分化和子实体发育的温度范围为 13～30℃，最适温度为 18～22℃。

（2）**光线** 需要散射光线诱导毛木耳耳基形成，在完全黑暗条件下耳基难以形成。子实体生长发育期间的适宜光照强度为 300～800 勒。耳片生长期间，光照的强弱对耳片颜色、厚度和绒毛生长有较大影响，光照强度在 100 勒以上时，耳片颜色深、厚，绒毛长而密；在微弱的光照下，耳片颜色变浅，呈红褐色、薄，绒毛短而少。白背木耳适宜光照为 40～500 勒。

（3）**水分及空气湿度** 毛木耳原基分化和子实体发育阶段要求环境适宜空气相对湿度为 85%～90%。

（4）**空气** 毛木耳耳片生长期间需要充足氧气，在氧气不足、二氧化碳浓度高的情况下，耳片展开受到抑制，很易形成"鸡爪耳"而失去商品价值。

二、优良品种

（一）主要栽培品种

品比试验和种植实践表明，上海 1 号、781、黄耳 10 号等为生产上的主栽品种，在四川省什邡市、彭州市、简阳市等毛木耳主产区表现较好。河南省毛木耳的主栽品种为 951、781、黄耳 10 号、丰毛 6 号等黄背木耳，43-1、43-2 等白背木耳。福建省毛木耳主栽品种为 43012、43013 等白背木耳。

（二）审认定新品种

推荐试种近年育成的审定或认定的新品种：川耳 1 号、川耳2号、川耳3号、川耳4号、川耳5号、川耳7号、川耳8号、川耳10号、川琥珀木耳1号、黄耳10号、苏毛3号、樟耳43-28（白背木耳）等。

（三）品种特征特性

1. 川耳2号　子实体中等大小；耳片红褐色至褐色，耳状或片状，柔软，具有耳脉；腹面绒毛白色至褐色、密、长。耳片厚大，口感滑、柔、清香。催耳适宜温度18～30℃，光照强度5～300勒，空气相对湿度90%～95%，适当通风。子实体生长适宜温度20～28℃，光照强度5～100勒，空气相对湿度90%～95%，通风良好。生物学效率90%以上。适宜于四川等地区栽培，9月至翌年3月接种。

2. 川耳10号　子实体丛生；耳片紫红褐色，不规则，表面有少量棱脊，绒毛褐色、中等长、密、粗，基部明显，无柄。子实体形成适宜温度22～30℃，空气相对湿度85%～95%。生物学效率95%左右，产量主要集中在第一、第二潮耳。适宜于四川及相似生态区栽培，一般在春节前后制袋。

3. 川耳7号　子实体大型，散生；耳片在光线暗时为红褐色、较薄，光线强时为紫红褐色、较厚，表面有少量棱脊，绒毛褐色、中等长、密、粗。子实体形成适宜温度25～30℃。生物学效率90%～120%，其中一潮耳占总产量的50%左右，二潮耳占30%，三潮耳占15%，四潮耳占5%。适宜于四川及相似生态区栽培。

4. 川耳1号　耳片大而厚，深褐色，不规则，有明显耳基，无柄，背面有短、细、密的绒毛，腹面下凹。子实体形成适宜温度22～30℃，子实体发育适宜空气相对湿度85%～95%。生物学效率100%左右，产量主要集中分布在第一、第二潮耳。适宜于四川及相似生态区栽培，一般在春节前后制袋。

5. 苏毛3号　子实体聚生，中型，牡丹花状；耳片扇形，正面红褐色、背面有绒毛，绒毛的密度和粗度中等，边缘有波纹，无柄。子实体形成适宜温度 20～30℃，空气相对湿度 85%～95%。生物学效率 90%～100%，在较高管理水平下生物学效率可达 120%，一般一潮耳占总产量的 40% 左右，二潮耳占 20%，三潮耳占 20%，以后各潮产量逐渐减少。适宜于各毛木耳主产区栽培。

三、代料栽培关键技术

（一）季节安排

四川省黄背木耳菌袋生产期：11 月至翌年 3 月；出耳采收期：翌年 4 月下旬至 10 月。

河南省黄背木耳菌袋生产期：2～3 月；出耳采收期：6～8 月。白背木耳菌袋生产期：12 月至翌年 1 月；出耳采收期：翌年 5～7 月。

福建省白背木耳菌袋生产期：8～10 月，最适为 9 月中旬前后；出耳采收期：12 月至翌年 3 月中旬。

（二）菌袋生产

1. 基质配方

①棉籽壳 30%，杂木屑（颗粒度 ≤ 2 毫米，下同）30%，玉米芯 30%，麦麸 5%，石膏 1%，石灰 4%。

②棉籽壳 10%，杂木屑 33%，玉米芯 30%，米糠 20%，玉米粉 2%，石膏 1%，石灰 4%。

③棉籽壳 10%，木屑 47%，玉米芯 30%，麦麸 8%，石灰 4%，石膏 1%。

④棉柴 10%，木屑 23%，棉籽壳 10%，玉米芯 30%，米糠 20%，玉米粉 2%，石灰 4%，石膏 1%。

⑤蔗渣 11%，木屑 22%，棉籽壳 10%，玉米芯 30%，米糠

20%，玉米粉2%，石灰4%，石膏1%。

⑥蔗渣30%，木屑33%，棉籽壳10%，米糠20%，玉米粉2%，石灰4%，石膏1%。

⑦杏鲍菇菌渣10%，木屑33%，棉籽壳10%，玉米芯20%，米糠20%，玉米粉2%，石灰4%，石膏1%。

⑧杏鲍菇菌渣11%，木屑22%，棉籽壳10%，玉米芯30%，米糠20%，玉米粉2%，石灰4%，石膏1%。

⑨高粱壳15%，木屑28%，玉米芯30%，米糠20%，玉米粉2%，石灰4%，石膏1%。

⑩金银花枝丫（屑）33%，玉米芯30%，米糠20%，玉米粉2%，棉籽壳10%，石灰4%，石膏1%。

⑪杂木屑85%，麦麸12%，轻质碳酸钙3%。

2. 拌料装袋 使用拌料机和装袋机进行拌料和装袋，与手工拌料装袋相比，具有拌料均匀、每袋装料量一致、操作简便、速度快、省时省力等优点，能直接提高工作效率、有效降低用工成本，间接增加生产效益。

使用拌料机混合栽培原料，并将基质含水量调控在62%～65%、pH值8～9（灭菌前）为宜。使用料袋规格（折径×长度×厚度）22厘米×42厘米×0.003厘米。装料量，干料约1千克/袋，湿料约2.4千克/袋。使用装袋机分装栽培基质。

3. 灭菌接种

（1）使用新型灭菌器灭菌料袋 装料后的料袋需及时杀灭袋内微生物，以免日后杂菌感染。生产上通常采用常压灭菌方式来实现这个过程。因各个种植户的灭菌灶体容量不同，故灭菌时间长短各异。推荐使用新型钢板结构全封闭式灭菌器对料袋进行灭菌，若容量为1 800袋/锅，排放冷气后锅内温度达100℃时计时，持续灭菌14小时（若容量增加则灭菌时间相应增加）即可。具有节省劳力、节约用煤、灭菌彻底、降本增效等优点。

（2）在接种箱内凌晨抢温接种 采用常规方法对接种箱内

进行清洁和消毒后，将灭菌后的料袋放入接种箱内，再行消毒处理。当料袋口温度降至 28～30℃、趁凌晨杂菌不活跃的时候，进行"抢时抢温"接种；同时，接种作业人员按照无菌操作要求进行，而且动作熟练"稳、准、快"，以确保菌种及时成活吃料，减少杂菌感染并提高菌袋成品率。

（三）发菌管理

1. 发菌室（棚）用前处理 发菌室（棚）使用前 1 个月，要清除室（棚）内外垃圾、杂物，开门窗或敞篷通风和晾晒。使用前 1～2 周，用消毒灭菌剂及杀虫药剂对场地、草毡、薄膜等进行彻底的消毒灭菌及杀虫。菌袋进室（棚）前 2～3 天，每立方米用硫磺 20 克充分燃烧熏蒸 36 小时，或每立方米用 37% 甲醛溶液 15 毫升和高锰酸钾 5 克熏蒸；地面应铺撒石灰粉约 1 千克 / 米^3（既吸潮又杀菌）。以有效降低杂菌害虫基数，减少病虫害带来的损失。

2. 菌袋合理堆码发菌 菌袋搬入发菌室（棚）可呈墙式成行整齐堆码；前期堆高 8 层 / 行，待菌丝向袋中间生长至 5 厘米后改为堆高 6 层 / 行；行间距 10～15 厘米。

3. 温光水气合理调控

（1）调控温度 根据毛木耳菌丝体生长情况调控发菌室内的温度。毛木耳菌丝体生长"过膀"（菌丝生长至菌袋肩部）前控制菌袋码堆内表面温度在 25～28℃，让菌种块上的菌丝快速萌发生长，菌丝体在短时间内很快布满口料面，占据袋口而形成毛木耳优势种群，这有利于避免杂菌从袋口侵入。

当毛木耳菌丝体生长"过膀"后将发菌棚（室）空间温度（袋堆行道温度）调控在 18～20℃范围，菌袋堆内表面温度在 20～23℃，使袋内温度始终低于 25℃，这有利于减少毛木耳油疤病的发生。

视具体情况可采取加盖或掀开覆盖物等措施来调节菌袋培养环境的温度。当发菌棚（室）内空间温度低于 18℃时，可在菌袋码堆表面和四周加盖草毡、棉被、塑料薄膜等保温材料覆盖物，同时减少门窗开启次数，以保持和提高料堆温度。当发菌棚（室）内空间温度上升到20℃以上时，就应将保温材料揭开、适当开启门窗，以降低温度。

（2）**避免光照**　以遮阳网、塑料黑膜等遮盖发菌棚的棚顶及四周、发菌室的门窗，让菌袋在黑暗环境中发菌。

（3）**控制湿度**　发菌室（棚）内空气相对湿度应在65%～70%。若遇发菌室（棚）内湿度太高的情况，则可开启门窗通风或放置生石灰吸潮来降低空气湿度。若遇发菌室（棚）内湿度太低（如在我国北方）的情况，则可用喷雾器向发菌室（棚）内空间喷洒洁净水或石灰水来提高空气湿度。

（4）**通气换气**　接种后的毛木耳菌袋在发菌室（棚）内一般2～3天后菌种块上的菌丝开始萌发，7天后菌丝开始吃料（菌丝体向基质伸进）。接种后1周内无须通风。

菌丝体生长"过膀"后，一般结合当时温度情况每天至少进行1次通风换气。通风换气一般11月至翌年2月采取午间通风换气，3～6月采取早、晚通风换气。每次不低于半小时。具体方法是开启发菌室（棚）的门窗、揭开覆盖物，让外界新鲜空气进入，满足菌丝生长对氧气的需求，同时将发菌室（棚）内由菌丝体生长过程中产生的二氧化碳等废气排出。

发菌期间有两个高温危险期：一是菌丝体"过膀"5厘米时，由于这时菌丝生长进入旺盛期，新陈代谢加剧、热量增加，发菌室（棚）内温度升高，这时若继续紧闭门窗，则会因温度过高导致菌丝发育不良，因此，应及时通过适当通风换气的方法来散热降温，以避免高温烧伤菌丝的情况发生。二是在菌丝体生长快长满料袋时，这时菌丝体数量更多，菌丝新陈代谢更快，菌丝体发热量很大，这时应适当增加通风换气的次数和延长通风换气的时间，以避免温度过高而烧伤菌丝，导致"烧袋"现象发生，影响栽培产量和质量。

4. 综合调控发菌环境 经常检查菌袋菌丝生长情况，如生长速度和生长势头，一旦发现发菌棚（室）内条件有不利于毛木耳菌丝体正常生长的环境因素，那么就应及时纠正棚（室）内环境条件，将温光水气参数调控在毛木耳发菌适宜范围。

（四）出耳管理

1. 搭建新型出耳棚架

（1）出耳棚架搭建 出耳棚应选在取水方便、水质符合饮用水质量要求、进出道路方便的场所。

搭建方正拱棚或"八"字形斜棚作为出耳棚：一般棚宽 15.6 米，棚中高 5.5 米，边高 3.5 米。棚内层架以棚中为界，与棚长平行分为两列，两列层架间距 2 米，层架距棚边 0.8 米；每列层架分为若干排，排间距为 1.5 米；每排分为 4 格，每格两端即为层架柱点，起到固定和支撑层架的作用，格间距为 1.2 米；每排耳架有 10 层，用于放置菌袋，第一层距地面 0.4 米，层间距 0.2 米，总层高为 2.2 米。在出耳棚的周围盖 2 层 75% 遮光率的黑色遮阳网和 1 层 75% 遮光率的绿色遮阳网。

（2）出耳棚配套设施 给出耳棚安装微喷灌设施，该设施由微喷头、输水管、过滤器和水泵等组成，可以实现喷水轻简化管理，节约出耳水分管理的人工，并且省力和节水，降低管理用工成本。

与发菌棚（室）一样，在出耳棚内的门窗上安设防虫网，以防止害虫飞入棚（室）；棚内悬挂杀虫灯、黄板纸，以诱杀害虫成虫。

2. 调控适宜出耳环境 耳基形成后，需要综合调节温光水气，满足子实体正常发育需求，实现出耳优质高产。

（1）诱导催促耳基形成

①催耳时间 菌丝长满菌袋 10 天后，移入出耳棚排置好，进行催耳作业，让木耳原基形成。

②催耳方法 去纸搔菌：去掉菌袋两端袋口的封口纸，做

搔菌处理，即用接种钩或竹片等工具去掉"老接种块"，并刮平袋口料面。控温提湿：将耳棚内温度控制在18～25℃。开启微喷设施，将耳棚内空气相对湿度提升至85%～90%。给光通风：适当给予散射光照。开启棚门通风换气，每天早、晚各15分钟。

（2）温光水气综合调控

①温度控制　保持耳棚内温度在18～30℃，最适温度在24～28℃。温度低于18℃时，耳片生长缓慢；温度超过35℃时，耳片生长受到抑制，严重时会出现耳片生长停止或流耳。

②湿度调节　使用微喷设施喷水，保持空气相对湿度在85%～95%。喷水注意少量多次，水点要小，不能大水浇灌，达到耳片不缺水（保湿为主）、耳片上无积水。干湿交替管理，不要长期处于高湿条件，否则易出现流耳。当耳片边缘出现卷曲发白时，表明湿度不足，就要及时喷水保湿。晴天每天喷水2～3次；阴天和雨天少喷水或不喷水。

③光照调控　控制棚内晴天中午光照强度在250～310勒为宜。光照强度对耳片颜色和厚度有较大影响，在光照强的环境下，长出的耳片厚、大，颜色为紫红色至紫黑色；光线弱时长出的耳片呈红褐色、薄。因此，生产者可通过调节光照强度生产出不同质量的耳片来满足市场需要。

④通风换气　加强通风换气，保持耳棚内空气新鲜。若通风不良，二氧化碳浓度增高后，耳片分化受到抑制，易长成"鸡爪状"的畸形耳。

要注意温、湿、光、气的综合调节，四者要兼顾，只有在所有环境条件都处于良好的情况下，长出的耳片质量才好，产量才高。

（五）采收晾晒

1. 采收时间　毛木耳采收时选择连续晴天为最好，量大时应早起采收，尽量赶在上午太阳好时及时晾晒。

当耳片颜色转淡并充分舒展、边缘开始卷曲、刚开始弹射孢子时（图7-2），即可采收，一般选择在晴天采收，采摘前1天停止喷水，这样有利于耳片干燥。出现连续阴雨天气时，应在子实体八分成熟并且孢子尚未形成时采收，这样在阴干的过程中，则不会弹射出孢子。

若推迟采收，耳片弹射出大量孢子，堆积于耳片上形成一层白色粉末状孢子层，甚至还长出菌丝来，则会降低产品质量，并延迟下潮耳基形成。

图7-2　毛木耳出耳

2. 晾晒方法　采收后的耳片，去掉耳基脚所带培养料，于露天架设竹笆晒架，竹笆上摊铺1层木耳晾晒；利用阳光，2天即可将木耳完全晒干。当日没有晒干的最好不要收回，防止堆积起来后，半干的木耳回潮使木耳变形，从而影响商品质量。

不能在水泥地上摊晒木耳！因为水泥中含有多种有害人体的物质甚至致癌物质，可能粘附于耳片上，从而导致产品质量不安全。

晒干的耳片应及时装入洁净的塑料袋内，在干燥阴凉的库房内保存，根据市场动态适时销售出去，以获得较好收益。

（六）采后管理

1. 清除残耳基　菌袋上耳片采收之后，应用竹片及时清理掉袋口残余耳基，做好出耳棚内环境卫生。

2. 喷施转潮水　若天气晴朗，空气湿度低，当天或第二天喷转潮水。若天气阴湿，停水2～4天。待伤口上菌丝恢复，又转入上述"出耳管理"同样技术措施下进行潮耳管理。一般，菌

190

袋可出 5～6 潮木耳，每袋可采收干木耳 150～200 克。

3. 清理出耳棚　菌袋出耳结束后，应及时清理耳棚：将废菌袋搬出耳棚，将场地内外的废渣废物清理干净，不留杂菌、害虫滋生场所，并晾晒耳棚，进行消毒杀虫处理。

对废菌包堆积发酵，进行无害化处理后，可用作有机肥料使用。

（七）病虫害防控

毛木耳的病虫害防控采取"物理为主，化学为辅，综合防控"的策略进行，有效减少杂菌、害虫危害，利于减少病虫害带来的损失。

1. 杂菌防控

（1）常规性杂菌　在毛木耳栽培过程中，主要是链孢霉、绿霉、黄曲霉、毛霉等常规性杂菌（毛木耳之外的微生物）危害栽培基质，这些杂菌侵染基质后快速繁殖，很快布满基质，大量消耗基质营养，与毛木耳菌丝争夺养分（杂菌犹如农田中的杂草），导致毛木耳无营养可吸取而减产甚至绝收。导致杂菌感染菌袋主要有 4 个方面的原因：一是菌种本身带有杂菌；二是基质灭菌不彻底；三是接种作业操作不严谨，使杂菌进入料袋；四是料袋在搬运中被刺破，杂菌趁机侵入。

（2）预防措施

①使用合格菌种　生产使用的毛木耳栽培种无论是自行扩繁的还是购买的，均要求是合格的栽培种，即菌龄适宜、无杂菌、无害虫等，符合行业标准。

②彻底灭菌基质　栽培基质拌料时要让基质颗粒吸透水分，无干颗粒（干颗粒基质不易灭菌彻底）。灭菌时首先加热排净冷气，上"大气"后灭菌时间要足够（灭菌器或灶实际装容料袋多少不一，对菌袋彻底灭菌的时间有所不同。应根据各自灭菌器或灶实际情况，通过实践总结出具体彻底灭菌时间的长短）。

③严格接种操作　要求接种人员在接种前对手部和工具做消毒处理。操作过程中，工作细心，技术熟练，"稳、准、快"地将种块接入料袋之中，让种块"暴露"的时间越短越好，这样外界杂菌进入料袋的概率就会越少。

④轻拿轻放菌袋　装袋、搬运料袋和菌袋过程中必须轻拿轻放，避免料袋和菌袋被坚硬物体刺破或划破，以防止塑料袋破口处进入杂菌。

⑤及时处理污染袋　在毛木耳栽培的整个过程中，要经常检查处理被杂菌污染的菌袋。一旦发现有链孢霉、绿霉、黄曲霉、毛霉等杂菌感染的菌袋，就应及时将其剔除并隔离，预防杂菌菌丝在料袋继续蔓延，杂菌孢子在发菌棚（室）内飞散传播，感染别的菌袋。

2. 油疤病防控　毛木耳油疤病又称"苕皮病""牛皮病""坏头子病"等，是严重危害毛木耳生产的病害，被称为毛木耳生产中的"癌症"。20 世纪 90 年代初开始在四川、河南等地流行，并日趋严重。严重时 90% 以上毛木耳菌袋遭受油疤病危害，导致毛木耳单产严重降低和栽培效益损失惨重。

（1）危害原因　毛木耳油疤病的病原菌为柱霉属，主要侵染毛木耳菌丝。木耳菌袋受侵染后在基质表面形成褐色油浸状病斑，并逐渐加深变为黑色（图 7-3），致使木耳菌丝消解。被油疤病感染的菌袋，毛木耳耳基形成和子实体发育受到阻碍。

图 7-3　油疤病危害的菌袋

（2）预防措施　尽管油疤病被耳农视为毛木耳栽培的"癌症"病害，但是通过试验研究，采取以下综合技术措施可以较好地减少其危害。

①使用抗病品种　当前还没有对毛木耳柱霉（油疤病菌）具

有抗性的毛木耳栽培品种。但试验表明，在四川使用"781"品种或菌株，抗病性优于其他品种或菌株。

②注意环境卫生　随时将毛木耳发菌棚（室）和出耳棚内外的废弃菌袋、垃圾、杂草、积水等清除掉，时常保持棚（室）内外环境卫生，减少油疤病等病原菌和害虫滋生环境。

③冬季翻晒耳棚　在冬季揭开发菌棚和出耳棚的遮阳网、塑料薄膜等遮盖物，让大棚完全暴露，让阳光直射棚内进行翻晒，可有效降低病害发生。

④改善制袋发菌环境　增加栽培基质的石灰用量至3%～4%，使用厚度在0.003厘米以上的塑料袋装料，在12月制作毛木耳栽培料袋，在18～20℃环境下发菌，可有效控制油疤病危害。

⑤改进出耳管理　在子实体形成阶段，出耳棚内要有一定散射光照，晴天中午耳棚内的光照强度控制在250～310勒；适当加强耳棚内通风换气；晴天采耳后当天喷水。这些措施可起到预防和减少油疤病发生的作用。

3. 虫害防控

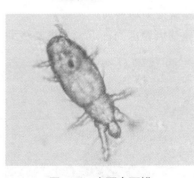

图7-4　木耳卢西螨

（1）**主要害虫**　危害毛木耳的主要害虫是木耳卢西螨（图7-4），俗称"尿素菌"。

（2）**危害症状**　啃食毛木耳菌丝和耳片，导致退菌，培养基发黄、发黏、松散，最后剩下褐色的菌渣。耳片干缩、干枯，变薄发黄，发育缓慢、停止和萎蔫死亡。

（3）**预防措施**

①选用无螨菌种　种源带螨是导致螨害爆发的主要原因。因此，生产上使用的毛木耳栽培种绝对不能带有螨类。

②保持环境卫生　及时清除发菌和出耳场所内外的废料。

③焚烧带螨菌袋 一旦发现带螨菌袋，应立即清除，要小心带离耳棚加以焚烧灭掉。

④化学药剂防治 早期用3 000～4 000倍螺螨酯（螨危），比克螨特防效好。

4. 综合防控

（1）注意卫生、翻晒耳棚 清除发菌室（棚）和出耳棚内及周边的杂草、垃圾、废弃物，远离水塘、积水、腐烂堆积物，菌袋搬进耳棚前利用太阳光线直射翻晒耳棚，有利于减少病虫害发生。

（2）及时去除污染菌袋 经常检查菌袋菌丝生长情况。发菌室（棚）和出耳棚内一旦有杂菌（链孢霉、绿霉等）污染袋，应及时隔离去除，防止蔓延传播。

（3）挂设防虫网、杀虫灯和黄板 发菌室（棚）和出耳棚的门窗上安置防虫网，预防害虫侵入。在发菌室（棚）内外挂设杀虫灯和黄板（图7-5，图7-6），诱杀害虫。

图 7-5 悬挂杀虫灯

图 7-6 悬挂黄板

（4）喷施杀菌、杀虫药剂 若发生螨类、瘿蚊和跳虫等害虫，可用克螨特、阿维菌素、菇净或锐劲特等药剂稀释液喷洒加以防控。在消毒、杀菌、杀虫过程中，选用低毒、低农药残留、符合国家规定的药剂，以保证食品安全。

第八章
滑菇生产技术

图 8-1　滑菇子实体

滑菇又名滑子菇、珍珠菇等（图 8-1）。滑菇营养丰富，每 100 克干菇中含有粗蛋白质 33.6 克、纯蛋白 15.13 克、脂肪 4.05 克、总糖 38.89 克、纤维素 14.23 克、灰分 8.99 克。含有人体生长发育所需的大量氨基酸等多种营养物质。具有抗肿瘤、抗氧化、提高免疫力、降血脂、降血凝、提高红细胞变形能力、抗血栓形成、促进单核细胞分裂繁殖、提高免疫器官胸腺和脾脏质量、促进溶血素形成等多种作用。外观亮丽，口感细嫩、鲜脆滑爽，深受人们喜爱，已经成为人们餐桌上的美味菜肴。

20 世纪 50 年代日本开始了滑菇商业化生产，1982 年总产量达到 1.7 万吨。我国辽宁 1977 年开始生产滑菇，之后，北方地区如吉林、黑龙江和北京等地也开始生产，如今我国很多地区生产滑菇。主要采取短段木栽培和代料栽培滑菇。盐渍滑菇产品出口日本。据中国食用菌协会统计，2017 年全国滑菇产量为 65.3 万吨，在食用菌中位居第九位。目前我国滑菇已经很少采用短段木栽培，主要采取代料栽培，特别是采用半熟料压块栽培和熟料袋式栽培具有作业简便、生产效率高和经济收益高等优点。

一、基本生育特性

（一）营养需求

滑菇属腐生真菌，营腐生生活特性。杂木屑、棉籽壳、棉渣、玉米芯等可作为滑菇的营养物质。

（二）环境需要

1. 菌丝体生长

（1）**温度** 滑菇菌丝生长温度范围为 5～25℃，最适温度为 20℃。

（2）**光线** 滑菇菌丝生长阶段不需要光。

（3）**水分及空气湿度** 滑菇属喜湿性菌类。菌丝生长要求培养基适宜含水量为 60%～65%，环境适宜空气相对湿度为 60%～70%。

（4）**空气** 滑菇属好气性真菌，菌丝生长需要充足氧气。发菌期间尤其在越夏时，若没有注意通风换气，菌丝生长缺乏氧气供应，则会出现菌丝老化，严重者菌丝自溶，培养料也松散，栽培基质甚至整块解体。

（5）**酸碱度** 滑菇喜酸性生活环境，菌丝生长环境最适 pH 值为 5～6.5。

2. 子实体形成生长

（1）**温度** 滑菇属低温型变温结实性菇类。子实体生长温度范围为 5～20℃，最适温度因具体品种而异，一般低于 5℃、高于 20℃出菇迟，子实体发生量较少，菌柄细，菌盖小，开伞灶，品质差。需要 5～8℃的温差刺激出菇。

（2）**光线** 滑菇原基形成需要弱散射光照诱导。子实体形成需要 300～500 勒的散射光，切忌阳光直接照射。若光照不足，则原基形成少，子实体生长迟缓、不健壮，多出现长柄菇、畸形菇等，色泽淡，品质差。子实体具有向光性，在幼菇阶段尤其明显。

（3）水分及空气湿度　滑菇原基分化和子实体发育阶段要求环境适宜空气相对湿度为 85%～95%。若空气湿度不足，则菌肉薄、开伞早，菌盖小、黏液少，商品价值低。

（4）空气　滑菇随着子实体不断发育生长对氧气需求也不断增加，要求环境空气流通，保持空气新鲜，有足够氧气供应。出菇期间若通风不良，则菇蕾色泽不正常，生长发育也缓慢，菌柄细、菌盖小，易开伞，甚至不出菇。

二、品种选择

品种选择应符合国家《食用菌菌种管理办法》规定，经过栽培试验证明该品种的种性适应本地气候条件，并具有抗逆性强、抗杀菌力强、菌丝生长健壮、出菇整齐、优质高产、耐贮运等特征。

根据滑菇栽培出菇温度的不同，通常将滑菇品种划分为 4 个类型：极早生种、早生种、中生种和晚生种。其出菇温度，极早生种为 7～20℃、早生种为 7～18℃、中生种为 5～15℃、晚生种为 5～12℃（《DB21/T 1369—2005 农产品质量安全滑菇块式栽培技术规程》）。滑菇早生种的菌盖呈橘红色，菌柄比晚生种细而长，菌盖上的黏液较少；中、晚生种菌盖呈红褐色，菌柄较粗短，菌盖上黏液较多。

各地可根据当地气候条件和生产目的，选择适用滑菇品种类型。若以生产鲜销菇和速冻菇为目的，则可选择极早生种和早生种进行；若以生产加工罐头和盐渍菇的原料菇为目的，则可选择中生种和晚生种进行栽培。例如，奥羽 2 号和奥羽 3 号品种均为中晚生种，出菇时间较集中，利于采收加工和下茬菇生产的安排。

三、半熟料压块栽培关键技术

滑菇半熟料压块栽培又称块式栽培、半熟料块栽等，是指采取对培养料进行半熟化处理，在 100℃条件下蒸煮 2 小时后，压成料块，接上菌种，进行发菌和出菇的过程。在辽宁省等我国北方地区多使用这种方法生产滑菇。其生产工艺流程为：原料准备→配制基质→包块（压块）→发菌管理→出菇管理→菇体采收。下面主要借鉴《DB21/T 1369—2005 农产品质量安全 滑菇块式栽培技术规程》介绍滑菇半熟料压块栽培技术。

（一）季节安排

辽宁地区滑菇生产，一年一茬，春种秋收。一般采用冷棚式栽培，靠自然温度养菌和出菇。1～3 月棚外自然气温在 –10～3℃即可播种，适宜播种期为 2 月中旬至 3 月上旬（棚外自然气温 –4～8℃），4～8 月为发菌期，9 月棚外自然气温降到 20℃以下开始出菇，9 月下旬至 10 月上旬为出菇盛期，11 月中下旬可结束，采收期 2～3 个月。

（二）原料准备

1. 栽培主料　滑菇半熟料压块栽培可使用木屑、棉籽壳、高粱壳、玉米芯（粉碎）和甜菜渣等农林副产物作为栽培滑菇的主料。要求新鲜、洁净、干燥、无虫、无霉、无异味，不应含有对人体有害的物质。木屑最佳选择为阔叶树硬杂木屑。采用带锯木屑应与 50% 圆盘锯粗木屑混合使用，或加入 20% 刨花碎片、稻壳等。木屑储备有两种方法：一种方法是将木屑晒干装袋，集中存放在阴凉、通风、干燥的仓库；另一种方法是露天贮藏，堆积时间 3～6 个月。

2. 栽培辅料　米糠、麦麸、玉米粉为栽培滑菇的辅助原料，要求新鲜、无霉变、无结块、无虫蛀，贮存在阴凉、干燥、通风的库房，高垫垛底以防地面潮气和鼠害。

（三）配制基质

1. 基质配方

①木屑 100 千克，麦麸 20 千克，石膏 1 千克。

②木屑 100 千克，麦麸 15 千克，玉米粉 3 千克，石膏 1 千克。

③木屑 100 千克，麦麸 8 千克，米糠 7 千克，玉米粉 3 千克，石膏 1 千克。

④木屑 33 千克，玉米芯 50 千克，麦麸 10 千克，玉米粉 3 千克，豆粉 3 千克，石膏 1 千克。

⑤木屑 78%，米糠 20%，糖 1%，石膏 1%。

⑥木屑 78%，米糠或麦麸 17%，玉米粉 4%，石膏 1%。

⑦木屑 80%，米糠或麦麸 10%，玉米粉 8%，石膏 2%。

⑧甜菜渣 50%，木屑 30%，麦麸 18%，石膏 2%。

⑨棉籽壳 87%，麦麸 10%，糖 1%，过磷酸钙 1%，石膏 1%。

⑩高粱壳 76%，麦麸 20%，糖 1%，过磷酸钙 1%，石膏 1%，石灰 1%。

⑪玉米芯 60%，木屑 25%，麦麸 14%，石膏 1%。

⑫木屑 89%，麦麸 10%，石膏 1%。

⑬木屑 49%，秸秆粉 40%，麦麸 10%，石膏 1%。

⑭玉米芯 69%，豆秆 20%，麦麸 10%，石膏 1%。

⑮木屑 79%，甜菜粕 15%，麦麸 5%，石膏 1%。

⑯棉籽壳 59%，木屑 30%，麦麸 10%，石膏 1%。

⑰木屑 80%，麸皮 20%。

⑱木屑 80%，玉米面 2%，稻糠 3%，麸皮 15%。

⑲木屑 60%，玉米芯或豆秆 20%，麸皮 20%。

⑳木屑 60%，玉米芯或豆秆 20%，麸皮 15%，稻糠 3%，玉米粉 2%。

2. 配料方法　配料时，按照基质配方比例称取原料，先将各种原料混合均匀，按料水比 1∶（1～2）缓慢将水加入并混合均匀，使其含水量达到 55%。配好后用塑料薄膜覆盖 30 分钟之后，测定含水量。含水量适宜的标准是用手紧握培养料成团，触之即散，指间稍有水渗出，但没有水滴落下；或用拇指与食指捏培养料，见到水迹时，含水量即可达到 55%～60%。蒸料过程的含水量可在原来基础上增加 2%～3%，达到 62%～63%，这是栽培滑菇最适宜的含水量。

3. 蒸煮原料　采用常压灭菌锅对栽培基质原料进行蒸煮。蒸料前锅内注满水加热，水位线距蒸帘 30 厘米，锅内水烧开后先在锅底撒一层 5～7 厘米厚的干料，然后按照"见气撒料"的原则进行装料，培养料装至八分锅时，盖好锅盖或麻袋，上大气维持加热 2 小时，停气 30～40 分钟后，当料温降至 90℃左右时趁热出料。

（四）包块（压块）

1. 工具准备　把培养料制作成长方体形的块状基质。制作料块需要的工具有方锹、托板、托帘、块模、刮料板、塑料薄膜等。托板是包料块时托料块用的木制平板，规格为 55 厘米×35 厘米或 60 厘米×35 厘米。托帘是用玉米等作物秸秆制作而成，作为料块垫帘。一般制作一个托帘需 7～8 根 60 厘米长的玉米秆。块模是用于形成料块的长方体形木框模子，规格可为 60 厘米×35 厘米×8 厘米。刮料板是用于刮平料面的木板。塑料薄膜用于蒸料后包装料块，规格为（110～120）厘米×（100～110）厘米×0.003 厘米。其他用具还有浸泡消毒塑料薄膜用的小缸，挖取菌种的钢铲、镊子，盛菌种的搪瓷盘。

在培养料蒸煮结束、出料前，要将方锹、托板、块模、刮料板、塑料薄膜等各种用具洗净，用 0.1% 高锰酸钾水浸泡 20 分钟后取出，并立即用塑料薄膜包装挂起，控干水备用。

2. 包块操作 培养料在锅内灭菌后，趁热出料包块。先将块模放在托板上，在框内铺上塑料薄膜，长度与框的长度、方向一致。将装好的料倒入木框的塑料薄膜内，用刮板将培养基刮平后立即包膜。将塑料薄膜较窄的一面先折在料面上，另一面附在其上，将两端的塑料薄膜对折在上面或折压在料块下面，把料块放在玉米秆垫帘上，然后抽出托板。每块装料掌握在 4.5～5 千克，压实后的厚度为 4～4.5 厘米。

3. 撒播菌种 待包好的料块冷却到 15℃ 以下方可接种。接种前要求环境清洁、用具及菌种瓶表面用 0.2% 新洁尔灭溶液或 3% 来苏尔擦洗消毒；接种室在使用前按每立方米用 37% 甲醛溶液 10 毫升、高锰酸钾 5 克进行熏蒸杀菌，40 分钟后接种人员方可进入室内接种；接种人员应穿干净的工作服，双手用 75% 酒精棉球消毒。接种操作时，接种数量小可 2 人操作，接种数量大应 4 人一组配合操作（2 人搬块、揭膜、包块，1 人撒菌种，1 人专管搔种），揭开料块后，迅速均匀地撒入一层菌种，然后按原来包块的顺序包严，轻轻地将料块表面菌种向下压实。接种量按每瓶（750 毫升）菌种接种 2 帘（盘），或 2 瓶菌种接种 3 帘（盘），接种时期应安排在 1～3 月。

（五）发菌管理

1. 搭建菇棚 滑菇栽培场地应选择地势平坦、通风良好、水源充足、水质纯净、远离畜禽舍、无污染、环境清洁卫生的地方。菇棚（冷棚）建造应坐北朝南，可采用竹竿或木杆作支架建造四周，棚顶用草帘或秸秆围成（也可利用日光温室、塑料大棚及空闲房屋等）。结构有两种规格：一是菇棚宽 6 米、边柱高 2.2 米、中柱高 3.2 米、长度根据场地而定，内设 6 排菇架、每排菇架宽 0.6 米、层间距离 0.4 米、设 5 层、底层离地面 0.2 米，3 排过道、宽 0.8 米；二是菇棚宽 4 米、边柱高 2 米、中柱高 3 米，内设 4 排菇架，2 排过道。

2. 菌块上架 接种后的菌块直接放在培养架上培养，或直接在菇棚中进行发菌管理。菇棚在使用前要彻底清扫、消毒，用37% 甲醛溶液或硫磺熏蒸，墙壁、床架用石灰乳刷白。保持菇棚空气干燥，菌块堆码成"品"字形，垛之间要有通道，便于检察管理。垛底应用条石、木方或砖块垫起，距地面 30 厘米高。

3. 前期管理 前期指菌丝定植到菌丝扩展封面期，即 1～3月。接种初期，外界自然气温在 -10～3℃之间，达不到菌丝生长所需最低温度，菌棚要以保温为主，门窗严闭，并将菌块每6～8 盘堆叠在一起，覆盖草帘或塑料薄膜，借助菌丝呼吸、菌块自身发热及日光使棚内温度提高，促进料温达到 5℃以上。应每隔 3～4 天检查料温一次，保持盘与盘之间温度在 0～7℃，最佳温度 4～8℃，10 天左右菌丝萌发定植，25～30 天菌丝封面。此期温度控制在 8℃以下。

4. 中期管理 中期指菌丝体在料块表面长满至布满整个菌块（盘）的时期，即 4 月。此时，外界自然平均气温在 8℃以上，应将菌盘及时移到培养架上单独摆放。注意菇棚通风换气，确保菇棚内空气新鲜。棚温控制在 15℃以下，25～30 天菌丝可全部长满菌盘，形成不松散的菌块。

5. 后期管理 后期指菌丝体布满整个菌块至菌块（盘）表面形成橘黄色蜡质层的时期，即 5～6 月。此时，主要是使菌丝充分生长，吸收和积累营养。应提高菇棚散射光强度，棚内温度控制在 18～23℃，促进蜡质层的正常形成；加强菇棚通风，放松薄膜，打开折压在菌块下的塑料薄膜，并将膜内积水及时控出。

6. 越夏管理 时至 7～8 月的夏季，气温高，菌块（盘）需越夏。此期，以降温为主，伏季应昼夜通风、菇棚需遮阴，避免直射光线，地面可喷洒凉水降温，撒石灰防霉，控制菇棚内温度不超过 28℃。同时将蜡质层形成差的菌块（盘）移到光线充足、通风良好的地方，促进蜡质层的正常形成。

（六）出菇管理

1. 开盘划菌 滑菇经伏天到白露节气以后，进入开盘期，即8月下旬。开盘时间视环境温度和滑菇品种而定，早生种在菇棚内最高温度降到24℃以下时开盘；中、晚生种在22℃以下时开盘，开盘前菇棚应打扫干净、菇棚顶部盖上塑料薄膜，保持菇棚内湿度和防雨。滋生蚊蝇的菇棚应在开盘前进行灭蚊蝇处理。开盘时，揭开包盘塑料薄膜，用酒精将水果刀消毒后，用水果刀沿菌块的纵向每隔3厘米划开蜡质层，每个菌块（盘）划6～7行。根据蜡质层厚度决定划面深度，蜡质层厚的划1.5厘米深，蜡质层薄的划1厘米深，菌块（盘）表面未形成蜡层的可暂不划。划面后将塑料薄膜重新盖上，待3～5天后划痕长出新的菌丝，方可进行催蕾期的喷水管理。

2. 水分管理

（1）喷施雾状水催促菇蕾 喷水初期4～6天为轻水阶段，向菌盘表面喷少量雾状水，保持菌盘面湿润而不积水，每日喷水3～4次；提高菇棚环境湿度，每日至少向棚内空间喷水2次，保持空气相对湿度在85%～90%。从第六天开始进入重水阶段，增加菌盘面喷水量，让水分逐渐向菌盘渗入。此期应增加一次夜间喷水，使菌盘在15～20天内含水量达到70%。

（2）原基分化期控湿控温 当菌盘含水量、环境湿度和温度适宜时，菌盘料面菌丝体上出现白色或米黄色小颗粒，滑菇即进入原基分化期。此阶段应以保持环境湿度为主，菌块保持湿润，严禁向分化的原基上喷水。每天向地面、墙壁上喷水数次，保持棚内空气相对湿度在85%～90%，棚温控制在15～18℃。

（3）幼菇期保湿保温通风 当原基分化能明显见到小菌盖和菇柄时，即进入幼菇期管理阶段。当菌盖长至0.3～0.5厘米时逐渐向菇体及菌盘表面喷雾状水，白天至少喷2次，午夜喷1次，避免大水浇，空气相对湿度达到85%～90%。随着菇体长大和增多，应适当增加喷水量，此期棚温应保持在10～15℃。棚内备水桶贮水以提高水温，向菌块喷洒时，水温应达到10℃左右，中午通风换气2～3次。

（七）菇体采收

1. 采收时间　滑菇从原基形成到成形期为8～10天，管理得当15天可完成1个菇茬。采收应在菌盖未开伞、菌膜未破裂前进行，当菇盖直径达2～3厘米，菇体呈半球状时适宜采收。未开伞的幼菇，菇柄坚实、菇帽橙红、油润光滑，鲜嫩美观。大面积栽培时，菇盖直径达到商品规格标准的上限与下限之间为采收适期。

2. 采收方法　采收前1天停止喷水。采收时需将菇体全部采下，方法是用左手的中指、食指按住菇根部的菌块，右手捏住菇柄基部向上拔，可减少培养基随菇根带走。成簇菇要一起采下，不宜采大留小，否则留下的菇体易腐料或干缩。

3. 料面清理　采收后要及时清理料块表面，将死菇、菇根和料面碎渣清除干净，停止喷水3～4天，有利菌丝恢复，积累营养。5天后仍按正常出菇要求管理，18～20天后即可采收第二潮菇。一般长势旺盛的滑菇可采收3～4茬。每块菌盘投料3.5千克（干料），可产鲜菇1.5～2.5千克。

（八）病虫害防控

1. 主要病虫害　滑菇主要病虫害：竞争性杂菌包括链孢霉、木霉、曲霉、青霉、根霉、毛霉、黑霉、酵母、细菌等；专性寄生病害为黏菌类；虫害主要包括菌蚊、菇蝇、菇蛆、菇螨、线虫等。

2. 防控措施

（1）农业防治　选用抗病力强的优良菌种，制备菌丝健壮、生活力强的生产菌种。菇棚应保持良好的通风和清洁的卫生状况，用水应符合《GB 5749—2006 生活饮用水卫生标准》。

（2）**物理防治**　利用日光暴晒、高温闷棚、黑光灯诱杀等措施。菇棚的门窗及通风孔安装 60 目的窗纱，做到随手关门，经消毒隔离区进棚。

（3）**生物防治**　采用生物农药和农用链霉素以及生物防腐保鲜剂、天然杀虫剂防治病虫害。

（4）**化学防治**　采用低毒、低残留或无残留药剂防治。

①腐烂病　用 50% 甲基硫菌灵可湿性粉剂 800 倍液或菇病灵 600 倍液喷雾防治。

②软腐病　用盐或石灰粉、漂白粉覆盖被黏菌污染的地方，或用克霉灵、碳酸氢铵药液涂抹污染的表面。

③木霉、曲霉、青霉　用菇菌灵 800 倍液或菇康灵 1 000 倍液喷雾防治。

④菌蚊、菇蝇、菇蛆　用 5% 锐劲特悬浮剂 2 000 倍液喷雾防治。

3. 控制病害

（1）**子实体腐烂病**　控制培养基的含水量和菇棚的空气相对湿度。在不影响滑菇发生的条件下，应尽量降低含水量和空气相对湿度；病菇应带出棚外迅速烧掉或掩埋。

（2）**黏菌引起的腐烂病**　应把感染部位菌块削掉，埋入土中；避免菌块积水，在发生部位撒上食盐，同时注意各种栽培容器的清洁卫生。

（3）**菌块腐烂病**　禁止向菌块喷水过多，菇棚要保持最低限度的相对湿度，向菌块喷水只能补足因蒸发而失去的水分，培养料含水量控制在 60%。

（4）**萎缩病及变黑病**　对菌块避免喷水过多，及时通风换气，严格控制菇棚内的温度和湿度，菌块排列堆叠要特别注意勿使菌块处于闷热潮湿的环境中。

四、熟料袋式栽培关键技术

滑菇的熟料袋式栽培（图 8-2），简称熟料袋栽，是指将培养料装入塑料袋中做灭菌处理后，接入菌种，进行发菌和出菇的过程。在气温偏高的四川省等我国南方地区多采用这种方法生产滑菇。其生产

图 8-2 滑菇出菇

工艺流程为：基质配制→菌袋生产→发菌管理→出菇管理→菇体采收。下面主要借鉴《DB51/T 1370—2011 滑菇生产技术规程》来介绍熟料袋式栽培技术。

（一）季节安排

滑菇出菇温度范围为 5～20℃，最适温度为 15℃左右。自然条件下，四川盆地内适宜在 10 月至翌年 3 月出菇。甘孜、阿坝等夏季气温较低的地区可采取春季接种，越夏后，秋季出菇。其他地区应根据当地的气候条件，合理安排生产季节。安排生产时要根据各地气候条件和品种特性，选用适宜品种。

（二）菌袋生产

1. 原料准备 栽培滑菇的培养料以阔叶树木屑、棉籽壳、玉米芯等为主料，以麸皮、玉米粉等为辅料。其中，玉米芯应粉碎成豌豆大小状颗粒使用，使用前用清水预湿处理 12～24 小时。

2. 基质配方

①木屑 81%，麦麸 13%，玉米粉 5%，石膏 1%。

②木屑 49%，棉籽壳 40%，麦麸 10%，石膏 1%。

③玉米芯 50%，木屑 33%，麦麸 10%，玉米粉 3%，豆饼粉 3%，石膏 1%。

3. 拌料装袋　根据当地原料来源情况，选用适合的基质配方。按照基质配方称取原料，将各种原料先拌和均匀，再一边搅拌一边加水，充分搅拌均匀，使培养料含水量在 60%～65%。料袋使用高密度低压聚乙烯塑料袋，料袋规格（折径×长度×厚度）为（17～22）厘米×43 厘米×0.003 厘米。

拌料和装袋可采取人工拌料装袋，也可采用拌料机和装袋机装袋。无论采取哪种装袋作业，都要求装料松紧适度、均匀一致。袋口用绳子扎好或套塑料颈环并用薄膜封口，当天装袋，当天灭菌。

4. 灭菌接种

（1）彻底灭菌基质　采用常压灭菌，当料内温度达 100℃后，一般保持恒温 15～24 小时。灭菌时间长短因灭菌灶装袋数量而异，应以达到对料袋彻底灭菌所需时间为准。

（2）接种环境消毒　随时保持接种室（箱）内的清洁卫生。灭菌后的料袋放入接种室（箱），用卫生消毒剂喷雾消毒。待料温降至 28℃以下后，用气雾消毒剂熏蒸（接种室 2～3 小时，接种箱 40 分钟）。接种室接种前 30 分钟，再用卫生消毒剂喷雾消毒。

（3）接种方法　手部、种瓶（袋）外壁用 75% 酒精或其他卫生消毒剂擦洗消毒；用经火焰灭菌后的接种工具去掉瓶口表层菌种，按无菌操作将栽培种接入袋内，适当压实，迅速封好袋口。一瓶栽培种（750 毫升）可接 8～12 袋。

（三）发菌管理

1. 培养环境消毒　彻底打扫培养室，保持清洁卫生，喷洒杀菌杀虫剂，关闭门窗，用气雾消毒剂熏蒸，使用药剂应符合《DB51/337—2003 无公害农产品农药使用准则》的规定。在使用前 2 天打开门窗通风换气。

2. 发菌期间管理 接种后的菌袋在培养室的码放方式和高度应根据当时的气温决定。培养温度控制在 20～25℃，空气相对湿度控制在 60%～70%，遮光培养，注意通风换气，及时清除污染袋。滑菇菌丝培养期较长。当袋内菌丝基本长满时，适当加强通风，增加散射光照，可促进菌丝向生理成熟转化。当袋口表面菌丝变成淡黄色至橘黄色菌膜时，表明菌袋达到生理成熟，可进入出菇管理。

（四）出菇管理

1. 场地准备 菇房（棚）要选择通风向阳的地方，使用前应打扫，保持清洁卫生，并消毒灭虫，使用药剂应符合《DB51/337—2003 无公害农产品农药使用准则》的规定。可利用空闲房屋或搭建塑料大棚、草棚等进行栽培。可直接在地面排袋出菇，也可搭建层架，提高场地利用率。层架长、宽、层数及层间距、架间距以操作方便、空间利用率高、有利于出菇为准。

2. 进场排袋 将达到生理成熟的菌袋搬进菇房，可采用地面墙式排放或层架横卧排放。

3. 搔菌催蕾 当菇房温度降到 13～15℃时，进行搔菌催蕾，即揭去菌袋袋口的封口纸，用锯条或刀形铁器在料面进行划线作业。然后，主要向空中和地面喷雾状水，使空气相对湿度达到 90% 左右，加大昼夜温差，给予充足的散射光，诱导原基形成。

4. 环境调控 向菇房地面及空间喷雾状水，空气相对湿度保持在 85%～95%。通过开启和关闭菇房门窗，结合通风换气、保持空气流通等措施，将菇房温度调控在 7～15℃。给予适量散射光照。

（五）菇体采收

1. 采收时期 当滑菇子实体菌盖生长至直径 1～2 厘米、菌膜未破裂时是采收的最佳时期。

2. 采收方法 采收菇体时，轻拿轻放，滑菇菌盖黏液多，要避免菇脚上的残渣粘在菌盖上，盛装器具应清洁卫生，避免二次污染。

（六）转潮管理与菌渣处理

采完一潮菇后，清理掉死菇和残菇碎片，停水4～5天，伤口菌丝恢复生长后，按前述"环境调控"方法再进行出菇期间的温光水气管理。

菌渣及时进行无害化处理，避免环境污染。

（七）病虫害防控

1. 农业防治 选用抗病虫优良品种，把好菌种质量关；对培养基进行彻底灭菌；接种室、培养室及出菇场所使用前严格消毒灭虫；及时清除废弃培养物，保持栽培场所及周围的环境清洁卫生；注意通风换气，保持菇场空气新鲜，控制温湿度，切忌长时间的高温高湿，创造适宜的生长环境。

2. 物理防治 培养室、出菇棚（房）门、窗、通风口用40～60目的防虫网罩护；黄板诱杀菌蝇、菌蚊；糖醋液诱集螨虫、蛞蝓；频振式杀虫灯诱杀害虫。

3. 生物防治 使用植物源农药和微生物农药等防治病虫害。

4. 化学防治 使用化学农药应执行《DB51/337—2003 无公害农产品农药使用准则》的规定。宜选用高效、低毒、低残留，与环境相容性好的农药，严格执行农药安全间隔期。子实体生长期不使用化学农药。

第九章
灵芝生产技术

灵芝又名赤芝等（图9-1），是我国最著名的药用菌，含有灵芝多糖（多为 β- 葡聚糖）、灵芝酸（三萜类化合物，如灵芝酸 A、灵芝酸 B 等）、生物碱（甜菜碱、γ- 三甲氨基丁酸等）等主要活性成分；

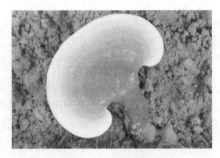

图 9-1　灵芝子实体

含有 18 种氨基酸，其中人体必需氨基酸的相对含量高于 50%，比一般食用菌高 40%；含有锰、砷、铬、铜、铁、钙、镁、锌、硒、锗 10 种微量元素。锗有"长寿元素"之称，灵芝中的锗含量很高，最引人注目，一般为 80～1 000 毫克 / 千克，是人参含锗量的 3～6 倍。灵芝作为中药材利用在我国已有 2 000 多年的悠久历史，用于滋补药，补肺益肾、养胃健脾、安神定志、扶正固本，多用于治疗虚劳咳嗽、心悸失眠、食欲不振等疾病。现代药理研究证明，灵芝具有抗肿瘤、增强免疫、抗放射线损伤、抗氧化、降血压、保肝等作用，已在临床应用于治疗心血管疾病、神经衰弱、慢性气管炎、白细胞减少症、肝炎、癌症、糖尿病等疾病。灵芝已经被《中华人民共和国药典》收载。处于亚健康状态、体弱多病和癌症患者等人群常常喜欢消费灵芝的子实体、孢子粉及其加工产品。多数人食用灵芝后表现出睡眠改善、食欲增加、较少感冒和精力充沛等效果。

我国灵芝栽培可追溯到唐朝，华南农业大学农史研究室的魏露苓（2003）引用唐诗"偶游洞府到芝田，星月茫茫欲曙天。虽则似离尘世了，不知何处偶真仙"，认为：在唐代人们栽培灵芝要利用截成一定长度的木段，而诗中提及的"芝田"则表明这些段木是埋入土中的。明朝李时珍《本草纲目》记载"方士以木积湿处，用药傅之，即生五色芝"，这句话中的"用药傅之"可理解为"接种菌种"的意思。从20世纪60年代开始，我国就对灵芝栽培进行了研究，1969年成功地实现灵芝室内人工栽培。近些年来，人工生产灵芝技术有了很大提高和发展，灵芝段木栽培和代料栽培技术已较为成熟，成为世界灵芝生产和灵芝产品出口大国。早期人工栽培灵芝以段木为主，数量很少，现今灵芝的人工栽培既有段木栽培又有代料栽培。目前我国天津、山西、辽宁、吉林、黑龙江、浙江、安徽、福建、江西、山东、湖北、湖南、广东、广西、重庆、陕西、四川、甘肃等省（自治区、直辖市）均有灵芝生产。我国灵芝栽培技术模式可归结为"熟料发菌荫棚出芝"。灵芝栽培的产量、品质不断提高，栽培技术不断规范化，规模逐年扩大。据中国食用菌协会统计，2017年全国灵芝产量为13.73万吨，产量排名前三位的省份是广东（约4.73万吨）、山东（约3.11万吨）和江西（约1.81万吨）。

一、基本生育特性

（一）营养需求

灵芝一般属腐生真菌，营腐生生活特性。阔叶树木材、木屑、棉籽壳、棉渣、玉米芯、甘蔗渣等可作为灵芝的营养物质。

灵芝属的其他少数灵芝种类对基质的要求比较专一，如闽南灵芝生长在松树桩上；橡胶灵芝生长于橡胶属植物和棕榈科植物上；热带灵芝生长于相思树或合欢树上；松杉灵芝生长于落叶松属和铁杉属植物上；奇异灵芝可以生长在活的大树干高处。有些灵芝种类兼有寄生的营养特性，既能生长在活树上又能生长在死树上，如树舌灵芝。

（二）环境需要

1. 菌丝体生长

（1）**温度** 灵芝菌丝体生长的温度范围为3～40℃，适宜温度为25～28℃，最适温度为25±2℃。

（2）**光线** 灵芝菌丝体生长阶段在黑暗或弱光照（散射光）下正常生长。黑暗环境有利于菌丝细胞分裂和伸展。菌丝在完全黑暗条件下生长最快，当光照强度增加到3 000勒时，菌丝每天的生长量不及完全黑暗条件下的一半。黄光对灵芝菌丝生长的抑制作用最强，其次是蓝光、绿光，红光的抑制作用最小。因此，人工栽培灵芝在发菌阶段需要避光培养。

（3）**水分及空气湿度** 灵芝属于喜湿性菌类。段木栽培灵芝的段木适宜含水量为33%～45%，代料适宜含水量为60%～65%。生长环境适宜空气相对湿度为60%～70%。

（4）**空气** 灵芝属好气性真菌，菌丝生长需要一定量的氧气。在自然条件下，空气中二氧化碳浓度为0.03%时，灵芝菌丝可正常生长。温度条件不变，二氧化碳浓度增加到0.1%～10%，灵芝菌丝生长速度可加快2～3倍以上。

（5）**酸碱度** 灵芝喜酸性生活环境，菌丝生长环境pH值范围为3～9，最适pH值为4～6。代料栽培灵芝，在配制培养基质时一般可将基质酸碱度调节到pH值5～7，原因是培养基在灭菌和菌丝生长过程中pH值会降低。

2. 子实体形成生长

（1）**温度** 灵芝属高温型恒温结实性真菌。子实体分化和发育的温度范围为 18~30℃，最适温度为 26~28℃。子实体生长温度范围可在 5~30℃之间。温度偏低，子实体质地较好，菌肉致密，皮壳色泽深，光泽好；反之，尽管也能较快生长但是质量稍差。

（2）**光线**　灵芝子实体分化发育需要一定光照。综合有关文献，光照强度在 20~100 勒范围内，只形成类似菌柄的突起物而不分化出菌盖；在 300~1 000 勒范围内，菌柄细长、菌盖瘦小；达到 3 000~10 000 勒时，菌柄和菌盖生长正常。子实体分化和发育阶段适宜光照强度为 15 000~50 000 勒。子实体生长具有向光性。因此，人工栽培灵芝菌时，需要一定散射光线诱导原基分化形成。出芝棚四周遮光均匀，以避免子实体向着光照强的方向弯曲生长而影响产品外观品相。

（3）**水分及空气湿度**　灵芝子实体分化和发育阶段适宜环境空气相对湿度为 80%~95%。

（4）**空气**　灵芝子实体形成和发育，对空气中二氧化碳很敏感。子实体分化和长大适宜空气二氧化碳浓度为 0.03%~0.1%，若二氧化碳浓度偏高则子实体外形发生变化，生长受到抑制，可能只长菌柄而不分化菌盖，或形成鹿角状分枝，严重时完全不形成子实体。因此，人工栽培灵芝时，应加强对出芝棚内的通风换气，以满足子实体健壮发育所需氧气。在氧气不足、二氧化碳浓度高的情况下，子实体发育受到抑制，易形成畸形芝而失去商品价值。

二、优良品种

（一）主要栽培品种

我国生产上灵芝主栽品种或菌株：河南省有日本赤灵芝、黄山 8 号；浙江省有 G901、韩芝、信州灵芝、泰山 1 号、G8、仙芝、G801、G802、赤芝六号、赤芝八号、台湾 1 号、日本 2 号、云南

4 号；山东省有 TL–1（泰山赤灵芝 1 号）、韩国灵芝、日本赤芝；四川省有金地灵芝、灵芝 G26；福建省有 G9109、植保 6 号。

（二）审认定新品种

推荐试种近年育成的审定或认定的新品种：沪农灵芝 1 号、药灵芝 1 号、药灵芝 2 号、荣保 1 号、川芝 6 号、灵芝 G26、金地灵芝、仙芝 1 号、仙芝 2 号、龙芝 1 号、龙芝 2 号、龙紫 2 号、芝 102、芝 120、泰山 –4、灵芝昆仑山 –6、湘赤芝 1 号、仙客来灵芝 1 号等。

（三）品种特征特性

1. 金地灵芝　子实体单生；菌盖红褐色，肾形或半圆形，表面有环状纹，成熟后木质化；菌柄红褐色。原基分化温度 24～28℃，需要散射光诱导；子实体形成适宜温度 20～25℃，子实体生长适宜空气相对湿度 90% 左右。适合段木栽培，当年产量为段木重量的 5%～8%。适宜于四川及相似生态区栽培。

2. 川芝 6 号　菌盖褐色，扇形，具光泽，表面有环纹，顶平、边缘薄；菌柄褐色、柱状、中生。子实体形成适宜温度 25～30℃，空气相对湿度 90%～95%。环境空气中二氧化碳浓度高于 5 000 毫克 / 米^3 时菌盖生长不良，光照强度低于 500 勒时子实体发育不良。适合段木栽培和代料栽培。代料栽培干芝生物学效率 20%。适宜于南方地区栽培。

3. 灵芝 G26　子实体单生；菌盖红褐色，肾形，表面有环纹；菌柄红褐色，侧生。原基分化温度 24～28℃，需要散射光诱导；子实体形成适宜温度 20～25℃，子实体生长适宜空气相对湿度 90% 左右。适合代料栽培。代料栽培干芝生物学效率 20%。适宜于四川及相似生态区栽培。

4. 日本赤灵芝　子实体单生；菌盖幼时褐黄色，成熟后为红褐色至土褐色，有光泽，腹面黄色，肾形或半圆形，表面有同

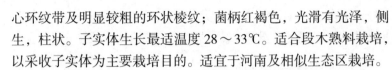

心环纹带及明显较粗的环状棱纹；菌柄红褐色，光滑有光泽，侧生，柱状。子实体生长最适温度28～33℃。适合段木熟料栽培，以采收子实体为主要栽培目的。适宜于河南及相似生态区栽培。

5. 黄山8号 子实体单生；菌盖幼时褐黄色，成熟后为黄褐色，圆形、半圆形或肾形，菌盖表面有同心环纹带及明显较粗的环状棱纹，菌盖背面淡黄色；菌柄红褐色，有漆样光泽，偏中生或侧生。子实体致密。原基分化温度24～28℃，出芝适宜温度22～28℃。三萜类化合物和多糖含量均较高，产孢率高，是采芝和收粉兼用型品种。适合段木熟料栽培，适宜于河南及相似生态区栽培。

6. G901 属赤芝。子实体单生比例偏高，菌盖大而厚，芝大圆美。抗逆性强，转潮快，子实体和孢子粉产量高。适合段木熟料栽培，适宜于浙江龙泉及相似生态区栽培。

7. 韩芝 属赤芝。抗逆性强，子实体色红，易栽培。适宜于浙江及相似生态区栽培。

8. 信州灵芝 属赤芝。子实体单生，菌盖大而厚，朵形完整，商品性好，是出口创汇的优良品种。适宜于浙江及相似生态区栽培。

9. 泰山1号 属赤芝。子实体菌盖大、菌柄较短，色泽好，产量高。适合代料栽培，适宜于浙江及相似生态区栽培。

10. G8 属赤芝。子实体菌盖平而大、菌柄粗短，色泽好，易栽培。适宜于浙江及相似生态区栽培。

11. 仙芝 属赤芝。子实体菌柄较长，粗壮，芝形圆整，挺拔美观，趋光性强，是灵芝盆景选用的优良品种。适宜于浙江及相似生态区栽培。

12. TL-1（泰山赤灵芝1号） 子实体单生或丛生。菌盖半圆形或近肾形，具有明显的同心环状棱纹，红褐色至土褐色，有光泽，腹面黄色；菌柄深红色，光滑有光泽，柱状。适合代料栽培，适宜于山东泰安及相似生态区栽培。

13. 韩国灵芝　子实体单生。菌盖半圆形或近肾形，具有瓦楞状环纹，纹凸，褐色，腹面黄色；芝柄深褐色，有光泽，柱状。子实体生长发育最适温度27～29℃，适宜环境空气相对湿度80%～90%。适合代料栽培，适宜于山东泰安及相似生态区栽培。

14. 日本灵芝　子实体单生或丛生。菌盖肾形或近半圆形，表面有环状棱纹，褐色，腹面鲜黄色；芝柄紫褐色，侧生，有光泽。原基分化温度22～28℃。适合代料栽培，适宜于山东泰安及相似生态区栽培。

三、段木栽培关键技术

灵芝段木栽培（图9-2），即灵芝短段木熟料栽培，是指将适合灵芝生长的树木截成一定长度的段木，对段木进行高温蒸煮灭菌后接上菌种，菌丝长透段木成为菇木，菇木埋入土中，通过一定的管理措施，使菇木长出灵芝子实体的过程。在有阔叶树

图9-2　灵芝段木栽培出芝

杂木资源的地区可采用这种方法生产灵芝。其技术工艺流程是：选择树木→适时砍伐→截木装袋→灭菌接种→培养发菌→做畦建棚→脱袋埋土→出芝管理→适时采收→干燥分级→包装贮运。

（一）季节安排

四川地区，一般安排在11月下旬至12月下旬接种段木，4月上旬埋土，5月开始现蕾，7～9月采芝，当年可收得2～3批子实体。

浙江龙泉地区，在11月下旬至翌年1月下旬，或2月中旬至3月上旬接种栽培，当年均可收获2批子实体。

福建北部地区，一般在10月下旬至翌年2月下旬均可接种段木，但以11月中旬至12月下旬为最佳接种时间，出芝时间在5月中旬至10月下旬。

东北地区，一般可在3月中旬接种段木，5月中旬埋段，7月高温季节利于灵芝子实体的生长发育。

（二）选择树木

栽培灵芝的树种：以壳斗科树种为主，如栎、栲、榉等。不使用松、杉、柏、樟、桉、漆树等，因其含有芳香类物质，会抑制菌丝生长。

（三）适时砍伐

"叶黄砍树"，从约三成芝树叶片变黄至新芽萌动均为砍树的适宜时期。选择秋冬季生长在土质肥沃、向阳山坡的树木，树干或枝丫直径为6~20厘米。

（四）截木装袋

树木截断作业使用圆盘电锯进行，有3个方面的好处：一是省力，减轻劳动强度，缓解劳力紧张；二是节工，减少用工数量，提高作业效率；三是增效，节约用工成本，增加栽培效益，从而达到降本增效的目的。将树木截成20~30厘米的短段木，用刀将断面修理平整，以避免装袋时"木刺"刺穿料袋。晾晒1~3天，断面中心有1~2厘米长的细裂痕时含水量（33%~45%）较为适宜。

盛装短段木的塑料袋厚度宜为0.005厘米，较厚不易被"木刺"刺破。塑料袋一端用塑料丝膜或麻绳扎口，将短段木小心装入塑料袋内，并用塑料丝膜或麻绳将另一端袋口扎紧。

若遇有直径大的段木，则可用斧头将其竖劈至适宜大小后装袋。劈下的木块可用铁丝捆扎成适宜大小再装袋利用。

（五）灭菌接种

一般生产上常采用常压灭菌，将料袋放入土蒸灶的灶体内整齐堆码，加热排出冷气后在 98～100℃下维持 14～24 小时，因灶体大小和装量而异，一般装量多则灭菌时间长。灭菌结束，待温度适当降低后，将灭好菌的段木移入接种场所冷却至 30℃以下方可进行接种。

接种作业要求在接种箱或接种室内，按照无菌操作技术要求进行。接种动作要熟练、稳、准、快，减少接种块和灭菌后料袋口裸露空间的时间，以避免外界杂菌感染菌种块和进入料袋。

自制或购买的栽培种要求质量合格。栽培种用量：10～12 个料袋/瓶（750 毫升），一般 80～100 瓶/米^{3}段木。

（六）培养发菌

用于栽培灵芝的短段木料袋，接种后培养灵芝菌丝，让菌丝体增殖的过程称为发菌。用于发菌的场所叫作发菌室或发菌棚（塑料大棚）。

1. 发菌室（棚）准备　发菌室（棚）使用前 1 个月，要清除室（棚）内外垃圾、杂物，开门窗或敞篷通风和晾晒。使用前 1～2 周，用消毒灭菌剂及杀虫药剂对场地、草毡、薄膜等进行彻底地消毒灭菌及杀虫。菌袋进室（棚）前 2～3 天，每立方米用硫磺 20 克充分燃烧熏蒸 36 小时，或 37% 甲醛溶液 15 毫升和高锰酸钾 5 克熏蒸；地面应铺撒石灰粉约 1 千克/米^3（既吸潮又杀菌），以有效降低杂菌害虫基数，减少病虫害带来的损失。

2. 菌袋堆码　接种有灵芝菌种的栽培袋称菌袋。菌袋交叉摆放在室内，三行一列，堆高约 1.5 米，不可压住袋口。15 天后结合翻堆改三行一列为两行一列。

3. 环境调控 灵芝菌丝体生长期间要求适宜培养环境条件为：最适温度 25～28℃，无光照，适宜环境空气相对湿度 60%～70%，通气良好。应对发菌室（棚）的环境采取措施加以综合调控，以满足菌丝体健壮、快速繁殖。

（1）遮光培养 对发菌薄膜大棚采取遮盖遮阳网、发菌室（棚）的门窗设置遮光门帘和窗帘，在菌袋料堆上加盖黑色塑料膜，避免阳光照射菌袋，满足灵芝菌丝体生长无须光照的需求。

（2）综合调控环境 发菌期间应根据当时具体情况采取相应措施，对菌袋培养环境的"温光水气"进行综合调控。

料袋刚接入种块的前 1 周时间内，重点是采取盖膜、闭门窗等措施，保持和提高菌袋堆内温度。

7～10 天后，发菌室每天中午通风一次，每次 1 小时，以后随发菌时间延长而逐渐加大通风量。

料袋接种后 15 天左右，袋壁附有大量水珠，结合翻堆改三行一列为两行一列。这期间的管理主要是采取"低温时盖膜并闭门窗，高温时揭膜并开门窗"措施，并结合通风降温措施，控制环境温度在 20～25℃。

当菌丝在断面长满并形成菌膜时，可微开袋口适当通气增氧，连续 3～4 次，必要时可将袋口一端解开，以加大通气量，菌丝即可在段木内长透。

空气湿度太大时，采取掀膜并开门窗、通风、置放生石灰吸潮等措施，降低发菌环境的空气湿度。在北方空气湿度太低时，采取向发菌室内空间喷洒少量雾状水增湿措施，增加发菌环境的空气湿度。总之，将环境空气相对湿度调节至 60%～70%。

菌袋培养 60～70 天时，菌丝达到生理成熟，其特征是菌木表层菌丝洁白粗壮，菌木之间菌丝紧密连接不易掰开，表皮指压有弹性感，菌木断面有白色草酸钙结晶物兼有部分红褐色菌膜，少数菌木断面有豆粒大小原基发生。此时即可转入脱袋埋土环节。

（七）做畦建棚

1. 开厢做畦　畦高 10～15 厘米，宽 1.5～1.8 米，畦间留 30～45 厘米宽走道，畦长因地形而定，畦面四周挖排水沟，沟深 30 厘米，沟底撒少许呋喃丹或灭蚁粉。

2. 搭建荫棚　在畦床上用竹竿或钢管、遮阳网、塑料膜等搭建荫棚，高 1.9～2.1 米。荫棚要求能遮强烈阳光，通气保湿无雨淋，"三分阳、七分阴"。

3. 配套设施　给出芝棚配设安装微喷灌设施，该设施由微喷头、输水管、过滤器和水泵等组成，可以实现喷水轻简化管理，节约出芝水分管理的人工，并且省力和节水，能降低管理用工成本。

在出芝棚内的门窗上安设防虫网，以防止害虫飞入出芝棚（室）；棚内悬挂杀虫灯、黄板纸，以诱杀害虫成虫。

（八）脱袋埋土

1. 晴天脱袋　宜选择在晴天进行脱袋，即用刀划破料袋膜，去除菇木的外袋。

2. 菇木埋土　脱袋的菇木平放横埋于畦床内，断面相对排放、间距 3～5 厘米，其间用干净细沙土填塞；行距 10～15 厘米，排列要整齐，避免高低不平。也可将菇木竖直埋入土中，菇木上铺厚 1～2 厘米的细土，以菇木不露出为宜。

3. 喷施重水　淋重水一次保持土壤湿润，以减少出芝前的浇水次数。

4. 盖膜保湿　覆土后通常还在覆土层上铺一层地膜，保持土壤湿度。

（九）出芝管理

1. 芝蕾分化期　菇木覆土后至灵芝子实体原基分化成菌蕾

（芝蕾）期间，使用微喷灌设施，将棚内环境空气相对湿度提高到85%～90%。采取遮盖或掀开薄膜、开启或关闭出芝棚的门窗等措施，将棚内环境温度控制到25～28℃。每隔2天或3天开闭门窗通风换气，晴天午后通风1小时。

通常，菇木埋土后经过8～20天，可见畦床上开始分化出瘤状的芝蕾。

2. 芝柄伸长期 子实体发育芝蕾后，就要纵向伸长分化菌柄，即进入芝柄生长期。管理调控措施如下。

（1）微喷灌水保湿 通过微喷灌水，将棚内环境空气相对湿度调节至85%～90%。

（2）减少通风次数 通过减少通风次数让芝柄伸长至一定长度。

（3）适当调整光照 调整光照强度至300～1 000勒，棚内光源均匀，以免芝柄弯曲生长。

（4）适度疏蕾处理 去掉特别瘦小、细长的芝蕾。保持2朵/段（φ≤15厘米），3朵/段（φ>15厘米），让每朵灵芝较大而具较好品相。

3. 芝盖形成期 当菌柄伸长到一定程度时，为避免菌柄过长且促进子实体分化菌盖，应采取如下措施，使子实体发育进入芝盖形成期。

（1）微喷灌水保湿 加大喷水次数和喷水量，使空气相对湿度为85%～95%。

（2）加大通风次数 菌柄长5厘米时，及时加大通风量。

（3）适当调控温度 调节温度至28～32℃，促使柄顶白黄生长点由原来的纵向伸长向横向扩大生长，以形成菌盖。

4. 芝体成熟期 芝盖形成不会无限长大，发育到一定时期菌盖表面就会产生孢子，芝盖边缘鲜黄色或乳白色生长点会慢慢消失，芝体进入成熟期。这期间主要采取下列措施进行管理。

（1）保持土壤湿润 尽量少喷水。

（2）加强通风换气 适当加盖遮阴物，大棚两侧膜上卷至距畦床面 6～8 厘米。

（3）**适当调控温度**　调节温度至 28～32℃。

（十）适时采收

1. 芝体成熟标志

（1）**芝盖上面有大量孢子粉**　褐色孢子堆积芝盖上表面 1～1.5 毫米厚。

（2）**芝盖生长不增大而增厚**　菌盖不扩大生长，只加厚生长。

（3）**芝盖边缘没有鲜黄白色**　芝盖边缘鲜黄色或乳白色生长点消失。

2. 芝体采收方法　用果树剪刀或园艺修枝剪，距芝盖下芝柄 1.5～2 厘米处剪下即可。芝柄的伤口愈合后，就会形成芝蕾并发育灵芝子实体。

3. 孢子粉采集　灵芝孢子粉的采集方法有：套筒采孢（图 9-3）、套袋采孢、地膜集孢和风机吸孢等方法。

一般而言，新鲜孢子粉收获量在 10～20 克 / 朵。

图 9-3　灵芝套筒采孢

（十一）干燥分级

采后及时烘干：35～55℃（先低后高）下一次性烘干，中途不停机烘烤。干品含水量小于或等于 13%。按照《LY/T 1826—2009 木灵芝干品质量》对灵芝子实体进行分级后再进行包装。

（十二）包装贮运

包装、标签：执行《GB/T 191—2008 包装储运图示标志》

和《GB 7718—2001 食品安全国家标准 预包装食品标签通则》规定。

贮存、运输：防虫蛀、防霉变；防雨、防潮和防暴晒。贮藏期一般不超过 1 年。

四、代料栽培关键技术

灵芝代料栽培（图 9-4，图 9-5，图 9-6），是指将木屑、棉籽壳、玉米芯等农林副产物作为原料，按照一定比例配制成合成或半合成培养基或培养料，以培养灵芝子实体的过程。其栽培技术流程是：原料选择→基质配比→拌料装袋→灭菌接种→培养发菌→做畦建棚→出芝管理→适时采收→干燥分级→包装贮运。与短段木栽培的技术流程大同小异，最大的不同之处是"基质配比"技术环节。

图 9-4　灵芝代料栽培出芝

图 9-5　鹿角灵芝代料栽培出芝　　　图 9-6　灵芝出芝嫁接造型

（一）季节安排

利用自然气候条件进行灵芝代料栽培，应根据栽培品种或菌株特性及所在地气候条件，合理安排生产季节。

我国南方光热较高，华北西南光热较低。在南方地区，一般每年可进行2次栽培，即春季栽培和夏季栽培，春季栽培于4月上旬至5月初制袋接种，6月中下旬至7月初采收；夏季栽培于7～8月制袋接种，9～10月采收。华北及西南地区，一般每年只进行1次栽培，即春季栽培，4～5月制袋接种，6～8月出芝。

有文献报道，广东省，在元旦前后制袋，出芝季节在4～6月。山东省，3～6月制袋，4～6月出芝。江西省，4月接种，5～7月出芝，或7月接种，8～10月出芝。河南省，春季3月下旬至4月下旬制袋，5～7月自然温度出芝；秋季8月下旬以后制袋，采取加温出芝。江苏省，4～5月制袋，5月底陆续出芝。长江三角洲的江北地区，5月制袋，10月上旬出芝结束。辽宁省，4月下旬或5月上旬制袋，7月中旬至9月中旬出芝2～3批。河北省，4～5月制袋，6～8月出芝。海南省，2月底至3月中旬制袋。

（二）原料选择

代料栽培灵芝的主料有木屑、棉籽壳和玉米芯等。木屑应选择以壳斗科树种为主，如栎、栲、槠树等阔叶树的木屑，又称杂木屑。不使用松、杉、柏、樟、桉、漆树等树种的木屑，因其含有芳香类物质，会抑制菌丝生长。选用未霉变、不发酸的有机物原料，正规厂家生产的正品石膏、石灰等无机原料，作为灵芝栽培的主料和辅料。

（三）基质配比

杂木屑、棉籽壳、玉米芯等可作为灵芝栽培基质的主料，主料与麦麸、石膏、石灰等辅料合理配比，优化为高产栽培基质优良配方。充分发挥地方原料资源来源的优势，尽量以成本低廉原料替代或部分替代价格昂贵的棉籽壳、木屑等原料，以直接降低生产原料成本，间接增加生产效益。

栽培原料基质配方参考如下。其中，玉米芯、玉米秆、栗蓬、芒草、芦笋秆等原料需经过粉碎后使用。

①棉籽壳 60%，杂木屑 15%，玉米芯 15%，麦麸 9%，石膏 1%，含水量 60%～65%。

②棉籽壳 80%，杂木屑 10%，麦麸 5%，玉米粉 4%，石膏 1%，含水量 60%～65%。

③棉籽壳 50%，杂木屑 30%，玉米芯 10%，麦麸 5%，玉米粉 4%，石膏 1%，含水量 60%～65%。

④杂木屑 70%，玉米粉 28%，石膏 1%，蔗糖 1%，含水量 60%～65%。

⑤杂木屑 40%，棉籽壳 40%，麦麸 10%，玉米粉 8%，蔗糖 1%，石膏 1%，含水量 60%～65%。

⑥杂木屑 50%，玉米芯 35%，麦麸 12%，玉米粉 2%，石膏 1%，含水量 60%～65%。

⑦蔗渣或棉籽壳 86%，麦麸 12%，石膏 1%，蔗糖 1%，含水量 60%～65%。

⑧鲜酒糟 70%，木屑 10%，玉米粉 10%，米糠 8%，石膏 1%，过磷酸钙 1%，含水量 60%～65%。

⑨高粱壳 60%，木屑 20%，玉米粉 10%，米糠 8%，石膏 1%，过磷酸钙 1%，含水量 60%～65%。

⑩玉米秆 60%，苹果枝屑 36%，石膏 1%，过磷酸钙 3%，含水量 60%～65%。

⑪葵壳 40 千克，葵粉 60 千克，麦麸 10 千克，油粕粉 4 千克，木屑 6 千克，尿素 400 克，磷酸二氢钾 200 克，石膏 1 千克，白糖 500 克（注：葵壳需先用清水浸泡 16～20 小时），含水量

60%～65%。

⑫栗蓬、棉籽壳各 40%，麦麸 18%，蔗糖 1%，石膏 1%（注：栗蓬晒干粉碎成细木屑状，下同），含水量 60%～65%。

⑬栗蓬、木屑各 40%，麦麸 18%，石膏 1%，蔗糖 1%，含水量 60%～65%。

⑭芒草 75%，麦麸 20%，玉米粉 3%，蔗糖 1%，石膏 1%，含水量 60%～65%。

⑮芦笋秆 37%，棉籽壳 37%，麦麸 20%，玉米粉 3%，石膏 1%，磷肥 1%，蔗糖 1%，含水量 60%～65%。

⑯废茶叶 50%，棉籽壳 30%，玉米粉 15%，石膏 2%，蔗糖 2%，磷肥 1%，含水量 60%～65%。

⑰栎叶 50%，棉籽壳 30%，玉米粉 15%，石膏 2%，蔗糖 2%，磷肥 1%，含水量 60%～65%。

（四）拌料装袋

使用拌料机和装袋机具有省力、省工、高效等优点，与手工拌料装袋相比，能直接提高工作效率、有效降低用工成本，间接增加生产效益。

1. 拌料　当选定某一栽培基质配方后，按配方比例称取原料，采用人工或拌料机将原辅料搅拌均匀。一般，先将干料拌匀，再按料水比为 1∶（1.1～1.3）加入水，将湿料拌匀。若需添加蔗糖或红糖则将其溶于水后加入，使栽培料基质的含水量达到 60%～65% 即可。一般，栽培基质的酸碱度在 pH 值 6～7。

拌料基质含水量简单判断方法：年轻人随意抓一把拌和栽培料紧握，伸开手掌成团，手松开自然落下，料碰地即散，这时表明拌和栽培基质的含水量大致为 60%～65%，较为适宜。否则，含水量过高或过低。

料拌好后闷 1 小时，让水分浸透基质而不留有干颗粒，以利于灭菌彻底。

2. 装袋　一般可使用规格（折径×长度×厚度）为17厘米×33厘米×0.005厘米的有底塑料袋作为盛装栽培基质的料袋，将来一头出芝。山东及东北地区有使用规格（折径×长度×厚度）为18厘米×39厘米×0.005厘米的料袋，将来两头出芝。

采用装袋机或手工方法将栽培基质装入料带内。手工装袋时，先将料袋一端3厘米处用线扎紧，料装到离袋口7厘米处时，将袋内空气排出，用线扎口即可。装料时要求松紧适度。

（五）灭菌接种

1. 高温蒸汽灭菌　生产上一般利用土蒸灶对装有基质的料袋进行高温常压蒸汽灭菌。

（1）排放锅内冷气　将料袋搬进高温常压灭菌器锅内堆码好，先不遮盖，加热让锅内热蒸汽将码堆内冷空气排出去，尽量让料袋堆内冷空气溢出。之后才将料袋堆用厚型塑料膜、彩条布或帆布等围盖严实。

（2）持续灭菌时间　当大量热蒸汽将彩条布或帆布坚实地挺起后，布上压2～3块砖头而不下陷，其内部温度即达到95℃以上，这时小火维持，持续灭菌时间18小时（注：锅体大小和装量不同，灭菌时间有所不同）。之后停止加热，让其自然降温并闷一个晚上后，揭开遮盖物，再进行料袋下灶。

灭菌后的菌袋搬至接种场所，冷却至30℃以下方可进行接种。

2. 无菌操作接种　接种作业要求在接种箱或简易接种棚帐或接种室内，按照无菌操作技术要求进行。接种动作要熟练、稳、准、快，减少菌种块和灭菌后料袋口裸露空间的时间，以避免外界杂菌感染接种块和进入料袋。而且，接种时，应将菌种铺撒均匀并与培养料压实后扎紧袋口，以利于菌种块尽快吃料。

自制或购买的栽培种要求质量合格。一般，每瓶栽培种（容量750毫升）可转接8～10袋栽培袋。

（六）培养发菌

灵芝代料栽培的菌袋发菌管理措施，与短段木栽培的菌袋"培养发菌"相同（前面已述）。

在发菌期间，每10～15天应翻堆1次，在翻堆过程中注意观察菌丝生长情况，并视其不同情况采取相应的措施。一般，在接种后6～8天，菌丝封面。当菌丝向料内生长到3～4厘米时，可解去扎口线，让空气顺利通过口缝隙透入，促进菌丝进一步向料深处生长。约25天后，当菌丝长到袋长的4/5时（即两头菌丝向内生长相距约5厘米时）可轻轻开口，压成蝶形，露出1.5～2厘米口径的菌皮面，为进入子实体培育阶段做准备。一般，培养30～35天，灵芝菌丝便可长满菌袋。在发菌期间，要经常检查菌丝生长状况，一旦发现有霉菌污染的菌袋，应及时捡出，避免杂菌孢子传播到其他菌袋中。

（七）做畦建棚

1. 搭建荫棚 搭建出芝荫棚，其方法与短段木栽培的"搭建荫棚"相同（前面已述，此略）。

2. 配套设施 出芝荫棚的配套设施，如微喷灌设施、防虫网、频振灯、黄板等的配套，与短段木栽培的"配套设施"相同（前面已述，此略）。

（八）出芝管理

1. 菌袋摆放 培养至菌袋口开始出现白色块状物（即原基）时，就要及时将菌袋移入出芝棚，可将菌袋直接在地面上横卧重叠、整齐地摆放、堆码成排，一般每堆码5～6层，每排之间相距0.5米作为人行道，便于管理人员进出。摆放好菌袋后，去掉封口纸或解开袋口，进行催蕾出芝环境管理。

2. 环境调控 灵芝代料栽培的出芝环境调控，与短段木栽

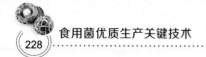
培的"出芝管理"相同（前面已述，此略）。

（九）适时采收

同短段木栽培的"灵芝采收"（前面已述，此略）。

（十）干燥分级

同短段木栽培的灵芝"干燥分级"（前面已述，此略）。

（十一）包装贮运

同短段木栽培的灵芝"包装贮运"（前面已述，此略）。

五、病虫害防控

灵芝的病虫害预防采取"物理为主，化学为辅，综合预防"的策略进行，可有效减少杂菌害虫危害，利于减少病虫害带来的损失。

（一）杂菌防控

在灵芝栽培过程中的病害，主要是竞争性杂菌的危害。

1. 主要种类　在灵芝栽培过程中的病害，主要是链孢霉、绿霉、黄曲霉、毛霉等常规性杂菌（灵芝之外的微生物）危害栽培基质，这些杂菌侵染基质后快速繁殖，很快布满基质，大量消耗基质营养，与灵芝菌丝争夺养分（图9-7，图9-8），犹如农田中的杂草与农作物争夺养分，导致灵芝无营养可吸取而减产甚至绝收。

2. 危害原因　导致杂菌感染菌袋主要有4个方面的原因：一是菌种本身带有杂菌；二是基质灭菌不彻底；三是接种作业操作不严谨，杂菌进入料袋；四是料袋在搬运中被刺破，杂菌趁机侵入。

图 9-7　绿霉感染菌袋

图 9-8　链孢霉感染菌袋

3. 预防措施

（1）**使用合格菌种**　生产使用的灵芝栽培种无论是自行扩繁的或是购买的，均要求是合格的栽培种，即菌龄适宜、无杂菌、无害虫等，符合行业标准。

（2）**彻底灭菌基质**　栽培基质拌料时要让基质颗粒吸透水分，无干颗粒（干颗粒基质不易灭菌彻底）。灭菌时首先加热排净冷气，同时灭菌时间要足够（灭菌器或灶实际装容料袋多少不一，对菌袋彻底灭菌的时间有所不同。应根据各自灭菌器或灶实际情况，通过实践总结出具体彻底灭菌时间）。

（3）**严格接种操作**　要求接种人员在接种前对手部和工具

做消毒处理。操作过程中，工作细心，技术熟练，"稳、准、快"地将菌种块接入料袋之中，让种块"暴露"的时间越短越好，这样外界杂菌进入料袋的概率就会越少。

（4）**轻拿轻放菌袋**　装袋、搬运料袋和菌袋过程中必须轻拿轻放，避免料袋和菌袋被坚硬物体刺破或划破，以防止从塑料袋破口处进入杂菌。

（5）**注意环境卫生**　经常打扫发菌室（棚）和出芝棚内外卫生，清除废料、垃圾、杂草等，不给杂菌留下滋生场所。尤其在灵芝栽培的整个过程中，要经常检查处理杂菌污染的菌袋。一旦发现有杂菌感染的菌袋，就应及时将其剔除并隔离，预防杂菌菌丝在料袋继续蔓延，杂菌孢子在发菌棚（室）内飞散传播，感染别的菌袋。

（二）虫害防控

图9-9　野蛞蝓

1. 主要种类　危害灵芝的常见害虫有9种：球蕈甲、灵芝造桥虫、灵芝谷蛾、灵芝夜蛾、黑腹果蝇、跳虫、螨类、白蚁、野蛞蝓（图9-9）等。

2. 危害症状　白蚁喜食木材，短段木菌棒覆土后通常被白蚁啃食。

野蛞蝓常常啃食灵芝幼蕾，啃食后留下孔洞（图9-10）。幼蕾顶端为灵芝子实体生长点，被野蛞蝓啃食的孔洞随着子实体发育很快愈合，不留下痕迹，但受野蛞蝓危害后灵芝单产会受到影响。

蛾类在子实体阶段大量发生，危害子实层及菌盖四周幼嫩的生长区。菌蝇幼虫破坏菌丝，"蚕食"灵芝子实层，留下孔洞症

正在啃食　　　　　　　　　　啃食后留下孔洞

图 9-10　野蛞蝓危害灵芝幼蕾

状（图 9-11）。

　　3. 防控措施　在发菌和出芝场所，采取悬挂防虫网、设置诱虫灯和粘虫板，以及施用 10% 食盐水（杀蛞蝓）等综合措施，加以防控。

　　灵芝对农药的吸附作用较强，为避免影响灵芝的品

图 9-11　害虫危害灵芝子实体症状

质，确保灵芝产品安全，灵芝子实体发育期不能使用任何农药。

六、克服连作障碍

（一）连作障碍

　　灵芝覆土栽培的连作是指在同一块地里连续种植灵芝两茬以上。灵芝覆土栽培连作以后，即使在正常的栽培管理措施下，也会出现单产和品质下降的现象，这种现象被称为灵芝的连作障碍，一般多指覆土栽培的情况，双孢蘑菇、竹荪等覆土栽培也存在连作障碍现象。

（二）导致原因

马红梅等（2016）将引起连作障碍的可能原因，归结为 4 个方面：一是连作使原有土壤理化性质劣化，如土壤养分、酶类发生改变等，导致灵芝所需某些营养物质（如土壤中矿质等）减少；二是连作打破了原有土壤中的生物种群格局，如微生物区系中有益菌群减少、病菌和害虫增殖等，导致灵芝病虫害加重；三是连作使化感作用加剧，化感物质有抑制灵芝生育作用；四是连作有自毒作用发生，灵芝分泌出的物质也有抑制自身生育（"自毒作用"）的效应。

化感作用：指植物或微生物的代谢分泌物对环境中其他植物或微生物有利或不利的作用。有人也将其称之为植物或微生物的"相生相克"。

（三）克服措施

关于克服灵芝覆土栽培连作障碍的研究不多，可参考以下措施进行克服。

1. 与其他植物进行轮作　可参考借鉴其他作物的克服连作障碍的技术措施来克服灵芝覆土栽培的连作障碍。如采取"灵芝—水稻—灵芝"水旱轮作，即在同一地块种植一季灵芝后，就种植一季水稻，然后再种植灵芝。

2. 室内连作时更换新土　确实要在同一室（棚）内连作灵芝，覆土材料应每次用新土而不反复使用原土，同时做好周边环境卫生和消毒杀虫处理工作。

第十章
鸡腿菇生产技术

鸡腿菇又名鸡腿蘑等（图 10-1）。鸡腿菇营养丰富，每 100 克干菇中含蛋白质 25.4 克、脂肪 3.3 克、总糖 58.8 克、纤维素 7.3 克；含有 20 种氨基酸及多种活性物质；还含有钾 1.66 克、钠 34.01 毫克、钙 106.7 毫克、镁 191.47 毫克、磷 634.17 毫克，以及其他微

图 10-1　鸡腿菇子实体

量元素。鸡腿菇具有益脾胃、助消化、增进食欲、增强免疫力、抗肿瘤、降血糖、治疗痔疮等功效。鸡腿菇在未开伞前采食，肉质脆滑，鲜而不腻，细腻鲜美犹如鸡肉，故得名鸡腿菇；干品香味浓烈。深受国内外消费者欢迎。

20 世纪 50 年代西方国家开始人工栽培鸡腿菇，主要利用栽培双孢蘑菇的菇房设施进行种植，目前，美国、荷兰、德国、法国、意大利、日本等国家已经大规模商业化栽培鸡腿菇，产品有鲜菇、干菇和罐头菇等。我国在 20 世纪 80 年代开始人工栽培鸡腿菇，并且开展野生鸡腿菇的驯化栽培。近年，全国很多地区都有鸡腿菇栽培，栽培方法多种多样，甚至有工厂化栽培，种植规

模迅猛扩大。本章主要介绍鸡腿菇的发酵料栽培技术和熟料袋栽技术。

一、基本生育特性

（一）营养需求

鸡腿菇属于土生型的草腐菌、粪生菌，在土壤中的菌丝体有极强的适应能力。棉籽壳、废棉、稻草、麦秆、玉米芯、豆秆、米糠、麦麸、豆饼粉、棉籽饼以及牲畜（马、牛、猪、鸡、鸭等）粪便等动植物生产的副产物可满足鸡腿菇对营养物质的需求。

（二）环境需要

1. 菌丝体生长

（1）**温度**　鸡腿菇菌丝体生长的温度范围为 3～35℃，最适温度为 24～28℃。

（2）**光线**　鸡腿菇菌丝生长不需要光线，在黑暗条件下菌丝体生长旺盛；强光照抑制菌丝生长，而且还会过早诱导子实体原基形成。

（3）**水分及空气湿度**　鸡腿菇属于喜湿性菌类。菌丝生长要求培养料基质适宜含水量为 60%～65%，生长环境适宜空气相对湿度为 65%～70%。

（4）**空气**　鸡腿菇属好气性真菌，菌丝生长需要氧气供应。

（5）**酸碱度**　鸡腿菇喜欢中性偏碱性生活环境，菌丝生长环境适宜 pH 值范围为 5～8.5，最适 pH 值为 6.5～7.5。若 pH 值小于 4 或大于 9，则菌丝不能生长。

2. 子实体形成生长

（1）**温度**　鸡腿菇属于中温型食用菌，子实体生长发育的温度范围为 8～27℃，最适温度为 12～20℃，在此温度范围内子实体发生最多，产量最高；低于 8℃或高于 30℃，子实体生长缓慢或不易形成。温度低时尽管子实体生长缓慢，但是菇质肥厚，菌柄粗白，状如鸡腿，品质优良，易于贮藏保鲜，商品性好；温度超过 23℃时，子实体生长加快，菌柄细长，肉质疏松，菌盖小薄，品质较低，容易开伞自溶，失去价值。

（2）光线　鸡腿菇的菇蕾分化需要 300～500 勒的散射光照。适宜的光照刺激，可促使子实体生长肥厚、坚实、嫩白，但强光照射会使子实体干燥、质地变差、色泽浅黄甚至死亡。相反，若没有散射光照刺激或光照不足，则不分化子实体或子实体生长缓慢，产量低，品质差。

（3）水分及空气湿度　覆土时土壤适宜含水量保持在 20%～30%，即处于手捏成团、触之即散的状态；覆土层表面含水量应经常保持在 20%～25%，以保证子实体大量生长时对水分的需求。菌袋覆土 20 天内，要求菇房环境空气相对湿度保持在 75% 左右；出菇时空气相对湿度提高到 85%～95% 为宜。

（4）空气　鸡腿菇子实体形成和发育期间需要有充足氧气供应，菇房内应每小时通风 10～20 分钟，以满足其对氧气的需求。否则，空气不流通，二氧化碳浓度偏高，子实体生长受阻、发育不良，出现柄长盖薄、菇体畸形甚至幼菇死亡现象。

二、优良品种

（一）主要栽培品种

我国生产上鸡腿菇主栽品种有：蕈谷 8 号、CC173、CC168、CC100、CC901、CC981、Ec05、Dc-87、瑞迪 7 号、CC944、CC150 等。

（二）品种特征特性

1. 蕈谷 8 号　子实体丛生、聚生、单生、散生，圆柱状，菌肉和菌柄白色。出菇适宜温度12～18℃，空气相对湿度85%～95%，光照强度50～100勒。强光照抑制子实体生长，弱光照下菇体白嫩、粗壮。棉籽壳主料栽培生物学效率110%～120%，较高管理水平下生物学效率可达130%，其中一潮菇占总产量的35%左右，二潮菇占20%～30%，三潮菇占15%～25%，以后出菇占5%～10%。适宜于吉林省及相似生态区栽培，春栽一般11月至翌年3月制袋，4～6月出菇；秋栽一般7～8月制袋，9～11月出菇。

2. CC173 菌丝生长快，浓密，洁白。子实体丛生，易开伞，柄较长，脆嫩，无纤维化，丛重范围0.5～14千克，最大丛重5千克。子实体生长温度8～30℃，最适温度12～22℃。生物学效率110%～150%。适宜于鲜销。

3. CC168 发菌快，菌丝致密洁白。子实体单生，圆整，鳞片少，乳白色，不易开伞，一般个体重20～25克，最大重400克。子实体生长温度8～30℃，最适温度12～25℃。生物学效率107%～150%。适宜于加工销售。

4. CC100 菌丝灰白色，浓密整齐。子实体丛生，乳白色，不易开伞，个体肥大。子实体生长温度4～32℃，最适温度18～24℃。适宜在多种菌糠中生长。生物学效率108%～200%。

5. CC901 菌丝细白，致密，整齐，长势好，爬壁力强，无菌索，菌苔厚，菇体可达500克。子实体生长温度10～30℃，最适温度15～25℃。生物学效率150%。

6. CC981 菌丝生长快，对覆土穿透力强。子实体丛生，乳白色，柄粗短，个体肥大，不易开伞。子实体生长温度4～32℃。生物学效率120%。

7. Ec05 菌丝生长快，浓密，洁白。子实体丛生，抗病虫害，抗衰老。子实体生长温度8～32℃，最适温度16～24℃。生物学效率200%。

8. Dc–87 菌丝细白稍密，整齐，后期产生菌索。子实体丛生，色白，抗杂菌、抗衰老。子实体生长温度 10～30℃。生物学效率 106%～120%。

9. 瑞迪 7 号　菌丝粗壮，有菌索，生长快。子实体丛生或单生，色白，生长快，质嫩。子实体生长温度 8～22℃。生物学效率 110%～135%。

10. CC944　菌丝生长快，旺盛，浓密，边缘整齐，长势好。子实体丛生，菇体较大，柄粗。子实体生长温度 16～25℃。生物学效率 90%。

11. CC150　子实体丛生，米白色，个体中等大小、均匀，菌柄粗短。子实体生长温度 10～33℃。生物学效率 150%～250%。

12. 瑞迪 10 号　菌丝粗，有菌索，生长快。子实体丛生或单生。子实体生长温度 8～30℃。生物学效率 110%～135%。

13. 特大鸡腿 9201　子实体丛生，玉米棒状，米白色，最大丛重 8.2 千克。子实体生长温度 8～33℃。生物学效率 200%。

14. Dc-92　子实体丛生或单生，出菇密，浅黄，鳞片细密，抗老化。子实体生长温度 7～28℃。生物学效率 100%。

15. CF-12　子实体丛生，色白，柄粗短匀，品优。子实体生长温度 12～31℃。生物学效率 120%～200%。

16. CC155　子实体单生，乳白色，肥大，柄粗短匀。子实体生长温度 13～30℃。生物学效率 100%～150%。

17. 巨腿 526　子实体乳白色，柄粗长，不易开伞，转潮快。子实体生长温度 8～28℃。生物学效率 120%～180%。

18. SCC428　子实体米白色，丛生，菇质鲜嫩，高产。子实体生长温度 6～28℃。生物学效率 150%～180%。

19. 嘉鱼 Cc-1　子实体丛生，米白色，肉质鲜，产量高。子实体生长温度 14～30℃。生物学效率 120%～180%。

20. CC988　子实体白色，丛生，鳞片少，不易开伞，转潮快。子实体生长温度 4～27℃。生物学效率 130%。

21. CCSM　子实体多丛生，菌褶浅粉红色，菌柄细，菇密。子实体生长温度 12～30℃。生物学效率 120%。

22. 川鸡 3 号 子实体丛生，色白，开伞慢，产量高。子实体生长温度 10～28℃。生物学效率 200%。

23. 河南鸡腿菇 菇体大，适温广，耐高温。适合玉米芯、麦秆等多种原料栽培。生物学效率 300%。

24. CC20 子实体混生，洁白，品优个大。子实体生长温度 12～33℃。生物学效率 150%～200%。

25. Cc 子实体群生，栽培原料广泛，子实体生长温度 12～18℃。适宜于多种栽培方式。

26. CC394 子实体丛生，出菇齐，耐低温。子实体生长温度 5～20℃。生物学效率 180%。

27. CF-10 菌丝生长快，长势好。子实体生长温度 16～24℃。生物学效率 112.3%。

28. C106 子实体白色，菇体大，转潮快，品质优。子实体生长温度 8～20℃。

29. 嘉鱼 Cc-8 子实体丛生，米白色，耐低温。子实体生长温度 5～22℃。

30. CC123 发菌较快，菌丝浓白。生物学效率 300%。

三、发酵料栽培关键技术

鸡腿菇的发酵料栽培，是指先将培养料进行堆制发酵，然后播种、覆土，利用自然气候进行发菌培养和出菇管理的过程。其生产工艺流程为：原料准备→建堆发酵→装袋接种（袋栽法）或铺料接种（畦栽法）→发菌管理→覆土催蕾→出菇管理→菇体采收。下面主要借鉴《DB21/T 1673—2008 农产品质量安全 鸡腿菇发酵料栽培技术规程》来介绍鸡腿菇的发酵料栽培技术。此技术尤其适宜于我国北方使用。

（一）季节安排

根据各地气候特点，结合鸡腿菇出菇温度范围，灵活安排生产。在辽宁省及相似生态区，春季栽培鸡腿菇可安排在 3～5 月接种；秋季栽培鸡腿菇可安排在 8～11 月接种。

（二）原料准备

1. 原料种类　用于鸡腿菇栽培的原料种类较多。稻草、麦秆、玉米芯、豆秆、棉籽壳、酒糟、木糖醇渣、牛粪、鸡粪、种植食用菌的菌渣等均可作为鸡腿菇栽培的主料。麦麸、玉米粉、饼粉、尿素、过磷酸钙、碳酸钙、石膏等可作为鸡腿菇栽培的辅料。要求用于栽培的有机物原料晒干、无霉味、无变质，无机物原料属正品。

2. 基质配方

①麦秆 80%，畜禽粪 15%，尿素 1%，磷肥 1.5%，石灰 2.5%。

②玉米芯 94%，尿素 1%，磷肥 2%，石灰 3%。

③玉米芯 45%，豆秆 45%，麦麸 8%，钙镁磷肥 2%。

④棉籽壳 96%，石灰 2%，磷肥 1.5%，尿素 0.5%。

⑤玉米芯（粉碎成黄豆粒大小）90%，麦麸 5%，石灰 3%，磷肥 1.5%，尿素 0.5%。

⑥稻草 40%，玉米秆 40%，牛粪 15%，石灰 3%，磷肥 1.5%，尿素 0.5%。

⑦菇类菌渣 50%，棉籽壳 38%，玉米粉 7.5%，石灰 4%，尿素 0.5%。

⑧稻草（或麦草、玉米芯、芦苇、玉米秆）86%，麦麸（或玉米粉）10%，石灰 2%，磷肥 1.5%，尿素 0.5%。

⑨玉米秆 45%，豆秆 40%，麦麸 10%，石膏 2%，石灰 2%，过磷酸钙 1%。

⑩棉籽壳 70%，稻草 15%，米糠 10%，过磷酸钙 2%，石灰 2%，石膏 1%。

⑪阔叶树木屑 60%，棉籽壳 30%，麦麸 8%，磷肥 1%，蔗糖 1%。

⑫玉米芯（粉碎）83%，草木灰 5%，石灰 3.3%，麦麸 3%，棉饼 3%，食盐 1%，磷肥 1%，食用菌专用肥 0.5%，尿素 0.2%。

⑬食用菌废料 35%，玉米芯 28%，棉籽壳 18%，麦麸 10%，生石灰 3%，饼肥 3%，复合肥 1.5%，石膏 1.5%。

⑭玉米芯 38%，棉籽壳 37%，麦麸 10%，玉米粉 10%，生石灰 3%，沃土 1%，蔗糖 1%。

⑮酒糟 90%，石灰 8%，碳酸氢铵 1%，石膏 1%。

⑯酒糟 39%，玉米芯 39%，米糠 10%，石灰 8%，石膏 2%，过磷酸钙 1%，碳酸氢铵 1%。

⑰酒糟 50%，棉籽壳 30%，麦麸 8%，石灰 8%，石膏 2%，过磷酸钙 1%，碳酸氢铵 1%。

⑱木糖醇渣 40%，玉米芯（或玉米秆、麦秆）40%，石灰 10%，棉籽饼（或麦麸）8.5%，尿素 1%，磷酸二氢钾 0.3%，硫酸镁 0.2%。

（三）建堆发酵

选定栽培基质配方后，按照配方比例称取原料，混合、拌匀，加水使培养料含水量达到 65%。将培养料堆成宽 1～1.3 米，高 1～1.5 米，长度适宜的料堆。料堆四周的倾斜面不能太大。

建堆时，将培养料抖松后上堆。堆成后，用直径约 5 厘米的木棒在料堆上打通气孔，孔距 40～50 厘米，整堆料扎 4 排孔，以利通气发酵。建堆后，用塑料膜覆盖，每天掀膜通气 2 次，每次 15 分钟。气温较低时要加盖草帘或稻草保温。建堆后要经常检查温度，当料堆 25 厘米深处温度超过 50℃时，要进行第一次翻堆，复堆后再打通气孔、盖好塑料膜。翻堆时，使上、中、下、里、外层培养料互换，混合均匀。当料温达到 60～70℃时进行第二次翻堆，共翻 5～7 次。结束发酵后，散堆降温后才行接种。

（四）发酵料袋栽法

1. 装袋接种 料袋采用聚乙烯塑料筒袋，塑料袋规格（折径×长度×厚度）为（20～22）厘米×（45～50）厘米×0.004厘米。要求接种环境洁净，气雾消毒后按 4 层菌种 3 层培养料进行装袋接种。装袋时要求边装边压，逐层压实，松紧适中，接种量为装干料的 15%。

2. 发菌管理

（1）**低温季节** 即气温低于 15℃。当气温低于 10℃时，菌袋排放可堆放 5～6 层；当气温在 10～15℃时菌袋排放可堆放 3～4 层，两排之间留 3～5 厘米距离，4～5 排留 80 厘米宽的步道。第一周管理：接种后 1～7 天室温控制在 15～20℃，当料袋温度超过 20℃时及时打开门窗通风降温，若料袋温度居高不下则进行倒垛；通风：每天通风 2～3 次，30 分钟 / 次。12天以后室温要保持在 15℃左右，当料袋温度超过 22℃左右时，每天通风 4 次，30 分钟 / 次；每隔 7～10 天倒垛 1 次，将菌袋上下左右更换位置，料袋温度高时及时调整垛高和袋间距；翻堆防杂。

（2）**高温季节** 即气温高于 25℃。菌袋单层摆放，袋间距 5～10 厘米；全天通风；定时倒垛：每隔 7～10 天倒垛 1 次，上下更换位置，结合倒垛捡出被杂菌污染的菌袋。

（3）**建畦摆袋** 在日光温室、塑料大棚内东西走向建畦，畦宽 0.8～1 米，畦深 0.2～0.3 米，长度依自然条件而定，用 500倍除虫菊酯喷洒治虫，24 小时后在畦底和畦埂上撒一层石灰粉，将脱袋后的菌棒截成两半，断面向下竖直排在畦中，菌棒间隙为 2～4 厘米。

（4）覆　土

①覆土的配制　选用透气良好的肥沃壤土，加入2%的复合肥、2%的磷酸二氢钾、2%～3%石灰粉混合均匀，喷洒500倍敌敌畏和200倍甲醛溶液，将pH值调至8，调节含水量至20%～30%后，建成1.2米宽的条形料堆，用塑料薄膜覆盖闷24小时，散堆挥发药味后备用。

②一次覆土　菌丝长满料袋后进行覆土，用配制好的土填满菌棒空隙，并在料面上覆3～5厘米厚的土，再用喷雾器喷水湿透覆土层，覆膜保湿。

③二次覆土　用配制好的土填满菌棒空隙后，先在料面上覆3厘米厚的粗土粒，5～7天后菌丝长透覆土再覆2厘米厚的细土，然后喷雾补水至含水量30%～50%。

3. 催促菇蕾　菇棚内温度15～20℃，空气相对湿度85%～90%，覆土含水量60%，不能直接向菇蕾喷水；增加散射光，刺激菌丝迅速转化。

4. 出菇管理　覆土后经催蕾管理25～30天子实体会破土而出，采用揭膜通风降温或升温的技术措施，控制菇棚温度在16～24℃，以16～18℃为最佳；菇棚内空气相对湿度应保持在85%～90%，出菇期的补水，可向畦边水渠灌水，使水渗进畦床内，不能直接向菇体喷水，若出菇期遇连阴雨天应关闭菇棚通气孔，棚内走道上铺生石灰吸湿；结合温湿度的调节，灵活通风，确保空气清新，给以微弱的散射光。

（五）发酵料畦栽法

1. 阳畦建造　阳畦宽0.8～1米，长度适宜，畦深0.2～0.3厘米。畦挖好后先浇一次大水，待水渗完后，撒一层石灰粉，或用3%石灰水喷洒一遍。

2. 铺料播种

（1）**撒播**　先铺料10厘米厚，撒上一层菌种，再铺料10厘米厚，再撒上一层菌种，菌种上再覆盖3～4厘米厚的培养料，用小木板拍打，使菌、料紧密结合，培养料厚度掌握在20厘米左右。

（2）**穴播**　先铺20厘米厚的料，在料面上间隔10厘米穴播核桃大小的菌块，穴深10厘米，使菌、料紧密接触，整平料面，再将剩余的散碎菌种撒在料面上，然后再覆一层3～4厘米厚的培养料，用小木板拍打，接菌量为干料的15%，最后用刺有微孔的塑料膜覆盖料面，保温保湿。

3. 发菌培养　播种2～3天后菌丝开始吃料，棚内温度应保持在18～22℃。

4. 覆土　菌丝长满料面后，去掉塑料薄膜进行覆土，方法同袋栽法的"覆土"。

5. 出菇管理　方法同袋栽法的"出菇管理"。

（六）菇体采收

1. 采收标准　当鸡腿菇菌盖膨大，菌环刚刚松动，钟形菌盖上出现毛状鳞片，或子实体高6～11厘米，菌盖直径1.5厘米应及时采收。

2. 采收方法　成熟一个采收一个，采收时一手按住覆土层，一手捏住子实体左右轻轻转动采下。对丛生的鸡腿菇，如果有90%具有商品价值应整丛采下，顺手削净根部泥土和废料。

3. 采后管理　采收后及时清理料面，补平覆土层，停水2～3天进入下潮出菇管理。

（七）病虫害防控

1. 主要病虫害

（1）**病害**　引起鸡腿菇病害常见的微生物有木霉、链孢霉、毛霉等真菌及细菌和病毒。

（2）**虫害**　危害鸡腿菇的害虫常见的有螨类、线虫、菇蝇、菇蚊、蛞蝓。

2. 防治方法

（1）**农业防治**　把好菌种质量关，选用抗病力强的优良菌种，制备菌丝健壮、生活力强的生产菌种，创造有利鸡腿菇生长发育而不利于病虫及杂菌繁殖的环境条件，菇棚应保持良好的通风和清洁的卫生。

（2）**物理防治**　栽培前利用日光暴晒、高温闷棚、黑光灯诱杀等措施。菇棚的门窗及通风孔安装 60 目的窗纱，做到随手关门，经消毒隔离区进棚。

3. 控制措施

（1）**病害控制措施**

①鸡爪菌病　使用优质的纯菌种，堆积发酵要彻底，选用覆土要慎重，管理上注意降温、降湿、加大通风、避免菇棚内积水，发现鸡爪菌要及时挖除，防止孢子成熟和扩散，并对染病处用无公害的药物处理。

②黑腐病　菇棚使用前进行消毒，加强通风降湿，空气湿度及覆土含水量要稍低，及时拔除病菇，以防传染。

③褐色鳞片菇　出菇期间应做好遮光管理，使其处在弱光下生长，避免强光照，湿度避免过大。

④胡桃肉状菌（假木耳）　严格挑选菌种，菇棚严格消毒，覆土必须取自于地表 20 厘米以下的土层，并严格进行消毒。发病后用浓石灰水局部灌淋，并停止供水，待局部泥土发白后小心挖出，并将其运至较远的地方深埋。

⑤白色石膏霉　培养料发酵要彻底，忌腐熟度不够、水分偏大、pH 值偏高，局部发病时可用苯酚溶液喷洒，加强通风，降低畦面空气的湿度。

⑥鬼伞类竞争性杂菌　选用新鲜、干燥培养原料，培养料发酵要彻底，发现鬼伞应及时摘除并深埋。

（2）**虫害控制措施**　栽培场地在使用前要认真清理杂物，改善卫生条件，菇棚严格消毒，保持场地通风、清洁。

四、熟料栽培关键技术

鸡腿菇的熟料栽培（图10-2）又称熟料袋栽，是指先将培养料进行堆制发酵后，再装袋、灭菌、接种，利用自然气候进行发菌培养、脱袋覆土和出菇管理的过程。其生产工艺流程为：原料准备→建堆发酵→拌料装袋→灭菌接种→发菌管理→覆土催蕾→出菇管理→采收保鲜。下面主要借鉴《DB3502/T 020—2009 无公害鸡腿菇栽培技术规范》来介绍鸡腿菇的发酵料栽培技术。此技术尤其适宜于我国南方地区使用。

图 10-2　鸡腿菇出菇

（一）季节安排

根据各地气候特点，结合鸡腿菇出菇温度范围，灵活安排生产。四川省及相似生态区，一般可安排在2～4月和7～9月栽培，3～6月和9～11月出菇。

（二）原料准备

1. 原料种类　鸡腿菇熟料袋栽可使用主料有棉籽壳和甘蔗

渣等，辅料有麦麸、石灰、轻质碳酸钙、过磷酸钙等。

2. 基质配方

①棉籽壳 25%～27%，食用菌废菌糠 60%，麦麸 10%，过磷酸钙 1%，石灰 2%～4%。

②棉籽壳 70%，甘蔗渣 13%～15%，麦麸 10%，过磷酸钙 1%，碳酸钙 2%，石灰 2%～4%。

③棉籽壳 90%，玉米粉 8%，过磷酸钙 1%，石灰 1%。

（三）建堆发酵

确定采用基质配方后，先将主料用水预湿，再将原辅材料堆成梯形料堆，堆高 1.2 米、宽 1.5 米、长度不限，每隔 1 米左右制一个通气孔，含水量 65% 左右，发酵 12～13 天。

培养料升温至 65℃ 左右，保持 15 小时即可翻堆，并将过磷酸钙、碳酸钙和石灰均匀撒入。一般需翻堆 4 次，每次翻堆时间间隔分别为 4 天、3 天、3 天、3 天。

（四）拌料装袋

将发酵培养料加入麦麸和适量石灰，用搅拌机搅拌均匀，含水量 65% 左右，pH 值 7.5～8。

常压灭菌采用规格 15 厘米×55 厘米×（0.004～0.005）厘米的聚乙烯塑料袋，高压灭菌采用聚丙烯塑料袋。一般用卧式多用装袋机将培养料分装到塑料袋，紧实适中，将装好料的菌袋扎口。

（五）灭菌接种

1. 料袋灭菌　对料袋进行灭菌有两种方式：一是常压蒸汽灭菌。一般在起火后 3～4 小时、温度升至 100℃ 以上时，保持 6～8 小时，再停火闷 10～12 小时。二是高压蒸汽灭菌。压力升至 0.05 兆帕时，打开放气阀排尽冷空气；再升温至 121℃，保持 2～3 小时。

2. 冷却接种　将灭菌后的栽培袋迅速转移到消毒后的专用冷却室，菌袋温度冷却至 28℃以下。之后，按常规方法进行接种作业。

（六）发菌管理

发菌室（棚）内保持温度在 22～27℃，空气相对湿度保持在 65% 左右。每天通风 1～2 次，40～60 分钟 / 次，保持空气新鲜。除一些必要的操作需光照外，培养过程保持黑暗。如发现污染袋，迅速移出室外处理。

（七）覆土催蕾

1. 覆土材料准备　覆土应选用通气性良好的肥沃土壤，如菜园土等，土中掺入 20% 的过筛煤渣效果更好，选好的土加入 3% 石灰，拌均匀后堆成堆，覆盖薄膜闷堆 2～3 天备用。

2. 脱袋与覆土　将长满菌丝的菌袋薄膜脱去，横排放在床架上，菌袋间留 2 厘米的间隙，用处理过的覆土将间隙填平，并在袋面上覆土 3～4 厘米厚。

（八）出菇管理

1. 幼蕾期　幼蕾期是对环境条件要求最严格的时期，要求温度 16～22℃，空气相对湿度 85%～90%，光线强度 500 勒左右，每天通风 2～3 次，40～60 分钟 / 次。

2. 成菇期　菇棚温度应保持在 15～19℃，空气相对湿度 85%～90%，不需要光照，每天通风 2 次，保持空气新鲜。

（九）采收保鲜

1. 采收适期　子实体达到七八成熟，手捏其柄部不软，菌盖光滑、洁白、呈圆柱形，应及时采收。采菇后应及时清理菇头，整平料面，适当补充饱和石灰水，以湿透土层为宜。

2. 削菇预冷

（1）**削菇**　在12～15℃条件下，操作人员戴一次性手套，用竹片削刮掉根部的杂质、不洁表皮并整理菇体形状。

（2）**预冷**　将削好的菇轻放入塑料筐内，菇盖对菇盖堆叠，移到冷藏库内，在2～4℃条件下预冷3～5小时，再取出分拣包装。

3. 包装上市

（1）**包装**　采用印有商标的聚丙烯40厘米×48厘米×0.04厘米折角塑料袋分装，袋底铺4～5张白色吸水纸，袋口铺2张吸水纸。每袋2500克，抽真空后用橡皮筋扎紧袋口。

（2）**装箱**　包装好的鲜菇按8～12袋/箱装入泡沫箱，用胶带封好。随后即可入库或直接运往市场。

第十一章
银耳生产技术

银耳又名白木耳、雪耳等（图11-1）。银耳营养丰富，每100克干银耳（栽培的银耳）含有水分13.6克、粗蛋白质7.6克、氨基酸7.54克、粗脂肪1.2克、粗纤维1.3克、灰分7.2克、钙132毫克、磷288.2毫克、铁11.1毫克、维生素$B_2$1.6毫克、烟酸4.37毫克；还含有酸性异多糖、中性异多糖、酸性低聚

图11-1　银耳子实体　（赵刚 供图）

糖、胞壁多糖、孢子多糖等银耳多糖，是银耳的主要有效成分。银耳是我国医药宝库中的一味良药，《中国药物大辞典》记载银耳有"强精补肾、强肺、生津止咳、降火、润肠益胃、补气和血、强壮身体、补脑提神、美容嫩肤、延年益寿"之功效。现代药理研究证实，银耳对人体具有抗肿瘤、增强免疫、抗放射及促进造血、抗衰老、降血脂降血糖、抗炎抗溃疡、抗血栓、延长血液凝固时间等作用。临床应用实践证明，银耳对慢性支气管炎、肺源性心脏病、白细胞减少症、慢性活动性肝炎和十二指肠溃疡等病患者有较好的治疗效果。银耳作为我国传统"滋补珍品"，深受国内外消费者喜爱。市场上以"通江银耳"和"漳州雪耳"最为著名。

我国是世界上最早人工栽培银耳的国家，首次记载银耳栽培是 1800 年。银耳栽培大体经历了 3 个阶段：一是孢子天然接种阶段（1940 年前），采用天然孢子接种，处于半野生、半人工状态，产量低，生产周期长，产量不稳定，仅在四川、湖北、贵州和福建老区有少量栽培。二是孢子液接种阶段（1940—1970 年），1940 年杨新美教授在国内首次用银耳子实体进行担孢子弹射分离获得酵母状分生孢子，并制成孢子悬液，人工接种于壳斗科段木上，取得了显著的效果，较原木诱导法提前 1 年出耳，单产提高 7 倍以上。三是菌丝接种阶段（1957 年至今），1961 年上海市农业科学院的陈朋梅先生分离银耳成功获得纯菌丝体，翌年完成银耳菌种驯化和段木人工栽培研究；1962—1964 年福建三明真菌研究所的黄年来等系统研究了银耳菌种分离、生产和防止银耳菌种退化的方法，大大提高了银耳菌种成品率；之后，福建古田的姚淑先、戴维浩等又相继发展了银耳瓶栽和袋栽技术，并在全国各地推广。目前银耳生产主要采取段木栽培和代料栽培。

一、基本生育特性

（一）营养需求

银耳是一种较为特殊的木腐菌，其菌丝几乎没有分解纤维素和木质素的能力，或者说直接利用纤维素和木质素的能力很弱，不能直接在木屑培养基上生长，是借助香灰菌分解基质的大分子化合物，从中摄取养分，才能在木材或木屑上生长。银耳菌丝能够吸收利用葡萄糖、蔗糖、麦芽糖、半乳糖、甘露糖、木糖、纤维二糖、乙醇及醋酸钠等碳源和蛋白胨、铵态氮和硫酸铵等有机氮。因此，生产银耳使用的菌种是银耳菌和香灰菌进行混合的菌种。栽培原料有阔叶树段木、木屑、棉籽壳、蔗渣、秸秆等主料，代料栽培时以麦麸、米糠、磷酸二氢钾、硫酸镁和石膏等作为辅料。

（二）环境需要

1. 菌丝体生长

（1）**温度** 银耳菌丝生长的温度范围为 8～34℃，最适温度为 20～22℃。

（2）**光线** 银耳菌丝生长不需要光线。

（3）**水分** 银耳菌丝生长在段木中，段木适宜含水量为 40%～43%；在代料培养基中，要求培养基适宜含水量为 55%～58%。

（4）**空气** 银耳属好气性真菌，菌丝生长需要氧气供应。培养基若含水量偏高，则基质中氧气量少，会影响到菌丝生长所需氧气的供应，菌丝生长受到抑制。发菌室（棚）通风不良，会导致二氧化碳增加、氧气不足，不能满足菌丝生长对氧气的需求。

（5）**酸碱度** 银耳喜欢偏酸性生活环境，菌丝生长环境 pH 值范围为 5.2～7.2，最适 pH 值为 5.2～5.8。

2. 子实体形成生长

（1）**温度** 银耳属于中温型恒温结实性菌类，稳定的温度有利于子实体形成和发育。子实体分化发育最适温度为 20～24℃，不能超过 28℃。

（2）**光线** 银耳子实体分化发育需要少量的散射光，黑暗环境中难以形成子实体，直射光不利于子实体分化发育。

（3）**水分及空气湿度** 银耳子实体生长需要的环境空气相对湿度以 85%～95% 为宜。

（4）**空气** 银耳子实体发育期间呼吸旺盛，需要的环境空气新鲜，有足够的氧气供应。若菇房通风不良而缺氧，往往子实体扭结成团而不开片，闷湿环境还易发生烂耳和杂菌滋生。

二、优良品种

（一）主要栽培品种

我国生产上银耳主要栽培品种或菌株包括银科 1#、94-2、Tr 01、Tr 21 等。

（二）品种特征特性

1. 银科 1#　适合段木栽培的银耳菌株。子实体成熟时耳片舒展，米黄色，无小耳蕾，蒂头黄，耳片肥厚，弹性强，牡丹花形，朵形圆整，朵直径 10～15 厘米。产量较高，单朵鲜重 90～120 克，栽培周期 33～40 天，生物学效率 0.93%～1.25%（干重）。

2. 94-2　适合段木栽培的银耳菌株。出耳率高，抗逆性强，朵大、片厚、洁白、高产。在适宜条件下，100 千克段木可产干耳 1.5 千克以上。抗寒性稍强和出耳偏晚，在河南省商城县可提早至 3 月中旬接种，可保证在伏天高温到来之前能收 3 潮耳。

3. Tr 01　适合代料栽培的银耳品种。子实体色泽纯白，蒂微黄，成熟时耳片全部展开，耳片下垂，弹性强，没有小耳蕾，状如牡丹花或菊花，朵直径 10～14 厘米。单朵鲜重 80～110 克，成熟期 33～40 天，丰产，品质优良，生物学效率 125%。生长后期耳底易产生绿色木霉，应加强后期通风。可作为剪花银耳主要推广品种。

4. Tr 21　适合代料栽培的银耳品种。子实体成熟时耳片舒展，无小耳蕾，蒂头黄，耳片下垂，弹性强，形似牡丹花或菊花，朵直径 10～14 厘米。产量高，单朵鲜重 90～150 克，最大朵重 250 克，全生育期 35～42 天。具有朵形美、耳片较白、产量高、品质好、抗逆性强等优点，生物学效率 134%。可作为银耳工厂化栽培的主要推广品种。

三、段木栽培关键技术

图 11-2　银耳段木栽培出耳（赵刚 供图）

银耳的段木栽培（图 11-2），是指将壳斗科的树干截成长度 1 米的段木，接上银耳菌种和香灰菌种，通过管理让银耳在菇木中发菌和长出银耳的过程。一般，100 千克段木可产干耳 0.25～1.5 千克。相对代料栽培而言，段木栽培具有操作简单、管理方便、产品售价高等优点，适宜于林木资源丰富或有耳木专用林的地区采用，如四川盆周山区的通江县、南江县和河南省的信阳市等。其生产工艺流程为：耳树选择→砍树截断→架晒干燥→打孔接种→上堆发菌→散堆排堂→出耳管理→采耳干制。

（一）季节安排

一般，在当地气温稳定在 15～18℃时，安排打孔接种为宜。南方省份有的在 2 月至 3 月上旬接种。如四川省通江县段木栽培的接种时间为 3 月上旬至 3 月下旬，最迟 4 月上旬。

（二）耳树选择

1. 适生树种　适合银耳生长的树种约有 100 多种，如栎类、梧桐类、桦木、枫树、杨树等。通江县段木栽培银耳，主要选择栓皮栎（粗皮青杠）和麻栎（细皮青杠），也有用青杠树、槐树、柳树和核桃树等树种的。

2. 适宜树龄 银耳生长要求树木的边材大、心材小，木质较疏松。一般以树龄 5～8 年、树径 5～15 厘米的树木来栽培银耳。青杠树以树龄 8～12 年为宜。

（三）砍树截断

1. 砍伐时期 从树木进入冬天休眠期到翌年春天新芽萌动之前 15～20 天为最佳砍树期，即叶黄至出芽期间砍树，尤其以出芽前 1 周时砍树最好。这期间树木贮存的养分最丰富，树皮和木质结合得最紧密，这时砍树还有利于段木中水分调节和青杠树再生。选在晴天进行砍树，雨天不宜砍伐。

2. 砍伐方式 在树林中砍伐耳树有两种方式：一是皆伐，有的地方称"扫茬"，即全部砍光，使树桩萌芽更新或重新造林；二是择伐，有的地方称"拔大毛"，即砍大留小，选取最好的耳树砍伐。为了合理利用森林资源，保持生态平衡，耳树砍伐应提倡择伐。

山区一般先砍低山的耳树，后砍高山的耳树（低山处气温高，树木发芽早；高山处气温低，树木发芽迟些）。在木材紧缺的地方，把树根挖出来，洗去泥巴，也是很好的栽培材料。

3. 砍伐方法 小径木一刀两断，大径木对侧下斧。砍大树干时，在树干基部两侧下斧，砍后树桩呈"鸦雀口"状，让树干横山倒，不要顺山倒或立山倒，这样利于树干中养分分布均匀，防止养分流失。应尽量低砍（因树木的根茎处的营养丰富）。

4. 剔枝截断 耳树砍倒后，一般原样不动地放置 15 天左右，让树叶因蒸腾作用蒸发掉树干中的过多水分，待树皮褪绿时才行剔枝截断。剔枝后留下的刀口伤疤要呈"铜钱疤""鱼眼睛"形，伤疤宜平而小，同时不伤及树皮，这样利于减少杂菌侵入。

为了搬运等管理方便，一般用电锯将树干锯截成长度 1 米的木段。截断后，及时用新鲜石灰水涂抹截断面，要求涂满整个断面，消毒伤口，以防止杂菌从伤口处侵入。

（四）架晒干燥

将段木及时搬运到阳光充足、通风干燥、便于管理的地方，堆码成三角形或"井"字形进行架晒，让段木中水分蒸发出去，使段木适当干燥。晴天架晒，遇下雨天则要在段木码堆上覆盖塑料薄膜，防止雨淋。每隔7天左右翻堆1次，每次翻堆时将码堆中上下、左右和内外的段木互换位置，利于段木干燥均匀。一般，架晒时间在20天左右，段木横断面出现放射状裂纹，段木含水量30%～40%，能闻到酒香味，即达到了架晒目的。

（五）打孔接种

1. 作业场所 一般，段木打孔后就应及时接上菌种，故打孔和接种作业在同一场所进行。可选择地面坚实、环境干净卫生的室内或室外荫蔽处，作为作业场所。

2. 打孔方法 以前用特制的打洞器如啄斧对段木打孔，目前多采用电钻钻孔，在段木上钻出孔穴直径1～1.2厘米、孔距8～10厘米、行距4～5厘米、深度2厘米（小径段木可稍浅）的孔穴。钻第二行孔穴时，要与第一行呈"丁"字形排列，孔穴力求与段木表面垂直、行排竖直、间距均匀，利于将来发菌均匀。粗大坚硬的段木可适当加大打孔密度。

3. 拌合菌种 生产上目前多使用木屑栽培种。银耳菌丝在栽培种基质中吃料深度远不及香灰菌，为了避免两种菌的接种量失调，必须将栽培种拌和均匀，利于出耳整齐。先用0.1%高锰酸钾溶液擦拭菌种瓶（袋），再去掉菌种中胶质化的子实体，保留耳根处白色的板块，将菌种倒入干净的盆子（如洗脸盆）中，用手（事先消毒）捏碎，混合均匀。

4. 接种方法 接种宜选在晴天进行。下雨天空气湿度大，不宜接种，否则段木易感染杂菌。接种作业由专人进行。接种前，操作人员的双手、接种勺先用肥皂水洗净，再用 0.1% 高锰酸钾或 75% 酒精进行擦拭消毒。接种时，用接种勺或直接用手将拌好的菌种接入段木孔穴内，稍微压实并让种面与段木表面持平。然后，将事先准备的树皮盖（可用专用打制树皮盖的打盖锤打制树皮盖）将穴口盖住，并用小锤轻敲让树皮盖与段木树皮结合紧密，以防止菌种干枯或沉积雨水淹死菌种。也可用液体石蜡封住穴口。

（六）上堆发菌

段木接入银耳和香灰菌后被称为耳木。采取保温措施，让银耳和香灰菌菌丝能够在耳木中良好生长的过程，称为发菌管理。发菌质量优劣会直接影响到出耳产量和质量。

1. 选地堆叠 发菌场地要求环境清洁，事先在地面上撒些石灰和其他杀虫灭菌剂，以减少环境中病菌和害虫基数。一般，发菌场地可选在耳堂内、树荫下、草地上和土院坝里等地方。将耳木呈"井"字形堆叠，地面垫棒，堆码高度 1 米、长度不限，上面用竹板搭建成弧形以避积水，盖一层茅草或树枝后，再用塑料薄膜覆盖整个棒堆。堆内置放温湿度计，以便观察堆内温湿度变化情况。

2. 适时翻堆 第 10 天时进行第一次翻棒。以后每 7 天翻棒一次，翻堆要做到下边翻到上边，两边翻到中间，相互调换耳棒位置，使菌棒发菌均匀。

3. 调控环境 发菌期间，前 10 天保持堆内温度在 20～28℃，空气相对湿度在 75% 左右。后 10 天，保持堆内温度在 22～25℃，空气相对湿度在 75%～80%。结合翻堆作业，并根据段木的大小和干湿情况，适时、适量喷水。直径 8 厘米的段木发菌 18 天即可喷水，10 厘米的段木 21 天即可喷水，10 厘米以上的段木 25 天即可喷水。堆内应保持足够的新鲜空气，每天中午掀膜一次，通风 30 分钟 / 次。当气温高于 28℃以上时应揭开码堆两头或四周的薄膜，有利通风换气和降低堆内温度。

4. 发菌观察　正常情况下，小径、质地疏松的段木，发菌时间为 45 天；较粗、质地硬实的段木发菌则需要 2 个多月时间。发菌期间若阴雨低温天气多，需要发菌时间长。观察到接种孔壁及附近有白色绒毛状菌丝和黑色斑线出现时，表明菌丝在段木中基本长透，菌棒达到生理成熟，可转入排棒出耳管理阶段。一般，接种后 35～40 天，可观察到段木上有耳芽发生。

（七）散堆排堂

1. 耳堂建造　在耳棒排堂前准备好出耳房即耳堂。可建造土墙荫棚薄膜耳堂，耳堂建造规格：长 10 米、宽 4.5 米、边高 2 米、中高 3 米、地窗 4 个、中窗 2 个、天窗 2 个、门 2 个；耳堂两头对开。要求耳堂内地面平整，两边巷道宽 80 厘米，中间巷道宽 90 厘米，每个耳堂排两行耳棒，每行宽 1 米，排棒数量 5 吨左右。

2. 堂内整理　在排堂前，用生石灰对耳堂内和四周环境进行消毒，随时保持堂内清洁卫生，并绑扎好排棒的架杆，以 80 厘米高度为准。耳棒排堂要求将耳棒排放整齐均匀，排棒的方式采取斜靠式，斜靠的角度为 80 度，每根菌棒的间距为 3～4 厘米，每排菌棒之间的间距为 8～10 厘米。

（八）出耳管理

出耳期的管理主要是对耳堂内环境的温光水气进行合理调控。

1. 控制温度　耳堂内温度应控制在 22～25℃。外界气温低时，关闭或少开耳堂门窗，减少通风和空气对流；必要时在耳棒上加盖塑料薄膜，以保持和提高堂内温度。在高温季节，温度超过 30℃以上时，应注意采取降温保湿措施：一是加厚荫棚；二是对荫棚和塑料棚直接用高压喷水设备反复多次大量喷水；三是在堂内可对空喷射，切忌直接喷在菌棒上；四是早、晚打开地窗和24小时开天窗加强通风换气，让空气对流，每天换气不少于2次，每次通风不少于30分钟，以降低堂内温度。但同时也要注意，外界自然温度超过30℃以上不宜打开门和地窗。

2. 调节湿度　耳堂内的空气相对湿度应控制在90%，要达到这个湿度标准，耳木含水量应保持在40%～48%，若含水量过多则子实体朵小、易烂耳、黑棒。每天可喷水3～5次。喷水的标准：菌棒上见水不留水，地上见湿不见水。喷水方法：可采用"五多五少"的喷水方式进行，即晴天喷水多，阴天喷水少；耳木上部喷水多，下部喷水少；耳片干喷水多，耳片湿喷水少；当风耳棒喷水多，背风耳棒喷水少；上午喷水多，下午喷水少。

3. 协调光气　耳堂内光照和透气要协调。耳农根据生产经验总结出了"七分阴，三分阳，花花太阳照耳堂"的出耳适宜光照条件，具体管理中采取适当增减耳堂遮盖物以调整堂内光照强度。当外界气温超过20℃时，开启门窗，通气2次/天，但通气时间不宜过长。

4. 病虫害防控　银耳在生长发育过程中，由于高温、高湿、闷热、场地不清洁等原因，常常引起银耳子实体或段木感染杂菌和发生病虫害，影响银耳的产量和质量，造成严重经济损失。因此，在管理上要坚持"以防为主，防治结合"的原则，尽一切努力减少病虫害入侵的机会。主要采取搞好堂内的清洁卫生和注意通风换气等措施，预防病虫害发生，减少病虫对银耳的危害。不使用禁止使用的农药。

（1）绿霉病防控　当耳棒上有少量绿霉出现时，注意加强耳堂内通风换气，可有效控制绿霉继续发生。当耳棒上出现严重绿霉时，可将耳棒搬出耳堂，用水冲刷干净，置阳光下暴晒1～2天。耳棒若感染绿霉特别严重，霉菌菌丝已经侵入木质部，则要先用刀刮剃，再涂抹生石灰或5%硫酸铜溶液，可起到较好疗效。另外，也可用0.1%多菌灵溶液涂抹感染杂菌患处，晾干后再行喷水管理。耳棒感染绿霉特别严重，确实无法控制霉菌时，迅速直接将染霉耳棒焚烧掉。

（2）**红色链孢霉病防控** 当发现耳穴处有红色链孢霉感染时，用酒精或柴油涂抹患处，且立即用火烧发病处，以防止其蔓延。感染红色链孢霉特别严重的耳棒直接烧毁。

（3）**瓦灰霉病防控** 当发现耳棒上有酸味、长有瓦灰霉时，立即将其捡出耳堂隔离管理，严重者直接烧毁，以防传染。应加强耳堂通风，保持空气流通新鲜，防止闷热。

（4）**白粉病防控** 在高温多雨季节，有时可见耳片上出现白色粉末，俗称白粉病。该病会导致耳片僵化、停止生长，后期使耳基变成深褐色。预防措施：深挖水沟，避免耳堂积水；增加耳堂内通风量，保持耳棒适当干燥；发现有少量病斑出现时及时用刀剜掉病斑，用0.5%苯酚溶液涂抹患处，或将整根病棒搬出耳堂烧毁掉。

（5）**烂耳防控** 烂耳有高温高湿烂耳和感染细菌烂耳。遇高温高湿烂耳，则采取加强耳堂内通风降湿即可控制。遇细菌性烂耳，则可用25万单位/毫升浓度的金霉素溶液涂抹或喷雾患处，加以防治。

（6）**虫害防控** 危害段木银耳的害虫有菇蚊、菌蛆、线虫和跳虫等。防控措施：①用1∶2000倍菇虫净溶液喷雾耳棒及耳堂，防治菇蚊、菌蛆、线虫和跳虫；②将苦参、苦葛、山野棉皮根的浸出液兑成1∶5水溶液，喷雾耳堂及耳棒，防治螨虫和菌蛆；③用新洁尔灭1∶20倍溶液喷雾耳堂及耳棒，防治螨虫、菌蛆和线虫；④用1%生石灰或0.5%食盐水，喷洒或喷雾耳堂内外墙壁，但不能喷雾耳棒，防治蛞蝓；⑤将稻草或茅草泡湿后，当晚放置于耳堂内，次日将草取出耳堂烧毁，防治草鞋虫。

（九）采耳干制

1. 采收标准 新冒出的耳芽经过7天左右的生长，可达到七八成生理成熟，这时耳片完全展开，白色半透明，手触摸有弹性和黏液感时，就应及时采收。过早、过晚采收都会影响银耳的质量和朵形。

2. 采摘鲜耳 采摘银耳子实体时，应采大留小，每隔 5～6 天采耳一次。发现生长不良耳基，可用刀将接种穴残留耳基刮去一层，让下部菌丝生长上来，以促进萌发新耳基。发现有烂耳时及时刮除干净。采耳后，耳棒上下互调、重新排放好。

3. 修剪淘洗 采收的鲜耳应及时加工，不能存放至次日加工，以免影响质量和色泽。在修剪耳角时，既要修剪好硬脚和黑蒂，又不能修剪过度，必须保持朵形完整。淘洗银耳时，一是要水质好，无浑浊污染；二是最好在流水中淘洗；三是要把杂质泥沙淘洗干净；四是淘洗时间要快，不能在水中浸泡过久，以免影响银耳的朵形和质量。

4. 烘烤干制 采用烘干机干制银耳。将鲜耳耳基朝下、耳片朝上地摆放于烘笘上，并且不能重叠摆放。烘烤中鲜耳不能翻动，只能上下调换烘笘。烘烤开始时应将温度尽快升到 60℃，当耳片接近干时，温度逐步降到 40℃，以防温度过高，将耳片烤焦。

5. 分级包装 烘烤好的银耳要及时分级并用塑料袋包装，以防受潮，同时又不能过于干燥，以免碎片太多。应掌握好银耳的含水量，标准含水量为 12%，即耳片干燥刺手又不易碎为度，减少碎片保证质量。

四、代料栽培关键技术

银耳的代料栽培又称代料袋栽（图 11-3），是指以杂木屑、棉籽壳等为主料，以麦麸、蔗糖、石膏等为辅料，混配成培养基，装入塑料袋中灭菌后接入菌种，进行发菌和出耳的过程。其生产流程为：原料准备→菌袋生产→发菌管理→出耳管理→采收加工。代料袋栽与段木栽培相比，具有栽培原料广、成本低、周期短、产量高、经济效益高等优点，现已在全国各地普遍使用这

图 11-3　银耳代料栽培出耳（赵刚 供图）

项技术，尤其在福建古田技术非常成熟，生产规模也较大。下面主要借鉴《GB/T 29369—2012 银耳生产技术规范》来介绍银耳的代料袋栽技术。

（一）季节安排

在我国借助自然气温情况，进行银耳的代料袋栽，一般可安排春、秋两季栽培。

长江以南各省、自治区、直辖市：春栽安排在 3～4 月，秋栽安排在 9～11 月。低海拔地区，春栽可提前至 2 月开始，秋栽可推迟到 10～12 月。

淮河以北各省、自治区、直辖市：华北地区以河北中部气温为准。春栽在 4～6 月，秋栽在 9～10 月。东北、西北区域春栽在 4～6 月，秋栽在 8 月中旬至 9 月。

（二）场所设施

给排水方便，四周卫生，无规模养殖的禽畜舍，场地周边无垃圾场、集市和粉尘污染源（如大量扬尘的水泥厂、砖瓦厂、石灰厂、木材加工厂等）的地块均可用于建设银耳生产用房。

1. 发菌室　室内干燥，既保温又通风，一般面积 30～40 平方米／间、高 2.5～3 米，门窗安装 60～80 目防虫网。

2. 出耳房 栽培房由墙、天花板、窗和门、通道、屋顶、生产设施、缓冲道等组成。一条通道的菇房长 10～12 米、宽 3.5 米、高 3.5～4 米；两条通道的菇房长 10～12 米、宽 5.5 米、高 3.5～4 米。

墙体既保温、保湿又通风，有较好散射光。砖墙厚 24 厘米（土墙厚 40 厘米、空心砖墙厚 20 厘米）。内墙壁要先衬上一层 3～5 厘米厚的泡沫板，后衬一层塑料薄膜。

天花板设置防鼠铁丝网和隔热层，走道上方设置 2～3 个 80 厘米×80 厘米能开合的天窗。

一条通道的栽培房：1 个门，门上方安装 1 个 150 瓦排气扇，1 个窗；两条通道的栽培房：2 个门，前后设置可开合的 4 个玻璃窗，窗顶上方安装排气扇。所有通气窗和门都要安装 60～80 目防虫网。

通道宽 1.1 米，上方安装 2 个小型电风扇和 2 盏节能灯。

缓冲道安装 60～80 目防虫网，上方安装杀虫灯。

3. 调温设施 一般采用地下火坑道形式，由烧火口、烧火膛、火烟暗道和烟囱组成。烧火口设在菇房门口外墙脚处，烧火口高 40 厘米、宽 20 厘米；烧火膛直径 80 厘米；火烟暗道高 48 厘米，宽 15 厘米；烟囱高出菇房顶 50 厘米以上，烟囱内径 16～18 厘米。也可以使用其他温度调节设施。

4. 栽培床架 层架式，床架用角钢、木头或竹竿等搭建。一条通道的菇房内安装两排栽培床架，架宽 1.1 米；两条通道的菇房内安装三排栽培床架，两边床宽 55 厘米，中间床宽 2.2 米。以栽培房高度为准，一般床高 3～3.3 米，分 10～12 层，层距 27～30 厘米，床面纵向排放 4 根木条或竹竿等材料。

（三）原料准备

1. 原料种类 银耳代料栽培可使用的主料有杂木屑、棉籽壳、玉米芯、甘蔗渣、高粱秆、向日葵秆和野草等，辅料有麦麸、石灰、轻质碳酸钙、过磷酸钙等。

棉籽壳、黄豆秆等有机原料要求新鲜、干燥、无霉变、无结块、无异味、无异物。木屑要求为银耳适生树种，如壳斗科、金缕梅科、桦木科、杜英科、胡桃科、五加科、榛科、豆科、安息香科、大戟科、杨柳科等树种。无机原料要求为正品。

2. 基质配方

①棉籽壳82%～88%，麸皮11%～16%，石膏1%～2%。

②木屑60%，黄豆秆23%，麸皮15%，石膏2%。

③棉籽壳85%，麦麸13%，石膏1.5%，蔗糖0.5%。

④棉籽壳80%，麦麸17.5%，石膏1.8%，蔗糖0.5%，尿素0.2%。

⑤棉籽壳80%，麦麸15%，玉米粉3%，石膏1%，蔗糖1%。

⑥棉籽壳78%，麦麸19.5%，石膏2%，硫酸镁0.5%。

⑦棉籽壳76%，麦麸20%，黄豆粉1.3%，蔗糖1.2%，石膏1%，硫酸镁0.5%。

⑧杂木屑75%，麦麸20%，石膏2%，蔗糖1.3%，硫酸镁0.4%，黄豆粉1%，尿素0.3%。

⑨杂木屑77%，麦麸18%，石膏1.5%，黄豆粉1.5%，蔗糖1%，过磷酸钙1%。

⑩杂木屑76%，麦麸19%，黄豆粉1.5%，蔗糖1.5%，过磷酸钙1%，石膏1%。

⑪杂木屑74%，麦麸22%，石膏3%，硫酸镁0.4%，尿素0.3%，石灰0.3%。

⑫杂木屑73%，麦麸24.5%，石膏1%，蔗糖1%，磷酸二氢钾0.5%。

⑬棉籽壳50%，玉米芯26%，稻草绒18.5%，石膏2.5%，黄豆粉1.3%，蔗糖1.3%，硫酸镁0.4%。

⑭棉籽壳40%，杂木屑40%，麦麸17%，蔗糖1%，石膏

1%，硫酸镁1%。

⑮杂木屑34%，玉米芯25%，棉籽壳22%，麦麸16%，石膏1.5%，蔗糖1%，硫酸镁0.5%。

⑯棉籽壳86%，稻谷壳8%，石膏2%，玉米粉2.5%，蔗糖1%，硫酸镁0.5%。

⑰杂木屑50%，甘蔗渣20%，玉米芯10%，麦麸18%，蔗糖1%，石膏1%。

⑱甘蔗渣73%，麦麸20%，石膏2%，碳酸钙1.2%，蔗糖1%，黄豆粉2.2%，硫酸镁0.6%。

⑲玉米芯40%，棉籽壳40%，麦麸18%，石膏1.6%，复合肥0.4%。

⑳向日葵秆70%，麦麸25%，石膏1%，黄豆粉2%，蔗糖1%，硫酸镁0.6%，磷酸二氢钾0.4%。

㉑向日葵盘、壳50%，杂木屑27%，麦麸20%，石膏1%，尿素1%，过磷酸钙1%。

㉒高粱秆粉50%，木屑30%，棉籽壳18%，石膏2%。

㉓芦苇35%，芒萁30%，杂木屑12%，麦麸20%，蔗糖1.5%，石膏1%，硫酸镁0.5%。

各地可根据自身原料来源情况，因地制宜地选择性采用上述栽培料基质配方。

（四）菌袋生产

1. 拌料装袋　根据拟生产袋数规模，估算培养料用量。一般，采用规格（折径×长度×厚度）为12.5厘米×（53～55）厘米×0.004厘米的塑料袋作为料袋，能装干料0.6～0.75千克/袋。按配方比例称取主、辅料，先将原料预湿后，均匀撒入麸皮、石膏粉拌匀，拌料用的水分批泼入料中，搅拌均匀。培养料含水量控制在55%～60%。

可采用装袋机进行培养料装袋。培养料填装高度45～47厘米，装填湿料 1.3～1.5 千克／袋。

2. 扎口打穴 装料后，将料袋口内外两面粘附的培养料擦抹干净后，用线将袋口绑扎紧。用直径 1.5 厘米打穴器在填好培养基的料袋单面打穴，每袋打 3～4 个等距离穴，深度 2 厘米。

3. 袋穴封口 用规格 3.3 厘米×3.3 厘米食用菌专用胶布，贴封穴口，穴口四周封严压密。配制好的培养料，要求在 5 小时内填料结束，并转入灭菌程序。

4. 灭菌料袋 一般采用常压蒸汽灭菌方法对料袋进行灭菌。料袋装锅时，袋与袋之间要留有间隙，让蒸汽能较好流通。加温灭菌时，要"攻头、控中、保尾"，要求灭菌锅内温度在 4 小时内达到 100℃，然后开始计时，维持 100℃状态 8～10 小时。灭菌后，料袋趁热出锅，搬运到已消毒过的接种室中呈"井"字形排放，每层 4 袋。

5. 料袋接种

（1）**拌匀菌种** 在接种前 12～24 小时要进行拌种。选择菌龄 6～10 天、合格的三级种，在无菌接种箱内，按无菌操作要求，先用拌菌机将整瓶菌种搅碎后，再用接种匙将整瓶菌种中的银耳菌丝和香灰菌菌丝充分拌匀，待用。

（2）**接种室再次消毒** 大批量生产时，接种室和发菌室是同一房间。当已装入培养基并经灭菌的料袋温度降至 28℃以下时，将料袋、接种用具等进行消毒。一般采用熏蒸法消毒，气雾消毒盒焚烧消毒方法：消毒前先用 2%～3% 来苏尔或新洁尔灭或其他符合国家相关安全要求的杀菌剂进行空间喷雾，再按 5～10 克／米^3 计算用量，点燃消毒盒中药剂即产生气雾消毒，密闭 2～5 小时。

（3）**料袋接种** 消毒 4 小时后即可接种。可两人配合进行接种，一人掀开穴口上胶布，另一人迅速用接种枪将银耳菌种接入穴内（接种前，按无菌操作要求，在接种枪的筒内吸入菌种），要求接入穴内的菌种要比穴口凹下 1～2 毫米，接种量约为 1.5 克／穴，一瓶三级种可接种 110～120 穴。之后，迅速地用胶布贴严穴口。接种后的菌袋，按"井"字形横竖交叉叠放，4～5 袋 / 层，每堆叠 10～12 层。

（五）发菌管理

依据银耳菌落在料袋中生长时间进度状况，采取相应的温光水气调节措施。

1. 菌袋码袋　菌袋按"井"字形重叠室内发菌，保护接种口的封盖物。接种后 1～3 天，温度控制在 26～28℃，不得超过 30℃；弱光培养；不必通风。让种块尽快在基质中萌发菌丝并定植。

2. 翻袋查杂　接种后 4～8 天，翻袋检查杂菌，疏袋调整散热。温度控制在 23～25℃，室温低于 20℃时需加温，同时要防止高温；弱光培养；通风 2 次 / 天，10 分钟 / 次。可见，穴中凸起白毛团，袋壁菌丝伸长。

（六）出耳管理

1. 排放耳袋　菌袋培养在 9～12 天期间，菌落直径 8～10 厘米，白色带黑斑。室温控制在 22～25℃，不超过 25℃；空气相对湿度 75%～80%；注意通风换气，3～4 次/天，10 分钟/次。耳房消毒，床架刷洗消毒，菌袋搬入耳房排放于床架上。

2. 割膜扩口　菌袋培养在 13～19 天期间，菌丝会基本布满菌袋，淡黄色原基形成，原基分化出耳芽。室内温度控制在 22～25℃；空气相对湿度 90%～95%；通风 3～4 次 / 天，30 分钟 / 次。割膜扩口 1 厘米，喷水于纸面保湿。

3. 喷水保湿　菌袋培养在 20～25 天期间，耳片直径 3～6 厘米，耳片未展开，色白。室温控制在 20～24℃；空气相对湿度 90%～95%，取出覆盖物晒干后再盖上，喷水保湿，耳黄多喷水，耳白少喷水；通风 3～4 次 / 天，20～80 分钟 / 次；结合通风，增加散射光。

4. 干湿交替 菌袋培养在 26～30 天期间，耳片直径 8～12 厘米，耳片松展，色白。室温控制在 22～25℃；空气相对湿度 90%～95%；取出覆盖物，喷水保湿，以湿为主、干湿交替，晴天多喷水，与通风相结合；通风 3～4 次，20～30 分钟 / 次。

5. 停水通风 菌袋培养在 31～35 天期间，耳片直径 12～16 厘米；耳片略有收缩，色白，基部呈黄色，有弹性。室温控制在 22～25℃；停止喷水；通风 3～4 次 / 天，30 分钟 / 次。成耳待收。

（七）采收加工

1. 采收时期 菌袋培养在 35～43 天期间，菌袋收缩出现皱褶、变轻。耳片收缩，边缘干缩，有弹性。这时就是银耳子实体的采收期。

2. 采摘方法 手戴干净手套，一次性将银耳整丛摘下即可。采收后，应及时清除废菌筒，清扫栽培房，将栽培房薄膜、地板、床架洗净晒干或晾干，以备下批次生产使用。

3. 鲜耳干制 同段木栽培的"烘烤干制"。

第十二章
竹荪生产技术

短裙竹荪

长裙竹荪

图 12-1　竹荪子实体

竹荪又名竹参、僧笠蕈等（图 12-1）。竹荪营养丰富，如长裙竹荪干品中含粗蛋白质 15%～22.2%、粗脂肪 2.6%、糖 38.1%，其蛋白质中含有 21 种氨基酸，8 种为人体必需氨基酸，占氨基酸总量的 1/3，其中谷氨酸含量达 1.76% 以上。现代药理学证实，竹荪对人体具有降血脂、抗肿瘤、恢复免疫力、抗突变、抑菌、抗炎、抗氧化、降血压和保肝等药理作用。临床案例证实，竹荪冲剂治疗妊娠高血压的有效率达 93.3%，显效率为 6.7%。竹荪形态优美，香甜浓郁，酥脆适口，风味独特。在我国古代竹荪被列为山珍美味和贡品佳肴，清乾隆四十九年（公元 1784 年），乾隆皇帝（弘历）

巡行到山东，孔府以"琼浆宴席"进献，其中就有"奶汤竹荪"。清廷的满汉全席中有"龙井竹荪汤"。现代将竹荪作为国宴佳品，英国女王伊丽莎白二世、美国总统尼克松派遣特使基辛格、日本首相田中角荣、美国总统尼克松等访华时，国宴上曾以"竹荪芙蓉汤"为代表的竹荪佳肴予以招待，都得到极高的赞赏。

我国云南昭通地区外贸局李植森于 1973 年开始进行野生竹荪人工驯化栽培研究。之后，广东省微生物研究所室内短裙竹荪栽培成功，并获得重大科技成果。贵州省生物研究所、中国科学院昆明植物研究所、中国林业科学研究院亚热带林业研究所、上海市农业科学院食用菌研究所等科研单位相继成功栽培竹荪。四川省农业科学院土肥所微生物室于 1985 年开始对竹荪资源及生态环境、生物学特性、菌种的分离培养、室内外人工栽培技术等进行较为系统的研究，其研究成果获省科学技术进步奖。目前，全国各地许多地区都有不同规模的竹荪生产，如福建、四川、贵州、湖南等。以前栽培竹荪有室外段木栽培，室内培养料层架栽培、菌丝体压块栽培，野外畦床栽培等。目前主要采取生料或发酵料野外开放式畦床栽培，具有原料来源广泛、取材容易、污染少、出菇快、成本低、见效快、管理方便、适于农户等优点，已经在河南、四川、陕西等 18 个省（自治区、直辖市）推广应用。一次性播种当年见效。种植 100 平方米，一般可采收竹荪干品25 千克。

一、基本生育特性

（一）营养需求

竹荪属腐生菌。毛竹屑（叶、片）、阔叶树木屑（叶、枝）、棉籽壳、棉渣、麦秆、高粱秆、黄豆秆等农林副产物均可作为竹荪生长发育的营养物质。

（二）环境需要

1. 菌丝体生长

（1）**温度**　短裙竹荪、长裙竹荪和红托竹荪菌丝生长的温度范围为 5～30℃，最适温度为 23～25℃。棘托竹荪菌丝生长的温度范围为 13～38℃，适宜温度为 23～32℃。

（2）**光线**　竹荪菌丝在完全黑暗条件下生长良好，在极微弱光照下也能正常生长，暴露在阳光下会延缓生长速度、产生紫红色色素并易衰老，长时间处于阳光下会丧失活力。

（3）**水分及空气湿度**　竹荪菌丝生长在代料培养基中，要求培养基适宜含水量为 60%～68%；在土壤中生长要求土层适宜含水量为 20% 左右。菌丝生长要求环境适宜空气相对湿度在75%～80%。

（4）**空气**　竹荪属好气性真菌，菌丝生长需要氧气供应。在栽培时应注意基质和覆土层的通透性，发菌室（棚）要通风换气，有充足的氧气供给竹荪的营养生长。

（5）**酸碱度**　竹荪喜欢酸性生活环境，菌丝生长环境 pH 值范围为 4.5～6，最适 pH 值为 4.6～5。

2. 子实体形成生长

（1）**温度**　不同种类竹荪，其子实体形成和分化对温度要求不一样。短裙竹荪、长裙竹荪和红托竹荪属于中温型结实菌类，子实体形成和分化适宜温度范围为 19～28℃；棘托竹荪属于高温型结实菌类，子实体形成和分化适宜温度范围为 25～32℃。

（2）**光线**　竹荪子实体原基形成一般不需要光照。菌类出土后则需要一定的散射光照，微弱的散射光不会影响菌蕾破口和子实体伸长、撒裙，强烈光照会影响子实体正常生长发育。强光和环境干燥，容易使菌蛋萎蔫，表皮出现干裂纹，不开撒菌裙或长成畸形菇。出菇场内光照强度适宜控制在 15～200 勒。

（3）**水分及空气湿度**　竹荪子实体形成和发育阶段，要求覆土层的含水量保持在 28% 左右，以手捏土粒扁但不碎、不粘手为宜。竹荪菌蕾在球形期和卵形期，将环境空气相对湿度提高到 80%。菌蕾成熟至破口期，空气相对湿度需提高到 85%。破口至菌柄伸长期，空气相对湿度调节到 90% 左右。菌裙张开期，空气相对湿度提高到 95% 以上。

（4）空气　竹荪子实体在发育期间呼吸旺盛，需要有足够的氧气供应。室内栽培和野外塑料棚栽培，必须定时开启门窗或揭膜通风换气，让新鲜空气流通，以满足竹荪子实体生长发育所需氧气。

二、优良品种

（一）短裙竹荪

例如粤竹 D1216。菌群白色，网眼圆形或近圆形；菌柄白色；菌盖钟形，顶部有圆形或椭圆形的穿孔，白色，带有清香气味；菌托粉红色至淡紫色，受伤后变深紫红色。子实体形态优美，风味优于长裙竹荪。子实体分化温度 17～25℃，生长温度 20～24℃，适宜光照强度 20～200 勒。子实体蛋形期适宜空气相对湿度 80% 左右，菌柄伸长期至成熟期适宜空气相对湿度 85% 以上。抗杂菌能力强。可采取生料栽培和熟料栽培。

（二）棘托竹荪

1. D88　子实体中大型；菌蛋聚生、散生、单生（依覆土性质不同而异），菌蛋初期带刺，后期刺消失；菌盖钟形，顶端平、中央有穿孔，网纹明显，包体暗绿色；菌柄白色、中空、壁海绵状，基部粗，向上渐小；菌托灰黑色至暗褐色；菌群白色，网眼多角形。子实体形成适宜温度 20～26℃，空气相对湿度 75%～85%。抗青霉、黄曲霉和酒曲霉能力强，抗细菌和黏菌能力较弱。可采取生料栽培和发酵料栽培。以竹类和木质材料为主料栽培的生物学效率50%～83%。一般一潮菇占总产量的30%～50%，二潮菇占20%～40%，三潮菇占10%～15%，以后出菇占5%～15%。适宜于长江以南地区及其相似生态区域栽培，一般2～8月栽培，夏秋季收获。

2. 宁B5号 子实体幼期近球形，由白色经生长后逐渐转为褐色；成熟子实体菌盖钟形，网格明显；菌柄白色、中空，壁海绵状；菌裙白色，网眼正五边形；菌托土褐色，有棘毛；孢子液土褐色。子实体形成适宜温度24～30℃，空气相对湿度80%以上，光照强度300～400勒；菌柄伸长和撒裙温度22～28℃，空气相对湿度90%以上。抗霉菌能力较强。可采用多种竹类、木质材料和农作物秸秆栽培。生物学效率90%以上。一般一潮菇占总产量的60%～70%，二潮菇占15%～20%，三潮菇占5%～10%。适宜于黄河流域以南地区及其相似生态区域栽培，一般在春、夏季接种。

（三）长裙竹荪

例如宁B1号。子实体幼期椭圆形；菌盖钟形，网格明显；孢子液暗绿色，微臭；菌柄白色、中空，壁海绵状；菌裙白色；菌托紫色。子实体生长适宜空气相对湿度90%以上，需一定散射光照。抗霉菌能力较强。可采用木屑、竹屑和玉米芯主料栽培。生物学效率65%以上。一般一潮菇占总产量的60%～70%，二潮菇占15%～20%，三潮菇占5%～10%。适宜于长江中下游山区栽培，一般在春、夏季接种，即3～4月播种，6～8月出菇。

三、田间荫棚栽培关键技术

竹荪的田间荫棚栽培，又称生料或发酵料野外开放式畦床栽培（图12-2，图12-3），是指将适合竹荪生长发育的原料配制

图 12-2　竹荪菌蕾（王乾友 供图）　图 12-3　竹荪出菇（王乾友 供图）

成培养基直接或经过建堆发酵后铺于畦床中，播上菌种，覆盖土壤，进行发菌和出荪管理的过程。其生料栽培的生产流程为：原料准备→场地整畦→铺料播种→覆土遮阴→菌丝培养→出菇管理→采收干制；发酵料栽培的生产流程为：原料准备→建堆发酵→场地整畦→铺料播种→覆土遮阴→菌丝培养→出菇管理→采收干制。下面主要借鉴《DB35/T 1268—2012 竹荪栽培技术规范》来介绍棘托竹荪的田间荫棚栽培技术。长裙竹荪、红托竹荪和短裙竹荪也可参照此技术。

（一）季节安排

我国利用自然气温进行竹荪栽培，一般可在春、秋两季进行。南方各省春季栽培，3月上旬至4月播种，当年夏秋季采收；秋季栽培，9～10月播种，翌年夏季采收。北方地区可根据当地气温情况灵活掌握播种期。

（二）原料准备

1. 原料种类　竹荪栽培可使用的主料有竹片（块）、杂木片（块）、竹屑、杂木屑、棉籽壳、棉花秆、豆秆、玉米芯、花生壳、甘蔗渣、黄麻秆、菌渣等。辅料有轻质碳酸钙、过磷酸钙、石膏等。其中，有机原料要求新鲜、干燥、无霉变、无结块、无异味、无异物。无机原料要求为正品。

2. 基质配方

①竹屑 80%，杂木屑 18.8%，尿素 0.7%，轻质碳酸钙 0.5%。

②竹屑 98.8%，尿素 0.7%，轻质碳酸钙 0.5%。

③竹屑 60%，杂木屑 28.8%，豆秆或芦苇草 10%，尿素 0.7%，轻质碳酸钙 0.5%。

④杂木片（屑）50%，竹片（屑）40%，豆秆或芦苇 10%。

⑤竹片（屑）50%，杂木片（屑）30%，芦苇 20%。

⑥甘蔗渣 50%，竹片（屑）或花生壳 25%，杂木片（屑）14%，豆秆 10%，过磷酸钙 1%。

⑦棉籽壳 40%，棉花秆或高粱秆 40%，豆秆或玉米芯 19%，石膏 1%。

⑧芒萁 40%，杂木片（屑）35%，竹片（屑）24%，过磷酸钙 1%。

⑨葵花籽壳 45%，棉花秆或葵花秆 30%，玉米芯 25%。

⑩黄麻秆 35%，黄豆秆 25%，木片（屑）20%，花生壳 19.4%，复合肥 0.6%。

⑪菌渣 70%，杂木片（屑）18%，豆秆 10%，过磷酸钙 1%，石膏 1%。

⑫油菜秆 60%，花生壳 20%，棉籽壳 10%，果树枝丫 10%。

⑬谷壳 40%，花生壳 40%，杂木片（屑）19%，过磷酸钙 1%。

3. 备料拌料 按培养基配方准备各项原料，用料量控制在每亩 5 000～7 500 千克。将干燥的原材料混合拌匀，培养基含水量应控制在 60%～65%。若是采取生料栽培，则可直接进入铺料播种生产技术环节。若采取发酵料栽培，则对培养料进行发酵后再进入铺料播种生产技术环节。

（三）建堆发酵

采用发酵料栽培的，应在播种前 45～60 天建堆。料堆高 1.5

米，长度不限。每隔 15 天翻堆一次，前后共翻 3～4 次。发酵时间为 45～60 天。要求发酵后的堆料松软、变褐、有香味。

（四）场地整畦

1. 地块准备　栽培竹荪的地块要求选择土质较肥沃，呈弱酸性沙质轻壤土，pH 值为 6～6.5；取水方便，排水良好，无白蚁窝及虫害的地块。一般可将水稻田、山地或果园作为竹荪栽培地块。竹荪栽培田地不宜连作，宜间隔 2 年以上。选定栽培地块后，应提前翻晒、消毒场地，以减少病虫害。

2. 搭棚做畦　在地块之上，先搭建遮阴大棚，可用竹竿或木棒、遮阳网、铁丝、丝膜等材料搭建，荫棚规格可依据地块现状灵活掌握。然后平整土地，制作畦田，适宜宽度为 70～90 厘米，高度为 10～20 厘米；四周挖排水沟，以利排水。

（五）铺料播种

1. 铺料　将培养基铺成龟背式菌床，料厚 20～25 厘米。培养基用量为 10～20 千克 / 米^2（因材料而异）。

2. 播种　播种可采用多种方法。宜采用"一"字形条播法，即将菌种掰成块状播于料上，播种量为 1.3～1.5 袋 / 米^2，菌种 0.5 千克 / 袋。播种后表面再覆盖 1～2 厘米厚的培养基。

3. 覆土　播种后在培养基表面覆盖碎土，土层厚 4～7 厘米。覆土应为疏松的种植地表土，土壤含水量 25% 左右，手捏成团。覆土层上再铺盖 1～2 厘米厚的稻草，待稻草吸湿变软后再覆盖地膜。

（六）发菌管理

1. 温度控制　播种后的菌丝定植生长温度控制在 13～28℃，过高或过低将影响菌丝生长。

2. 湿度调节　培养基含水量应控制在 60%～70%，空气相对湿度以 65%～70% 为宜。

3. 遮挡光线 栽培时需保持适当的荫蔽度。有条件时可立柱搭架，架高 1.8～2.2 米，在原基发生期前后，在支架上铺盖芦苇或防晒网等，保持"三分阳、七分阴"。

4. 通风换气 应适时揭地膜通风换气，保持畦床空气新鲜。

5. 检查补种 播种 7～10 天后检查菌丝发育状况，发现菌种不萌发、发黑，应及时补播菌种。

（七）出菇管理

1. 温度控制 出菇阶段温度应随菌蕾发育而逐步升高，范围宜控制在 20～32℃。

2. 湿度调节 子实体生长阶段，应适时对畦床喷水，保持畦沟浅度蓄水。培养基含水量控制在 70% 左右。空气相对湿度要求随菌蕾发育而逐步升高，范围控制在 75%～95%。

3. 光照调控 子实体形成期，应在菇棚上方加盖遮阴物，保持自然散射光。

（八）采收干制

1. 采收鲜荪 当菌球破口至撒裙三分之一时均可采收。采收时应保持清洁，外观形态完整。采收后应及时剥离菌盖、菌托，将竹荪倒于烤筛上，然后按菇大小分层整齐摆放烘烤。一般从播种至采收需 80～90 天。整个生产周期可采 3～5 潮竹荪。

2. 烘干包装 竹荪采后应当天烘干。烘干时烘房温度宜逐渐升高，并控制在 50～65℃。要求干品含水量控制在 12%～13%。烘干产品应及时装入塑料袋内，扎牢袋口，入库备销。

第十三章
草菇生产技术

草菇又名兰花菇、贡菇、中国菇等（图13-1）。草菇营养丰富，每100克干草菇含粗蛋白质33.77克、粗脂肪3.52克、可溶性无氮浸出物30.51克、粗纤维18.4克、灰分13.3克，含有维生素C、维生素B_2和磷、钙、铁、钾等。中医认为，草菇能消食去热，补脾益

图13-1 草菇子实体

气，解暑，滋阴降火，增加乳汁，防治维生素C缺乏病，促进创伤愈合，护肝健胃，减少体内胆固醇含量，对预防高血压、冠心病有益。现代药理学研究表明，草菇多糖能促进抗体形成、提高人体免疫功能；草菇子实体中的毒蛋白有抗癌作用。鲜草菇肉质细嫩，脆滑爽口，风味鲜美；干草菇芳香浓郁。在我国香港、广州、福建等地很受消费者喜爱。

我国是世界上最早人工栽培草菇的国家，有学者分析推测我国草菇的栽培应该始于明代，距今已有300多年的栽培历史。在20世纪60年代以前，以草堆式栽培草菇，产量很低，生物学效率只有7%。1962年以后，张树庭、邓叔群教授等系统研究了草菇栽培技术。20世纪70年代，采用废棉室内栽培草菇，产量大

幅提高，是稻草的近 2 倍。20 世纪 80 年代，江西采用保温泡沫房或砖瓦房床架栽培，产量高，可周年栽培。20 世纪 90 年代初创造袋栽草菇工艺，产量稳定，方法简便，稻草为主料二次发酵，生物学效率 10%～20%，较室外堆栽提高 2～3 倍。广东推广废棉主料发酵处理法，生物学效率 25%～35%。目前主要采用发酵料或熟料棚室栽培法生产草菇。

一、基本生育特性

（一）营养需求

草菇属于腐生菌。稻草、麦草、玉米秆、甘蔗渣、棉籽壳、废棉渣、中药渣等均可作为草菇生长发育的营养物质。

（二）环境需要

1. 菌丝体生长

（1）**温度**　草菇菌丝生长的温度范围为 10～43℃，适宜温度为 30～39℃，最适温度为 33～36℃。

（2）**光线**　草菇菌丝生长不需要光照。在完全黑暗条件下菌丝正常生长，直射光线会抑制菌丝生长。

（3）**水分**　草菇属于喜湿性菌类，菌丝生长需要培养料适宜含水量为 65%～75%，需要环境空气相对湿度为 70%～75%。

（4）**空气**　草菇属于好气性菌类，菌丝生长需要氧气供应。环境中氧气不足、二氧化碳积累过多，会阻碍菌丝生长。

（5）**酸碱度**　草菇喜欢偏碱性的生活环境，菌丝生长环境 pH 值范围为 4～10，最适 pH 值为 7～7.5。

2. 子实体形成生长

（1）**温度**　草菇属于典型的高温型结实真菌，子实体形成原基最适温度为 30～32℃；子实体发育温度为 25～38℃，最适温度为 28～31℃。

（2）**光线**　草菇子实体形成需要一定散射光照刺激。在完全黑暗条件下不能形成子实体，直射光会抑制子实体发育。散射光能促进子实体形成，最适光照强度为 300～500 勒。光线强时，子实体颜色加深，呈灰黑色而发亮；光线不足时，子实体呈灰黑色或灰白色，有时甚至不出菇。

（3）**水分及空气湿度**　草菇子实体形成和发育阶段，需要空气相对湿度在 85%。

（4）**空气**　草菇在子实体分化阶段，若氧气不足、二氧化碳积累过多，轻则会导致子实体顶部凹陷，形成肚脐菇，降低甚至失去商品价值，重则导致死菇烂菇。空气中二氧化碳浓度为 0.034%～0.1% 时，可促进子实体形成；增加至 0.5% 以上时，子实体发育受到抑制；增加到 1% 时，停止生长。

二、优良品种

（一）栽培菌株

草菇的栽培菌株有两大品系：一是黑草菇，子实体包皮（未开伞时）为鼠灰色，呈卵圆形，不易开伞，货架期较长，抗逆性稍差；二是白草菇，即港式草菇，子实体包皮灰白色或白色，呈圆锥形，包皮薄，易开伞，出菇快，产量高，抗逆性强。广东大量栽培的黑草菇有 V23、V5、V6、V981、V202 等菌株，白草菇有 V844、V17、屏优 1 号、VP53、粤 V1 等菌株。

此外，还有一种银丝草菇属中温型结实菌类，出菇温度为 15～30℃，最适温度为 20～28℃，子实体白色或淡黄色，产生银丝状的纤毛，不易开伞，肉质细嫩，口味尚可。

（二）认定品种

例如川草53。商品菇椭圆形，浅褐色至灰黑色，表面光滑，外薄膜厚。口感脆嫩，清香。子实体形成温度范围为25～35℃，适宜温度为28～30℃。棉籽壳和废棉栽培生物学效率为3%，其中一潮菇占总产量的70%左右，二潮菇占30%左右。适宜于华北及以南地区夏季栽培。

三、发酵料床架栽培关键技术

图13-2　草菇出菇

草菇栽培的方式很多，有床架式栽培、畦式栽培、堆草栽培、框式栽培和袋装栽培等。目前生产上主要采取发酵料床架式栽培（图13-2），是指将培养料堆制发酵后，铺于室内床架中，播上菌种，进行发菌和出菇管理的过程。其生产工艺流程为：原料准备→堆制发酵→播种发菌→出菇管理→采收鲜菇。下面主要借鉴《DB34/T 860—2008 无公害食品 草菇生产技术规程》来介绍草菇的发酵料床架栽培技术。

（一）季节安排

在没有保温加湿条件下栽培草菇，广东一般在4月下旬至10月中旬较为适宜；国内其他地区通常在5月下旬至8月下旬。在采用泡沫菇房或砖瓦房内贴泡沫板并有加温设施条件下，可周年生产草菇，目前广东栽培草菇 90% 以上为周年栽培。

（二）原料准备

1. 基质配方

①稻草 81%，干牛粪 15%，磷酸二氢钾 1%，石灰 3%。

②稻草 90%，麸皮 7%，石灰 3%。

③废棉 92%，石灰 8%。

④麦秆 20%，废棉 72%，石灰 8%。

⑤棉籽壳 91%，麸皮 5%，石灰 4%。

2. 备料 根据选用基质配方和菇房栽培面积，准备栽培所需培养料，一般按用量约为 10 千克／米 ^{2} 干料进行备料。

（三）堆制发酵

1. 建堆发酵 将新鲜无霉变的废棉或棉籽壳分层放入踩料筐（或踩料池）中，踩料筐（池）可根据生产场地和生产量自制，一般为长 1.6 米、宽 1.6 米、高 0.6 米，可踩干料 600～750 千克（一般夏季 600 千克、冬季 750 千克），可供一间菇房使用。先在筐的底层放料，一层料一层干石灰，边加水边踩实，直至满筐为止，使培养料含水量在 70% 以上，用薄膜覆盖料堆，发酵 3～5 天，中间翻堆 1～2 次。

2. 建房搭架

（1）场地选择 要求选择地势平坦，地下水位较低，排灌方便，交通较便利的地方建菇房。整栋菇房坐北朝南。

（2）建造菇房 室内栽培草菇，一般建成砖瓦菇房，每间菇房长 6 米，宽 4 米，边高 2.8～3 米，顶高 3.5 米，墙体厚 24 厘米，双面用水泥砂浆抹面，不得有缝隙，内墙涂防霉油漆，屋顶为 3 厘米厚泡沫塑料板加石棉瓦，菇房南北两端各设置 0.3～0.4 平方米的上下对流通风窗，靠门一侧地面处设一煤炉，连接保温管道，管道沿室内长边墙设置，距地面约 50 厘米。

（3）**搭造床架** 菇房内设 2 排床架，床架材料可用角钢或竹木，每隔 1 米有一根立柱作支撑，架宽 1 米、长 5 米，5～6 层，每间菇房放 2 排床架，两床架间距 60 厘米，床架与边墙间距 50 厘米，架层间距 40～45 厘米，最下层距地面 20 厘米，最上层距屋顶 60 厘米。每间菇房栽培面积 50～60 平方米。

3. 菇房消毒 新建菇房，要开门窗大通风，彻底干燥。进料前，熏蒸消毒，每平方米用 37% 甲醛溶液 10 毫升加高锰酸钾 5 克，密封 24 小时，再开窗排气。

4. 二次发酵 将培养料含水量调至 70%，搬入已消毒的室内床架上，均匀摊开，厚约 10 厘米。关闭门窗，用炉火（或蒸汽）加热升温，使料温迅速升到 65～75℃，保持 10～12 小时；再将料温稳定在 55℃，维持 6～8 小时；温度降到 45℃，打开门窗通风，散去二氧化碳、氨气等有害废气，并让料温降至 38℃以下。发酵好的培养料质地疏松，有较多的嗜热放线菌，有淡淡的菌香味。

（四）播种发菌

1. 撒播接种 在室温 36～38℃（冬季 38～40℃）、培养料表面温度 35℃左右时可以接种。接种前打开门窗通风，整理料面，将菌种揉碎，均匀撒播在料面上，轻拍料面使其种粒与料面充分接触，并用薄膜覆盖。播种量为干料重的 4%～5%，一般每平方米用棉籽壳菌种 1 袋（种袋规格为长 25 厘米×宽 12 厘米，重约 0.4 千克）。

2. 发菌管理 利用增温管道保温养菌，播种后，料面覆盖薄膜，关闭门窗，保持料温在 35～37℃，防止发菌期间温度高于 40℃或低于 20℃。当料温高于 40℃时，需适当降低温度，应掀开薄膜、打开门窗降温；保持培养料内含水量在 70%，空气相对湿度为 70%～80%。当菌丝封面，即接种 3 天后，揭去薄膜，将温度控制在 32℃左右，适当打开门窗，短时通风换气，同时保持室温在 28℃下 5～6 天，再关闭门窗，让温度回升到 33℃，保持 12 小时。

（五）出菇管理

1. 环境调控　保持培养料中心温度在 33℃左右，料面含水量在 70%，空气相对湿度在 85%～90%，如果空气较干燥，应定时定量对空间喷雾水。草菇属好气型真菌，及时通风有利于菌丝生长，每天通风 1～2 小时。菌丝生长阶段要避光，在菌丝扭结期则要给予一定的散射光照。

2. 催蕾促菇　播种后第四天，喷一次水使菌丝紧贴料面，促菌丝扭结；第六天，菌丝开始扭结，再喷一次催菇水，每平方米喷水量为 1.5～2 千克；第七天，根据料面水分情况适当补水，每次每平方米用水量为 0.2～0.5 千克，菇蕾长至花生米大小时，每天中午打开门窗，喷水后再开窗通风，每天开窗通风 1～2 小时；子实体生长期，保持室内温度在 30～32℃，空气相对湿度在 85%～95%，3 天左右采收。菌丝和子实体生长阶段培养料水分判断标准：用手紧握料，指缝间有水印而不下滴。

3. 采后管理　第一批菇采收后，清理料面，剔出枯死菇和烂菇，通风使其料面干爽，用 1% 石灰水喷洒料面，每平方米用水量为 2 千克，促进第二批菇生长。工厂化生产草菇，采收第二批菇后即可撤料，进行新一轮栽培。

（六）采收鲜菇

1. 采收时期　子实体呈蛋形或卵形，外菌膜未破裂，菌柄未伸长，约八成熟时，为采收佳期。早晚各采收一次，避免中午高温采收。

2. 采摘方法　采摘草菇时，一手按住菇周围的培养料，一手旋转菇体轻轻拧下，用不锈钢刀削去基部草屑和泥沙。对密集丛生的球菇应一起采摘。

（七）贮藏加工

1. 室温存放 采下的草菇，放入干净的容器中待售。不能马上出售的，要放入 20℃左右的室温中存放，切忌置于 15℃以下的低温环境冷藏。

2. 加工类型

（1）**加工盐渍菇** 通过选菇、清洗、杀青、盐渍，制成盐水草菇。

（2）**加工干品菇** 采用烘干机将草菇脱水，使菇体含水量小于 13%，制成干草菇。

（八）病虫害防控

1. 主要病虫害 草菇主要病害有因病菌引起的褐腐病、白绢病、菌核病、猝倒病；因管理不善引起的脐状、开裂、菇蕾萎缩等。主要虫害有蚊蝇类、螨类、线虫、蛞蝓等。

2. 防控措施 防治原则：子实体生长期，严禁使用农药，一般在培养料堆制中，根据病虫害种类有选择地施用高效低毒类杀菌剂和杀虫剂。

（1）**农艺措施** 选用抗病性强的菌种，菌种不带病虫卵；使用的培养材料要新鲜、优质、无霉变。培养料限量使用含氮量高的辅料如麦麸、禽畜粪等，严格培养料发酵操作程序。环境温度和湿度在规定的范围内。

（2）**物理防治** 菇场（房）内外要清洁卫生，加强环境消毒，菇房、床架要经熏蒸消毒，地面撒石灰；发现培养料面带杂菌应立即挖出，并用杀菌剂处理，防止蔓延。

（3）**化学防治** 不准使用禁用农药，严格控制农药使用浓度及安全间隔期。

第十四章
姬松茸生产技术

姬松茸又名姬菇等（图14-1）。姬松茸营养丰富，干菇中含粗蛋白质40%～50%、糖分38%～45%、灰分5%～7%、纤维素6%～8%、粗脂肪3%～4%；每100克干菇中含维生素 B_1 0.3毫克、维生素 B_2 3.2毫克、烟酸4.92毫克；含有钾、磷、镁、钙、钠、铁、锌等多种元素；含18种氨基酸，总量为30.87%，人体必需氨基酸占总氨基酸的42.8%；

图14-1 姬松茸子实体

含有姬松茸多糖、麦角甾醇类、凝集素等多种活性成分物质，具有抗肿瘤、提高人体免疫力、降低血糖及血脂、抗风湿、保护肝脏等作用。菇体脆嫩滑爽，具杏仁味。被日本誉为"神奇的蘑菇"和"地球上最后的食品"。

日本在1972年于室内成功栽培出姬松茸。我国福建省农业科学院在1992年首次将姬松茸人工栽培成功。姬松茸栽培主要有袋栽、箱栽和床栽，箱栽产量最高，平均生物学效率39.11%；床栽次之，平均生物学效率29.13%；袋栽产量最低，平均生物学效率16.8%。之后，江西地区总结出姬松茸栽培技术，使产量达到 6～8 千克/米²。北方利用大棚进行姬松茸栽培。床栽产量尽管较箱栽低，但是生产成本低，而且管理省工方便，适合我国栽培条件。姬松茸栽培类似于双孢蘑菇的栽培。目前，我国主要采取发酵料床架栽培姬松茸。

一、基本生育特性

（一）营养需求

姬松茸为草腐菌，营腐生生活特性。稻草、玉米秆、麦秆、棉籽壳等农作物秸秆、皮壳以及牛粪、猪粪、鸡粪等畜禽粪便等可满足双孢蘑菇对营养物质的需求，这些物质可用作姬松茸栽培的原料。

姬松茸对金属镉有较强的富集作用，培养料中微量的镉（10 毫克/千克）能促进菌丝生长和子实体形成，并能在子实体中富集，子实体中镉含量可达到 800 毫克/千克。

（二）环境需要

1. 菌丝体生长

（1）**温度**　姬松茸菌丝生长的温度范围为 15～32℃，最适温度为 22～23℃。

（2）**光线**　姬松茸菌丝生长不需要光照，可在完全黑暗条件下生长。菌丝在黑暗条件下生长得更为健壮、洁白。

（3）**水分**　姬松茸属喜湿性菌类，菌丝生长需要培养料的适宜含水量为 65%，覆土土壤最适含水量为 60%～65%，空气相对湿度在 70% 左右。培养料含水量太低，菌丝生长缓慢、稀疏无力；含水量过高，因供氧不足导致菌丝生长受到抑制。

（4）**空气**　姬松茸属好气性菌类，菌丝生长需要氧气供应。环境中氧气不足、二氧化碳积累过多，会阻碍菌丝生长。在堆料过程中，培养料中微生物会产生二氧化碳、硫化氢、氨气等，这些气体超过一定浓度，会抑制姬松茸菌丝生长，故播种前应对发酵料进行排放废气作业。

（5）**酸碱度**　姬松茸菌丝生长环境 pH 值范围为 4～8，最适 pH 值为 6.5～7.5。

2. 子实体形成生长

（1）**温度**　姬松茸属中温偏高温型结实性真菌，子实体生长发育温度范围为 16～26℃，最适温度为 18～21℃。在 18～21℃适温时，从扭结至采菇需要 7～8 天。温度高于 25℃时，子实体生长快，从扭结至采菇只需 5～6 天，但菌盖薄、菌柄小、菇轻、易开伞、开伞快。温度在 16～17℃时，出菇迟，从扭结至采收需要 11 天。

（2）**光线**　姬松茸子实体形成需要一定散射光照刺激。在出菇阶段需要有散射光诱导，但光线不能太强，否则会影响子实体的质量，一般以"三分阳、七分阴"为宜。

（3）**水分及空气湿度**　姬松茸子实体形成和发育阶段，需要空气相对湿度在 85% 左右，若空气相对湿度超过 95%，子实体易生病死亡。

（4）**空气**　姬松茸在子实体生长发育阶段，代谢旺盛，需要氧气量较菌丝生长阶段更多，更要加强菇房通风换气。透气不良时，易形成畸形菇，严重时会造成大量子实体死亡和杂菌污染。

二、优良品种

（一）主要栽培品种

我国生产上姬松茸主栽品种包括福姬 5 号、福姬 77、姬松茸 AbML11、姬松茸 11 号、姬松茸 7 号、姬松茸 9 号等。

（二）品种特征特性

1. 福姬 5 号 子实体伞状，单生、群生或丛生；菌盖表面有淡褐色至栗色的纤维状鳞片，盖缘有菌幕的碎片。适宜出菇温度为 22～26 ℃。产量 7.43 千克 / 米 ^{2}。从播种到原基出现需 55～62 天。福建地区春季播种时间为 3 月底至 4 月初，秋季为 8 月底至 9 月中旬。

2. 福姬 77 子实体单生、群生或丛生，伞状；菌盖半球形，边缘乳白色、中间浅褐色；菌柄圆柱状，上下等粗或基部膨大，初期实心，后期松至空心。产量高，6.53～9.42 千克 / 米 ^{2}。遗传稳定、品质优良、重金属含量低，适合大面积推广。

3. 姬松茸 AbML11 子实体前期呈浅棕色至浅褐色；菌盖圆整、扁半球形、盖缘内卷。单产高，4.9～6.4 千克 / 米 ^{2}，生物学效率 23.1%～42.8%，转潮快。子实体（干品）含粗蛋白质 31%，氨基酸 19.6%，维生素 C 32.4～45.4 毫克 /100 克。

4. 姬松茸 11 号 子实体褐色，朵较大，韧性好，较耐贮运。生育期适中，66 天；单产高，9.86～11.25 千克 / 米 ^{2}；适宜于莆田市乃至福建省大面积推广应用。

三、发酵料床架栽培关键技术

姬松茸的发酵料床架栽培（图 14-2），是指将培养料堆制发酵后，铺料于菌床上，播种菌种，让菌丝长满培养料，覆土，进行出菇管理的过程。生产工艺流程：原料准备→建堆发酵→二次发酵→铺料播种→发菌管理→覆

图 14-2　姬松茸出菇

盖土壤→出菇管理→采收加工。

（一）季节安排

姬松茸生产一般可以安排在春季和秋季栽培。我国长江中下游和东南沿海各省（自治区、直辖市），春季栽培可安排在3～4月播种，4～8月出菇；秋季栽培可安排在8～9月播种，9～11月出菇。北方地区春季栽培，一般可安排在7～9月。

（二）原料准备

1. 基质配方

①稻草1500千克，牛粪1000千克，尿素10千克，石膏15千克，石灰15千克。

②稻草1500千克，牛粪1200千克，麦麸或菜籽饼100千克，过磷酸钙50千克，石膏50千克，石灰25千克，尿素18千克。

③稻草750千克，甘蔗渣750千克，牛粪1300千克，麦麸或菜籽饼100千克，过磷酸钙50千克，石膏50千克，尿素18千克。

④稻草1300千克，杂木屑1000千克，石膏50千克，石灰30千克，过磷酸钙16千克，硫酸铵16千克，尿素16千克。

⑤稻草1750千克，牛粪750千克，麦秆500千克，家禽粪150千克，人粪800千克，石膏40千克，菜籽饼30千克，过磷酸钙30千克，石灰30千克，碳酸钙25千克，草木灰15千克，尿素17.5千克。

⑥稻草1000千克，牛粪1000千克，石膏25～35千克，复合肥10千克。

⑦玉米秆720千克，棉籽壳720千克，鸡粪300千克，麦秆230千克，碳酸钙20千克，尿素10千克。

⑧稻草1500千克，菜籽饼100千克，猪粪250千克，石灰45千克，过磷酸钙15千克，石膏15千克，尿素15千克。

2. 原料准备　原料在使用前需晒干，拣出其中的石粒、瓦块等异物。草料秸秆粉碎或碾压破或铡断成短节备用，以便于堆积和翻堆。干粪需敲打弄碎，最好粉碎成干粪粉备用。一般，需投入培养料 25～35 千克 / 米^2，备齐原料。

（三）建堆发酵

1. 堆制场地　堆制培养料的场地要求：地势较高，地面平整，水源方便，排水良好，便于运输，远离菇房、仓库和畜禽圈舍。通常以选用晒场或水泥地作为堆制场所较为适宜。

场地选定后，应在场地较低处挖一个长约 2 米、宽约 1 米、深约 0.8 厘米的蓄水池，池低和四周垫双层地膜防止漏水，用于收集堆料发酵过程中从堆料中留出的营养液，以便在下次翻堆时作为补充料堆水分之用。

2. 原料预湿　先将原料摊开，用清水或人粪尿均匀地浇泼于料上，使料含水量达 63%～67%，再将料收拢成堆，通过闷堆进行预湿。稻草浸泡 2～3 小时，捞起后预堆 24 小时，或用清水直接浇于稻草上预湿 24 小时。麦秆用 0.5% 石灰水浸泡，或直接喷洒 0.5% 石灰水使麦秆含水量达到 65%，预湿 24 小时。

3. 建制料堆　料堆建成南北走向，以防光照不均导致温差过大。参照双孢蘑菇培养料建堆方法，先草料后粪肥一层一层地反复堆料，尿素、碳酸钙、石膏、石灰等分层均匀加入，建成堆高 1.8 米左右、堆宽 2 米左右、长度不限的料堆，适量加水至料堆底部四周溢水为止，料堆边缘尽量平直，以免倒塌。堆中插入一支空心小竹管，管内悬置温度计，用于观察料温。晴天用草帘覆盖料堆，避免料堆表面过分干燥；雨天覆盖塑料薄膜，防止雨水淋入料堆，雨后及时掀膜透气。

4. 一次发酵　建堆后，堆内中温类微生物活动繁殖，在分解栽培原料的同时使料温不断上升，2～3 天后逐渐死亡。随后逐渐由嗜热类微生物替代中温类微生物活动繁殖，不仅继续分解栽培原料，而且还使堆温维持在 50～70℃，杀灭料中病原菌及害虫，同时也软化了培养料。通过嗜热类微生物的发酵作用，将栽培料中的纤维素等大分子物质降解成为姬松茸能够吸收利用的小分子物质。

翻堆方法与双孢蘑菇基本相同。一般翻 3 次堆，翻堆时注意补水，以石灰水为宜，将料含水量调整至 65%。在第三次翻堆时，喷施 1 000 倍菊乐合酯或 1 000 倍敌杀死药液，进行害虫防治。经过一次发酵（前发酵）后的优质培养料：含水量适宜，秸秆较柔软、富弹性，粪草色泽呈黄褐色至棕褐色，无粪臭味和氨气味。

（四）二次发酵

1. 菇房准备

（1）**菇房建造**　二次发酵（后发酵）通常在菇房内进行，故在一次发酵结束之前应准备好菇房。栽培姬松茸的菇房与双孢蘑菇相似，其菇房建造方法参见上述双孢蘑菇的"菇房建造"。

（2）**床架搭建**　菇房内的床架，若两侧采菇，则床面做成宽 1.5 米；单侧采菇的床面做成宽度不超过 0.8 米，以手能伸到为度。床架的层数一般为 5～6 层，层间距离以 0.6～0.65 米为宜，最底层距离地面 10～15 厘米，最顶一层距离房顶保持 1 米左右。单间菇房栽培面积以 100～200 平方米为宜。

（3）**菇房消毒**　菇房清扫干净。在使用前 1 天，紧闭门窗，堵塞拔风筒，甚至门窗边缘缝隙也要用纸条或不干胶封严实，以免漏气。在房间内用 10 毫升 37% 甲醛溶液＋5 克高锰酸钾熏蒸，密闭 1 天后，开启门窗等，透风换气，排出甲醛。

2. 进房铺料
将经过一次发酵后的培养料迅速搬进菇房，铺堆于床架上，要求上层架铺料薄些、中层架铺料厚些、下层架铺料再厚些，铺料厚度自上而下逐层递增，可分别为 0.3 米、0.33 米、0.36 米。

3. 后发酵 培养料上床后，关闭门窗，让其自然升温，再进行一次发酵。在春季气温低，可采取人为通入热蒸汽加温措施提升菇房温度；秋季可通过启闭门窗，调节吐纳气量，促其自热。当温度达到 50～52℃时保持 3～5 天，待料温趋于下降时再用蒸汽发生炉加热，使房内温度回升至 60～62℃，保持 8～10 小时。观察培养料腐熟程度，若腐熟度不够或仍有氨气味，则需继续调控在 50～52℃下培养，直至腐熟、无氨气味。

（五）铺料播种

1. 铺料 培养料经过二次发酵后，需将料面铺平，稍稍拍紧，调整各层床架的铺料量，要求达到 20～22 千克／米²。待料温下降至 26℃时才可播种。

2. 撒播菌种 使用合格的姬松茸栽培菌种，发现有菌丝生长不良、带杂菌和害虫的菌种坚决不能使用。可采取撒播方式播种，要求撒播均匀、不留死角，播种量为干料的 2%～6%。

（六）发菌管理

1. 环境调控 菇房温度控制在 22～26℃，空气相对湿度在 80% 左右。播种后 3 天内，以控温保湿和微通风为主；第五天后开始少量通风，以利于种块菌丝萌发并定植于料中；以后，随着菌丝不断生长，菌丝体数量不断增多，需要氧气量也随之增加，就要逐渐增加通风次数，逐渐加大通风量，尤其当菌丝下扎至料层 1/3 后，更应增加通风次数，加大通风量，有利于让菌丝吸足氧气，强劲有力地向培养料纵深下扎生长。

2. 观察长势 要经常查看姬松茸菌丝在培养料中的生长情况，发现问题及时采取措施予以补救。如播种后 5 天还未见种块萌发新菌丝，很有可能是菌种问题，应及时补播合格菌种；若出现菌丝不吃料，可能是培养料太干或太湿，则应及时调整培养料水分等。

（七）覆盖土壤

1. 土壤准备 可选择沙壤土、菜园土、江边土或潮土、水稻田土、泥炭土等作为姬松茸栽培的覆土材料，土壤的 pH 值在 7.5～8 为宜。先将土壤暴晒至发白，然后按每 3 立方米土壤加入风干牛粪 100 千克、石灰 100 千克，搅拌均匀，浇透水，盖膜保湿堆积 15～20 天，晾干，用碎土机打碎成土粒，要求粗土粒直径在 1.5～2 厘米、细土粒直径在 0.5～1 厘米，晒干备用。

2. 菌床覆土 播种后 15～20 天，菌丝长透培养料后或者长至培养料 2/3 时即可覆土。覆土前 2 天先将培养料表面整平，适当喷轻水，避免料面太干。覆土时，先覆粗土，土层厚 3～3.5 厘米，再盖细土，土层厚 0.5～1 厘米，要求覆土均匀，表面平整，利于后期出菇整齐一致。

（八）出菇管理

1. 催促扭结形成原基 主要采取调控菇房温度、提高环境湿度，辅以光照和通风刺激措施，来催促姬松茸菌丝扭结形成子实体原基。

当气温低于 16℃时，选在白天少量通风；当气温高于 18℃以上时，白天关闭门窗，清晨和晚上气温较低时适当加大通风。尽量将菇房温度调控至姬松茸的适宜出菇温度范围，即 16～18℃。暂不向覆土层喷水，向菇房地面和空间大量喷雾状水，提高环境空气湿度，使空气相对湿度提升至 92%～95%。同时，给予适当散射光照刺激，增加通风量。可见，覆土层绒毛状菌丝逐渐变成细索状，部分菌素交叉处开始扭结膨大，出现了小米粒状白色颗粒，即为菌索扭结形成的姬松茸原基。

2. 促使原基分化菇蕾 主要采取喷施"出菇水"措施，满足原基生长发育所需水分，促使原基分化成菇蕾。当原基形成后，一般应加大喷水量，要求在 2 天内，向菇床上喷水 2～4.5

千克／米^2，分 4～10 次喷完，喷至细土层发亮，渗漏至粗土层中上部，这时所喷的水俗称"出菇水"。

3. 确保菇蕾发育盖柄　主要采取喷施"保质水"措施，满足菇蕾生长发育所需水分，确保菇蕾发育成组织化的子实体。当多数菇蕾生长发育至黄豆粒大小时，每天喷水量为 500～750 毫升／米^2，持续 2 天。之后，喷细水，一般 1～2 次／天，空气相对湿度调节至 90%～92%，适当通风，增加散射光照，以确保菇蕾分化出菌盖组织所需要的水分。喷细水，一般增加至 2～3 次／天，空气相对湿度调节至 90%～92%，适当通风，增加散射光照，以确保菇蕾分化出菌柄组织。这期间的喷水是以轻喷、勤喷为主，俗称"保质水"。

喷施"保质水"应视覆土层吸水速度来决定每天喷水次数及间隔时间。每次喷水时，应考虑气候、菇房环境和菇蕾发育状况灵活掌握。喷水应防止喷水过多或过急，以避免导致菌丝"浸死""萎缩"，幼蕾窒息"死菇"或形成菌柄变红的"红头菇"。

4. 维持菇体健康成熟　主要采取喷施"维持水"，辅以通风措施，维持幼嫩子实体生长发育成熟。当菇蕾已经分化出有明显的菌盖和菌柄后，要维持菇床湿润，喷水量一般要求在 350～500 毫升／米^2，轻喷 1～2 次／天，保持空气相对湿度在 88%～90%，这期间的喷水俗称"维持水"。每次喷水后，不能关门窗，应通风 30 分钟以上，使菇盖表面游离水蒸发，否则易发生细菌斑点病。

待姬松茸菇体采收一潮后，剔出残根，减少喷水量，让菌丝恢复生长。2～4 天后，逐渐加大喷水量，称为"转潮水"。一般每平方米喷水 2 000～2 500 毫升，2 天内分 4～5 次喷完，直至下一潮米粒状原基重新形成，再喷"出菇水"。

（九）采收加工

在菌膜未破裂或菌盖边缘离菌柄 0.5～1 厘米时采收，每天采收 2～3 次。采收后及时清除菇根，同时用已调好水分和酸碱度的细土粒补入穴内，使菇床保持平整。采收后削除菇脚，清理干净后，排在烘筛上。初始烘烤温度为 35～40℃，后期温度升至 40～50℃，使子实体含水量下降至 9%～11%。

（十）病虫害防控

1. 病害防控 危害姬松茸的害菌主要有胡桃肉状菌、棉絮状菌、白色石膏霉、绿霉菌、脉孢霉菌等。

（1）胡桃肉状菌 该病原菌主要存在于土壤中，在土表冒出团状的胡桃肉状小颗粒，初期为白色，后期转变为红褐色，并发出刺激性的漂白粉气味。在菇床上蔓延很快，使姬松茸菌丝逐步萎缩，无姬松茸长出。在出菇期感染，导致姬松茸产量下降。

防控措施：①已发病的姬松茸老菇房宜改种其他木腐菌类。②推广河泥砻糠作为覆土材料，消除病原。③在培养料二次发酵期间，保持菇房 70℃高温并维持 7 小时以上，杀死菇房内的胡桃肉状菌孢子。④一旦发病，菇房内停止浇水，挖出病菌块，并在病灶处撒上菇丰或施保功粉剂，再填补上干净的覆土材料，待下潮菇蕾冒出时再浇水管理。

（2）棉絮状菌 该病原菌主要由培养料的粪块带入菇房引起，菌丝初期大多在土粒间蔓延，很快长至土层表面，菌丝短而细，成簇生长，呈现出一朵朵棉花状或一层层棉絮状，白茫茫一片，以后逐渐变为橘红色。在病区内姬松茸菌丝生长极差，导致已形成的原基和长出的幼菇大量枯萎和死亡。

防控措施：①培养料发酵必须彻底。②一旦发病，病菌菌丝生长到土层表面，要在幼菇还没有出土时，喷洒 1∶500 倍多菌灵，用药量为 0.7 千克/米²；或喷洒 1∶500 倍 50% 甲基硫菌灵，用药量为 0.5 千克/米²。若连年发病，可用 1∶800 倍多菌灵拌料。

（3）白色石膏霉 该病原菌是覆土栽培姬松茸最顽固的竞争性杂菌，先在培养料内出现白色棉毛状菌丝体，随后扩大到覆土层，在培养料或覆土层表面形成圆形菌落，不久变成白色石膏状的粉状物，最后变成粉红色粉状颗粒，使培养料变黏、发黑、发臭，导致姬松茸菌丝不能生长，病区内大多不出菇，偶尔出菇的菇小、畸形，品质差。

防控措施：①搞好环境卫生，菇棚（房）在使用前，每平方米用高锰酸钾 5 克＋ 37% 甲醛溶液 10 毫升，密闭熏蒸 2 天，或对菇房内外用 1 ∶ 50 倍金星消毒液做消毒处理。必要时，铲去老菇房的地面表层土 3～4 厘米，挖取菜地下层土壤进行回填。②使用不带杂菌的合格菌种。③推迟播期，当温度稳定在 25℃左右时开始播种。④发酵料中增加过磷酸钙和石灰粉的用量，培养料 pH 值调节至 7.5～8，避免培养料过湿。⑤严格培养料发酵作业。⑥覆土材料严格消毒，用 5% 甲醛 2.5 千克＋ 50% 敌敌畏 200 倍液，喷洒覆土材料，用塑料膜闷 24 小时。⑦加强通风降湿，菌丝培养期，如外界气温高，可在早、中、晚各通风 1 次；如外界气温低，中午通风 1 次，20～30 分钟 / 次。保持大棚、日光温室空气相对湿度在 60%～65%。⑧化学防治，发现病斑，立即清除病斑及其周围 5 厘米范围内的覆土，并喷洒 50% 多菌灵可湿性粉剂 800 倍液，2～3 天后再给病斑区覆上干净土，然后再在覆土上喷施 50% 多菌灵可湿性粉剂 800 倍液或 5% 苯酚溶液。如病斑较多，可适量撒施石灰粉抑制病斑扩大。

（4）绿霉菌 该病原菌主要侵害草料培养料，菌落初期为白色，呈圆形向四周扩展，菌落中央产生绿色孢子，最后使整个菌落变成深绿色或蓝绿色。

防控措施：①注意场地卫生，减少病原基数。②严格培养料发酵作业；覆土材料用 50% 咪鲜胺锰盐或菇丰配制成 1 500 倍液拌料，闷堆 5 天。③使用不带杂菌的合格菌种。④出菇期间，发现感染绿霉，可用 40% 二氯异氰尿酸钠稀释成 1 000 倍液，喷雾于料面，间隔 3～5 天再次喷雾，以控制其蔓延。

（5）脉孢霉菌 在料面或棉塞上迅速形成蓬松的霉层，能在 1～2 天内污染整个培养室，生活力极强。

防控措施：①保证场地卫生、灭菌彻底、棉塞干燥和松紧适度。②发现有脉孢霉菌感染时，可用25%施保克2 000倍液蘸湿棉塞，以抑制或杀死杂菌。

2. 虫害防控　危害姬松茸的害虫主要有跳虫、菇蝇、蛞蝓、螨虫、线虫等。

（1）**菇蝇**　该虫主要危害菇体，幼虫蛀食菇柄，造成"烂脚"、中空、内有大量虫咀。培养料带虫卵和成虫迁入菇房是主要虫源。

防控措施：①做好菌种培养室和菇房周围的环境卫生，远离畜牧、家禽养殖场和垃圾场。②菇房门窗必须挂上窗纱，阻止成虫迁入。及时清除被害菇体，减少虫量。③采收一批姬松茸后，用2.5%氯氰菊酯乳油3 000倍液，喷洒菌床土壤及室内走道。驱赶杀死室内成虫，每隔10天用药1次，共3次。

（2）**蛞蝓**　该害虫夜晚活动，寻食危害菇体，使菇体形成缺刻、斑痕，影响产量和质量。

防控措施：①人工捕捉，在夜晚蛞蝓出动取食时，检查菇床进行捕捉，减少虫量。锄掉菇房周围的草丛，及时拔除菇床面上的杂草。②在危害初期，经常在地表撒石灰粉或喷洒0.5%五氯酚钠溶液，驱杀、阻止蛞蝓侵入菇房。在危害期间，可在受害的菌床及其四周土壤上撒施2次6%密达颗粒剂或70%百螺杀可湿性粉剂（20克/亩），诱杀。

（3）**螨虫**　形状像红蜘蛛，主要危害菌丝体，吮吸菌丝体内营养，使菌丝生长受阻。菌丝被害后，"稀疏暗淡"，逐渐萎缩，常造成菌床"退菌"现象。还危害幼菇，使幼菇生长变缓、畸形。螨虫传播扩散主要借助昆虫、培养料和生产工具等媒介。

防控措施：①菇房使用之前，要用20%阿维菌素600倍液处理。②菌床在覆土之前用杀螨剂处理，控制其危害。覆土后不宜再处理，也难以控制其危害。③在中午气温高、螨虫活动旺盛时，对培养料表面喷洒杀螨剂，并盖上塑料膜，熏杀害螨。

第十五章
猴头菇生产技术

图15-1 猴头菇子实体

猴头菇又名猴头菌、花菜菌等（图15-1），既是我国食药用菌珍品，又是我国传统贵重中药材。猴头菇营养丰富，据白岚等（2008）测定，猴头菇每1000克干品中含蛋白质268.75克、脂肪23.83克、总糖451.64克、纤维素99.26克、多糖5.27克、灰分130.68克，猴头菇中含18种氨基酸。作为菜品，口感柔嫩味美，人们将其与熊掌、燕窝、鲨鱼刺并列为"四大名菜"，有"山珍猴头，海味燕窝"美称，古代被作为贡品。作为中药，具有滋补健身、助消化、利五脏的功能，具有抑制溃疡、增强机体免疫力、抗疲劳、抗衰老、降低血糖等药理作用，治疗消化道溃疡、慢性胃炎、胃动力障碍性消化不良、慢性乙肝、复发性口疮等病症有较好临床效果。

我国是世界上最早人工栽培猴头菇的国家。1959年，上海市农业科学院陈梅鹏从齐齐哈尔野生猴头菇分离得到纯菌种进行驯化栽培研究，用木屑瓶栽培获得成功。20世纪70年代至80年代，国内许多科技工作者先后研究猴头菇的瓶栽和段木栽培。1979年，在浙江省常山县推广改进的猴头菇栽培技术，到1986年年产量达到 700 吨，成为我国最大的猴头菇商品市场基地，当时我国猴头菇总产量已经位居世界之首。2017 年，我国猴头菇总产量已达到 8.87 万吨。目前，国内大部分地区均有不同规模的猴头菇生产，以福建、河南、黑龙江等省的栽培规模大和产量高。

一、基本生育特性

（一）营养需求

猴头菇属腐生菌，营腐生生活特性。木屑、棉籽壳、稻麦秆、棉花秆、甘蔗渣等可满足猴头菇对营养物质的需求，这些物质可用作猴头菇栽培的原料。

（二）环境需要

1. 菌丝体生长

（1）**温度**　猴头菇菌丝生长的温度范围为 $10 \sim 34^\circ\text{C}$，最适温度为 $20 \sim 26^\circ\text{C}$。

（2）**光线**　猴头菇菌丝生长不需要光照，可在完全黑暗条件下生长。菌丝在黑暗条件下生长正常。

（3）**水分**　猴头菇属喜湿性菌类，菌丝生长需要培养料的适宜含水量为 $60\% \sim 70\%$。

（4）**空气**　猴头菇属好气性菌类，菌丝生长需要有氧气供应。菌丝能够在环境二氧化碳浓度 $0.3\% \sim 1\%$ 条件下生长，但二氧化碳浓度超过 1% 时菌丝生长减慢，超过 3% 时几乎不生长。

（5）**酸碱度**　猴头菇菌丝生长环境 pH 值范围为 $3 \sim 8.5$，最适 pH 值为 5.5。

2. 子实体形成生长

（1）**温度**　猴头菇属中温型结实性真菌，子实体分化温度范围为 $12 \sim 24^\circ\text{C}$，最适温度为 $16 \sim 20^\circ\text{C}$。子实体在较低温度下生长较慢，但生长健壮、朵形较大。

（2）**光线**　猴头菇子实体的分化发育需要一定散射光照刺激。需要最适光照强度为200～400勒。光照超过400勒，子实体表面失水，生长变慢，颜色变黄。

（3）**水分及空气湿度**　猴头菇子实体形成和发育阶段，需要空气相对湿度在85%～90%。若空气相对湿度低于60%，则不仅子实体形成和发育受到抑制，而且颜色变黄，甚至很快枯萎干缩。若空气相对湿度超过95%，则不但子实体的菌刺会过长，甚至产生畸形菇，而且还会污染杂菌，导致菇体品质和产量受到影响。

（4）**空气**　猴头菇子实体生长发育阶段，需要较多的氧气供应，需要将环境中二氧化碳浓度控制在0.03%以内，不能超过0.1%。这期间，对环境空气中二氧化碳含量十分敏感，二氧化碳含量过高，不易分化子实体，或形成很长的根状假柄，并在主轴上多次分枝，或使菌刺卷曲。

二、优良品种

（一）主要栽培品种

在我国，猴头菇的主要栽培品种有宁猴6号、RT、HN、猴杰2号、猴头菇4916等。

（二）品种特征特性

1. 宁猴6号　子实体近球形；柄短或无柄，刺长0.9～2.2厘米。子实体生长适温15～20℃。不仅适于阔叶木屑栽培，最突出的是适应针叶木屑栽培。在常温下培养43～50天菌丝长满料袋。室内栽培生物学效率达56%，室外栽培生物学效率达61.4%。适宜于福建省宁德市及相似生态区代料栽培。

2. RT 子实体紧实，色泽白，朵形大，形较好，出菇较早且较整齐。产量高，平均单产202克/袋，平均生物学效率67.3%。

3. HN 子实体紧实，色泽白，朵形大，形较好，出菇较早且较整齐。产量高，平均单产217克/袋，平均生物学效率72.3%。

4. 猴杰2号 子实体紧实，色泽白，朵形大，形较好，出菇较早且较整齐。产量高，平均单产234克/袋，平均生物学效率78%。

三、熟料袋栽关键技术

猴头菇的熟料袋栽（图15-2，图15-3），是指将配制的培养料装入塑料袋内进行灭菌，然后接种、进行发菌管理和出菇管理的过程。熟料袋栽相对瓶栽而言，具有生产成本低、操作简便、周期短、菇体朵形大、产量高、生产效益高等优点，目前已被广泛采用。其生产工艺流程为：原料准备→菌袋生产→发菌管理→出菇管理→采

图15-2　猴头菇菌袋两头出菇　　　图15-3　猴头菇菌袋腹面出菇

收加工。下面主要借鉴《DB51/T 1214—2011 猴头菇生产技术规程》来介绍猴头菇的熟料袋栽技术。

（一）季节安排

我国大部分地区都可进行春、秋两季栽培。江苏、浙江地区，每年的9月至翌年5月都可栽培，秋季栽培可安排在10月至翌年1月上旬，春季栽培可安排在1月中下旬至4月。四川成都盆地内秋季栽培，可安排在9月开始制袋。山东一般可安排在10月中旬制袋，11月下旬至翌年3月上中旬出菇。

（二）原料准备

1. 基质配方

①棉籽壳78%，米粉5%，麦麸15%，碳酸钙1%，石膏1%。

②杂木屑78%，麦麸或米糠20%，蔗糖1%，石膏1%。

③甘蔗渣78%，麦麸或米糠20%，蔗糖1%，石膏1%。

④豆秆粉78%，麦麸20%，蔗糖1%，石膏1%。

⑤玉米芯78%，麦麸20%，蔗糖1%，石膏1%。

⑥鲜酒糟78%，麦麸10%，米糠9%，蔗糖1%，石膏1%，硫酸铵0.7%，磷酸二氢钾0.2%，硫酸镁0.1%。

⑦金刚刺酒渣78%，饼粉10%，麦麸10%，蔗糖1%，石膏1%。

⑧棉籽壳76%，麦麸20%，石膏2%，蔗糖1%，过磷酸钙1%。

⑨甘蔗渣73%，豆腐渣10%～15%，麦麸或米糠10%～15%，蔗糖1%，石膏1%。

⑩稻草绒65%，杂木屑8%，麦麸或米糠22%，花生壳2%，蔗糖1%，碳酸钙1%，石膏1%。

⑪玉米芯50%，杂木屑28%，麦麸15%，米粉5%，碳酸钙1%，石膏1%。

⑫棉籽壳48%，麦麸15%，杂木屑30%，米粉5%，碳酸钙1%，石膏1%。

2. 备齐原料　盛装基质的料袋可使用聚乙烯塑料筒袋，规格（折径×长度×厚度）为 17 厘米×38 厘米×0.0035 厘米，按照装干料量 400 克/袋左右、选定使用的基质配方中各种原料的比例和拟生产袋数规模，估算出所需各种原料，准备齐全。

（三）菌袋生产

1. 拌料装袋　按配方比例称取原料、辅料，先将主料预湿后，均匀撒入麸皮、石膏等辅料，拌匀，拌料用的水分批泼入料中，再充分搅拌均匀，培养料含水量控制在 60%。

将配制好的培养料立即装袋，装料松紧适度、均匀一致，以手捏料袋有弹性为宜。用丝膜将两头袋口扎紧，或套塑料颈环用纸封好口。可采用装袋机进行培养料装袋，省力、快速、效率高。

2. 灭菌料袋　一般采用常压灭菌方法对料袋进行灭菌。料袋装锅时，袋与袋之间要留有间隙，让蒸汽能较好流通。加温灭菌时，要先排放冷气，要求灭菌锅内温度在 4 小时内达到 100℃，然后开始计时，一般在 100℃ 温度下维持 15～20 小时（因灭菌灶装量而定，装量多时间长些，装量少时间短些）。灭菌后，袋趁热出锅，搬运到已消毒的接种室中呈"井"字形排放，每层 4 袋。

3. 料袋接种

（1）接种室（箱）消毒　用卫生消毒剂喷雾消毒接种室（箱）后，将料袋放入接种室（箱），待料温降至 30℃ 以下后，用气雾消毒剂熏蒸（接种室 2～3 小时，接种箱 40 分钟）。接种前 30 分钟，再用卫生消毒剂喷雾消毒。

（2）接种方法　用 75% 酒精或其他卫生消毒剂对接种操作员的双手、种瓶（袋）外壁进行擦洗消毒；用经火焰灭菌后的接种工具去掉上层老化菌种，用无菌打孔器在料袋背面、腹面沿袋深方向直线均匀地各打 2～3 穴，背、腹两面穴口错位，按无菌操作将栽培种接入穴口，用医用胶布封住穴口，或整袋套上外袋，外套袋规格（折径×长度×厚度）:（17～19）厘米×55 厘米×

0.001 厘米。每瓶菌种接 12～15 袋。

（四）发菌管理

1. 发菌室（棚）消毒　用于猴头菇菌丝培养的发菌室（棚）的选址和搭建，可参照平菇的"发菌室（棚）准备"。

彻底打扫室（棚）内清洁卫生，喷洒杀菌杀虫剂，关闭门窗，用气雾消毒剂熏蒸。

2. 墙式码袋　将接种后的菌袋搬进发菌室（棚），呈墙式堆叠，可堆 8～10 袋高，菌袋墙与墙之间留 70 厘米左右的走道。

3. 培养环境调控　接种后的前 4 天，可将培养室（棚）内环境温度控制在 26～28℃，促进种块萌发菌丝，尽快定植吃料和蔓延，同时猴头菇菌丝也可尽早封住穴口，利于减少杂菌污染。接种后的 5～15 天，袋内猴头菇菌丝体数量不断增多，袋内温度也不断上升，料温会比菇房内温度高，这时可将菇房内温度调节至 25℃左右。接种 16 天后，猴头菇菌丝体逐渐进入大量生长阶段，新陈代谢旺盛，可将菇房内温度调节至 20～23℃。

整个发菌期间，菇房空气相对湿度控制在 60%～70%，避光培养，结合温度调控注意通风换气，保持室内空气新鲜，随时清除污染袋。一般，接种后从猴头菇菌丝萌发至菌丝长满料袋需 20～25 天。

（五）出菇管理

1. 场地准备　空闲房屋、塑料大棚和草棚等均可作为出菇场地。对场地进行杀菌杀虫处理。出菇搭建层架，提高场地利用率。层架长、宽、层数及层间距依出菇场所而定，架间距 60～70 厘米，以操作方便、有利于出菇为宜。具体的出菇场地选址与搭建、菇房内外清洁、杀虫灭菌等处理方法见平菇栽培的相应内容。

2. 菌袋排放　将菌丝长满袋的菌袋移入菇房，采用地面立式排袋，或层架床面横式排袋方式进行摆放，两排菌床之间留操作人行道。

3. 催促菇蕾 去掉封口胶布，或脱去外套袋，让接种穴露出。通过关闭或开启菇房门窗等措施，将菇房内温度控制在16～20℃；给予10～20勒的微弱散射光照，刺激子实体菇蕾形成；向菇房地面洒水和空中喷水，保持空气相对湿度在90%左右；结合温度调控，进行适量的通风换气，满足氧气供应。

4. 环境调控 菇蕾形成后，将菇房内温度控制在16～22℃，光照强度控制在200～400勒，空气相对湿度在90%～95%，保持菇房空气流通。温湿度适宜，通风良好，子实体生长快而健壮，颜色洁白。菇蕾正常形成后，一般约经10天就可成熟，即可采收。

菇房内温度过高，子实体生长慢，而且易腐烂。环境空气相对湿度低于70%时，子实体生长缓慢，而且易干缩，颜色变黄；高于95%时，加上通风不良，易造成杂菌污染和子实体霉烂。

若通风透气不良，空气中二氧化碳浓度超过0.1%时，则会刺激子实体基部不断产生分枝，形成珊瑚状幼蕾，而不形成球形状子实体，影响产品质量。一旦发现有珊瑚状的幼蕾，应及时将其连同表面一层培养基挖去，加强通风换气管理，促使重新长出正常菇蕾。

若遇25℃以上高温而空气湿度又低时，易出现不长刺的光头子实体。可采取增加开启菇房门窗的次数和每次通风时间、向菇房地面洒水、向空间喷雾状水等措施，来降低环境温度和增加空气湿度，促进长刺。

5. 转潮管理 每采收完一潮菇，袋口料面清理干净，停水养菌3～5天后，再喷水增湿、催蕾出菇，按前述出菇管理方法进行，一般可收3～4潮菇。

（六）采收加工

1. 采收适期 当子实体饱满坚实、菌刺长0.5～1.5厘米时采收。

2. 鲜菇采摘　采收时戴上布手套，用手捏住基部轻轻扭转摘下，去掉基部培养料，置于清洁卫生的容器中。

3. 烘烤干菇　可使用食用菌专用干燥机，将猴头菇鲜菇烘干成干菇，包装后销售干品。

（七）病虫害防控

1. 农业防治　选用抗病虫优良品种，把好菌种质量关；对培养基进行彻底灭菌；接种室、培养室及出菇房使用前严格消毒；及时清除废弃料，保持环境清洁卫生。

2. 物理防治　出菇棚（房）门、窗、通风口用 40～60 目的防虫网罩护；悬挂黄板诱杀菌蝇、菌蚊；糖醋液加杀虫液诱杀螨虫、蛞蝓；安装杀虫灯诱杀害虫。

3. 生物防治　使用植物源农药和微生物农药等生物制剂防治病虫害。

4. 化学防治　菌袋中出现少量的点状杂菌时，可先用酒精棉或灼烧的铁片烧伤杀灭，然后向感染处喷 0.2% 多菌灵加以控制。料袋局部出现了杂菌，可用 2% 甲醛＋5% 苯酚（石炭酸）的混合液，注射感染部位，控制其蔓延。杂菌严重污染的菌袋，直接及时搬出并烧毁。

第十六章
茶树菇生产技术

茶树菇又名柱状田头菇、杨树菇、茶薪菇等（图16-1）。茶树菇营养丰富，每100克干菇中含蛋白质14.2克、纤维素14.4克、总糖9.93克，含钾4713.9毫克、钠186.6毫克、钙26.2毫克、铁42.3毫克。子实

图16-1　茶树菇子实体

体中含18种氨基酸，总量为16.86%。鲜菇脆嫩、味道鲜美，干菇浓香、口感极好。我国自古将其作为延年益寿之上品，有"中华神菇"美誉。茶树菇具有益气开胃、抗衰老、美容、增强人体免疫力、抗癌、抗氧化等作用或功效。

我国福建三明真菌研究所最早人工驯化栽培茶树菇，于1972年在福建省油茶树上分离到茶树菇的纯菌种。之后，国内其他科技人员也相继开展了茶树菇的分类、驯化栽培及高产栽培等研究。20世纪80年代初期开展以木屑、茶籽壳等为主料的代料栽培取得成功。20世纪80年代末以木屑、棉籽壳为主料，玉米粉、菜籽饼粉、花生饼粉或大豆饼粉为辅料的栽培基质配方得到广泛推广。目前，江西、福建、山东、四川等地已经规模化代料栽培茶树菇。

一、基本生育特性

（一）营养需求

茶树菇属腐生菌，营腐生生活特性。自然界野生茶树菇发生在茶树的干枯枝干上，故得名茶树菇。人工栽培时，可利用棉籽壳、木屑、甘蔗渣、稻草等作为主料，适当配以麦麸、米糠等，就可满足其对营养物质的需求。

（二）环境需要

1. 菌丝体生长

（1）**温度**　茶树菇菌丝生长的温度范围较广，为 10～35℃，最适温度为 25～27℃。

（2）**光线**　茶树菇菌丝生长阶段不需要光照，可在完全黑暗条件下生长。光线会抑制菌丝生长。

（3）**水分**　茶树菇属喜湿性菌类，菌丝生长需要培养料的适宜含水量为 55%～65%，环境空气相对湿度为 65%～70%。

（4）**空气**　茶树菇属好气性菌类，菌丝生长需要有氧气供应。

（5）**酸碱度**　茶树菇喜欢微酸性环境，菌丝生长环境 pH 值范围为 4～6.5，最适 pH 值为 4.5～5.5。

2. 子实体形成生长

（1）**温度**　茶树菇子实体原基分化温度为 10～16℃，子实体形成的最适温度为 22～24℃，子实体发育温度为 13～25℃。低于 10℃或高于 28℃，均不易形成子实体。

（2）**光线**　茶树菇的原基形成和子实体发育需要一定散射光照刺激。需要最适光照强度为 500～1 000 勒。完全黑暗条件下，子实体难以形成。子实体生长具有向光特性，栽培时可采用加套塑料袋方法，让菌柄直立生长，同时菌盖较小，可达到品质优良目的。

（3）**水分及空气湿度**　茶树菇子实体形成和发育阶段，需要保持环境有较高湿度。原基形成与分化期间，空气相对湿度控制在 75%～80%，子实体生长发育阶段控制在 85%～95%，在生长后期适当降低环境空气湿度，有利于提高产品保鲜期。湿度过高或过低均会影响菇体品质和产量，湿度过高，易开伞；湿度过低，菇体生长缓慢，个体较小。

（4）**空气**　茶树菇子实体生长发育阶段，需要较多的氧气供应。若通风不良，环境中二氧化碳浓度过高，则菌柄细长，菌盖发育受阻，易开伞或长成畸形菇，产品质量受到影响。

二、优良品种

（一）主要栽培品种

我国茶树菇的主要栽培品种有古茶 1 号、明杨 3 号、古茶988、茶树菇 3 号、茶树菇 L1、茶树菇 YW-2 等。

（二）品种特征特性

1. 古茶 1 号　子实体多数丛生，少数单生，较疏松；菌盖棕褐色，扁半球形，表面光滑，中部平顶略凸，颜色较深，边缘内卷；菌柄乳白色，圆柱状，中生，无绒毛和鳞片。催蕾方法：将长满菌丝的料袋袋口解开，前 3 天加强通风，通风不少于 6 小时 / 天，之后喷水，保持环境空气相对湿度在 85%～95%。子实体生长适宜温度 20～27℃，环境空气相对湿度 85%～95%。生物学效率 100% 以上。菇体口感脆、嫩、清香。

2. 明杨 3 号　子实体单生、双生或丛生，致密度中等；菌盖褐色或浅土黄色，扁半球形，表面较平滑，中部突起，边缘内卷；菌柄近白色，有浅褐色纵条纹，柱状，中生，无绒毛，无鳞片。催蕾方法：散射光，空气相对湿度 85%～95%，不需要温差刺激。子实体生长适宜温度 18～25℃，空气相对湿度 90%～95%。生物学效率 80% 左右。口感脆、嫩、浓香。

3. 古茶 988 子实体多数丛生，少数单生；菌盖深褐色，扁半球形，表面光滑，中部突起，边缘内卷；菌柄乳白色，中生，圆柱状，无绒毛和鳞片。催蕾方法：将长满菌丝的料袋袋口揭开，前 3 天加强通风，通风不少于 6 小时 / 天，之后喷水，保持环境空气相对湿度在 85%～95%。子实体生长适宜温度 20～25℃，环境空气相对湿度 85%～93%，保持空气新鲜，原基形成不需温差刺激。子实体生长适宜温度 20～25℃，环境空气相对湿度 85%～93%。生物学效率 100% 以上。菇体口感脆、嫩、清香。

4. 赣茶 AS–1 子实体伞状，大多数丛生，少数单生；菌盖幼时暗红褐色，长大后为褐色，成熟后中间褐色、边缘土黄色，表面有浅皱纹；菌柄着生，实心。原基和子实体形成要求 500～1 000 勒光照，菇蕾分化初期需要一定浓度的二氧化碳刺激。子实体形成适宜温度 16～26℃。以棉籽壳和木屑为主料栽培生物学效率为 84%～100%。适合鲜销和干制。南方地区秋季栽培，9～11 月制袋；北方地区春、夏、秋季均可栽培。

5. 古茶 2 号 子实体多数丛生，致密性中等；菌盖棕色，半球形，表面光滑，中部平顶，边缘内卷；菌柄乳白色，中生，圆柱状，质地纤维状、较脆，无绒毛和鳞片。催蕾方法：将长满菌丝的料袋袋口解开，喷水，保持环境空气相对湿度在 90%～93%；温度控制在 18～22℃；保持空气新鲜；微弱光照即可。子实体生长适宜温度 18～22℃，环境空气相对湿度 90%～93%。生物学效率 100% 以上。菇体口感脆、嫩、清香。适宜于南方地区秋季栽培。

6. 茶树菇 3 号 子实体多丛生；菌盖浅黄色。子实体形成最适温度 23～28℃；原基和子实体形成要求 300～800 勒光照；

出菇时间长，潮次明显；子实体生长期较耐高二氧化碳浓度。适合以棉籽壳、木屑为主料栽培。南方地区菌袋生产一般安排在9～11月，出菇最佳季节为翌年3～6月；适于干菇生产。

7. 茶树菇5号　子实体大，菌柄粗壮，菌肉肥厚，平均达12.8克/株；菌盖暗红褐色；子实体韧性好，商品性状良好；产量高，平均单产303.1克/袋。生物学效率86.6%。适于福建省莆田市及相似生态区栽培。

8. 茶树菇L1　子实体单生或丛生，粗壮，肉厚，平均达28.77克/株。幼菇菌盖为半球形，暗红褐色，随着发育颜色逐渐变淡，成熟后为浅棕色，表面光滑或有龟裂纹。菌柄实心，纤维质，脆嫩，表面白色，基部污褐色，有纤维状条纹。内菌幕膜质，下表面污白色，上表面棕色并有放射状细条纹，开伞后菌幕留在菌柄上部形成菌环。

9. 茶树菇YW–2　子实体出菇温度范围6～28℃，适宜温度15～25℃。在棉籽壳和木屑为主料的培养基上，其生物学效率为50%～94%。

三、熟料袋栽关键技术

茶树菇的熟料袋栽，也称人工袋式栽培，是指将配制的培养料装入塑料袋内进行灭菌，然后接种、进行发菌管理和出菇管理的过程。目前已经被广泛采用。其生产工艺流程为：原料准备→菌袋生产→发菌管理→出菇管理→采收加工。下面主要借鉴《DB35/T 522.4—2003 茶树菇栽培技术规范》和《DB3502/T 014—2005 无公害茶树菇栽培技术规范》来介绍茶树菇的熟料袋栽技术。

（一）季节安排

茶树菇的人工栽培有春季栽培和秋季栽培之分，不同地区其栽培季节安排不同。

长江以南地区（如江西省）：春季栽培，2月下旬至4月上旬接种，4月中旬至6月中旬出菇。秋季栽培，8月下旬至9月底接种，10月上旬至11月底出菇。

华北地区（如河北省中部）：春季栽培，3月中旬至4月底接种，5月底至6月中旬出菇。秋季栽培，7月上旬至8月中旬接种，8月底至10月中旬出菇。

西南地区（如四川盆地）：春季栽培，2月上旬至3月初接种，4月底至5月中旬出菇。秋季栽培，8月初至9月上旬接种，10月中旬至11月初出菇。

东南沿海地区（如福建省东南部）：春季栽培，2～3月接种，4～5月出菇。秋季栽培，8～9月接种，10月以后出菇。

（二）原料准备

1. 基质配方

①棉籽壳77%，麦麸或米糠20%，蔗糖1%，过磷酸钙1%，石膏1%。

②秸秆粉77%，麦麸17%，黄豆粉2%，石膏2%，石灰1%，糖0.5%，磷酸二氢钾0.3%，硫酸镁0.2%。

③棉籽壳76%，麦麸22%，蔗糖1%，碳酸钙1%。

④杂木屑75%，麦麸20%，蔗糖3%，过磷酸钙1%，石膏1%。

⑤油茶树木屑75%，麦麸或米糠18%，茶籽饼粉5%，蔗糖1%，碳酸钙1%（使用此配方所产子实体鲜味最浓）。

⑥杂木屑75%，麦麸20%，蔗糖2%，碳酸钙1%，过磷酸钙1%，石膏1%。

⑦甘蔗渣68%，细米糠27%，黄豆粉2%，石膏1.5%，石灰1%，磷酸二氢钾0.3%，红糖0.2%。

⑧杂木屑68%，麦麸15%，茶籽饼粉15%，蔗糖1%，石膏1%。

⑨杂木屑60%，麦麸或米糠20%，甘蔗渣或玉米芯18%，

过磷酸钙1%，石膏1%。

⑩杂木屑58%，棉籽壳20%，麦麸20%，蔗糖1%，石膏1%。

⑪杂木屑50%，玉米芯45%，麦麸2%，豆饼粉2%，蔗糖0.5%，碳酸钙0.5%。

⑫棉籽壳50%，杂木屑22%，麦麸20%，玉米粉5%，石灰2%，石膏1%。

⑬杂木屑48%，棉籽壳25%，麦麸22%，玉米粉3%。蔗糖1%，轻质碳酸钙1%。

⑭玉米芯45%，豆秆粉52%，蔗糖1%，过磷酸钙1%，石膏1%。

⑮玉米芯粉42%，木屑34%，麦麸22%，石膏1%，过磷酸钙0.5%，石灰0.5%。

⑯秸秆粉38%，棉籽壳38%，茶籽饼粉18%，玉米粉4.5%，石膏1%，过磷酸钙0.5%。

⑰菌草粉38%，棉籽壳38%，茶籽饼粉17%，玉米粉4.5%，蔗糖1%，石膏1%，过磷酸钙0.5%。

⑱杂木屑35%，棉籽壳30%，麦麸25%，玉米粉5%，茶籽饼3%，蔗糖1%，碳酸钙1%。

⑲甘蔗渣34%，废棉34%，米糠27%，黄豆粉2%，石膏1.6%，蔗糖0.5%，石灰0.5%，磷酸二氢钾0.4%。

⑳甘蔗渣34%，废棉34%，米糠27%，黄豆粉2%，石膏1.6%，蔗糖0.5%，石灰0.5%，硫酸镁0.4%。

㉑杂木屑33%，棉籽壳40%，麦麸25%，蔗糖1%，轻质碳酸钙1%。

㉒甘蔗渣30%，棉籽壳35%，麦麸30%，玉米粉3%，蔗糖1%，轻质碳酸钙1%。

2. 备齐原料 料袋可使用聚乙烯塑料筒袋，规格（折径×长度×厚度）为17厘米×（34～36）厘米×0.0035厘米，按照装干料量350～400克/袋、选定使用的基质配方中各种原料的比例和拟生产袋数规模，估算出所需各种原料，准备齐全。

（三）菌袋生产

1. 拌料装袋　按配方比例称取原料、辅料，先将木屑、棉籽壳等主料预湿后，均匀撒入麸皮、石膏等辅料，拌匀，其中白砂糖（蔗糖）、磷酸二氢钾、硫酸镁等化学试剂溶于水后再加入，拌料用的水分批泼入料中，再充分搅拌均匀，培养料含水量控制在 60%～65%。

将配制好的培养料立即装袋，装料松紧适度、均匀一致，以手捏料袋有弹性为宜，一般使用规格（折径×长度×厚度）为 17 厘米×（34～36）厘米×0.0035 厘米的料袋，装料高度18～20 厘米，湿料重 950～1 000 克/袋，折干料为 350～400克/袋。填完料的塑料袋需擦净袋口后套上套环，塞上棉花。可采用装袋机进行培养料装袋，省力、快速、效率高。

2. 灭菌料袋　一般采用常压灭菌方法对料袋进行灭菌。将栽培袋放置于周转铁筐内，移到灭菌锅（池、箱）内。周转铁筐交错叠放，中间留有间隙。关闭锅（箱）门或盖实罩盖物，升温至 100℃，一般维持 14 小时左右。灭菌后的栽培袋移放到预先消毒的冷却室或接种室中，待冷却至常温后接种。

3. 打穴接种

（1）接种室（箱）消毒　用卫生消毒剂喷雾消毒接种室（箱）后，将料袋放入接种室（箱），待料温降至 30℃以下后，用气雾消毒剂熏蒸（接种室 2～3 小时，接种箱 40 分钟）。接种前 30 分钟，再用卫生消毒剂喷雾消毒。

（2）打穴、接种、套外袋　用 75% 酒精或其他卫生消毒剂对接种操作员的双手、种瓶（袋）外壁进行擦洗消毒；用经火焰灭菌后的接种工具去掉上层老化菌种，按照无菌操作技术，将菌种接入料袋中。

料袋温度降至 30℃以下时进行接种作业。接种过程可按照料袋消毒→袋侧打穴→接入菌种→套袋封口作业程序进行，这 4

个环节分别由专人完成，整个过程连贯作业，接种速度快、效率高、成品率高。具体方法如下。

①料袋消毒　用75%酒精擦拭整个料袋表面，对料袋表面进行全面消毒。

②袋侧打穴　用专用打穴器在料袋的一侧等距离打下3个孔穴。打穴器多为锥形铁棒，直径3厘米左右，长度8～10厘米，一头顶端尖，整棒表面光滑。可事先装入塑料袋、扎口密封，料袋灭菌时一起进行灭菌后，接种时再取出使用。

③接入菌种　将菌种瓣成核桃大小的种块，迅速塞入孔穴内，同时让少量菌种冒出穴口，利于防止杂菌侵入。每瓶菌种可转接30～40袋。

④套袋封口　接入菌种后马上用较料袋稍大的薄形塑料外袋，将接种后的整个菌袋套住，再用丝膜扎紧袋口。

（四）发菌管理

1. 发菌室（棚）准备　用于猴头菇菌丝培养的发菌室（棚）的选址和搭建，可参照平菇的"发菌室（棚）准备"。

彻底打扫室（棚）内清洁卫生，喷洒杀菌杀虫剂，关闭门窗，用气雾消毒剂熏蒸。

2. 堆码菌袋　将接种后的栽培袋整齐地排放在培养架上。

3. 环境调控　发菌室（棚）内保持黑暗状态，空气相对湿度不超过70%。前3天，将发菌室（棚）的温度控制在24～26℃，可不通风，以促进种块尽快萌发新菌丝，将接种口覆盖封住，有利于减少杂菌污染。待茶树菇菌落覆盖接种口之后，气温高于25℃时，早、晚各通风1次，1小时/次，开启门窗时应注意避免阳光直射菌袋。

每7天翻堆1次，发现有杂菌污染的菌袋应及时拣出、隔离并处理掉。当茶树菇菌落直径达到8～10厘米时，及时揭开外袋袋口，增加新鲜空气进入，让菌丝吸足氧气向培养料深层生长。到了发菌后期，结合翻袋作业，用胶布将接种口封紧，以避免从接种口处出菇。一般培养35～45天后，待菌丝长满栽培袋，便可移放到栽培室开袋出菇。

（五）出菇管理

1. 出菇场地　应选择地势高燥、背风向阳、平坦开阔的空旷场地。要求周边环境干净卫生，给排水方便，通风良好，交通便利，无污染源，土质坚实，有发展余地的场所。可利用农田进行栽培。

2. 菇房准备

（1）菇棚搭建　可搭建东西朝向的荫棚来作为茶树菇的出菇房。荫棚规格：宽5～7米，长20～25米，边高2米，中间高3.5米。南北侧各安装80～100厘米宽的门。荫棚骨架可用水泥柱、木棒、竹竿搭建。骨架外覆盖遮阳网，再加盖一层稻草或茅草后，最外层覆盖0.08毫米厚的黑色塑料薄膜。棚四周用黑色塑料薄膜或遮阳网覆盖，利于遮光、隔热和保温。荫棚之间间隔1米左右。

（2）菇架设置　在菇棚内搭建层架式出菇架，床架宽140～150厘米，床架间留70厘米宽的通道，利于管理和采菇。底层距离地面30厘米，层间距50～60厘米，设置4～5层即可。层架可用竹竿或木条搭建，床中间放竹片或木条，床架结实度要以能够承受得住菌袋重量为度。

（3）菇房消毒　菌袋进棚之前，用50%多菌灵1 000～2 000倍溶液和80%敌敌畏800倍溶液，喷雾整个菇房墙壁、空间以及床架表面1～2次，喷药后马上密闭菇房持续1～2天，进行灭菌杀虫。之后，敞开门窗，让药气充分排出后，才能将出菇袋搬进来。

3. 环境控制

（1）排袋催蕾　将菌袋搬进菇房，直立、整齐地排放于床架层中。排袋数量为 60～80 袋/米^2，割开袋口，或将菌袋口下卷一半，让袋内二氧化碳排出而浓度逐渐降低，使氧气浓度增加；将菇房内的温度控制在 18～25℃，晚上温度为 18℃，白天温度为 25℃，使昼夜温差为 7～8℃；光照强度控制在 500～1000 勒；早、晚向地面喷水，调整空气相对湿度至 95%～98%。这样，通过增氧、适宜温度及温差、光照和增湿的刺激，促使其由营养生长向生殖生长转变，经过 10～15 天，可见料面出现黄水，继而变为褐色，茶树菇原基大量发生，出现小菇蕾。

（2）**环境控制措施**　催蕾后，重点加强控温、调湿和通风。将菇房内温度控制在 22～24℃，空气相对湿度调节在 90%～95%，一般通风 1～3 次/天，持续 1 小时/次。若气温不太高，则可减少通风次数和每次通风时间，以防氧气过多导致早开伞、柄短肉薄，影响菇体品质。秋季栽培，进入冬季则气温较低，尽管子实体生长发育缓慢，但是菇体朵形较大，商品性较好，病虫害也少。春季栽培，子实体生长后期，温度较高，菌盖易开伞和长柄薄盖菇，可采取增加通风降温措施，提高菇体质量。茶树菇子实体具有显著的趋光特性，应注意光线来源方向，避免菌柄扭曲生长，影响外观。

（六）采收菇体

1. 采收适期　茶树菇充分生长，菌盖呈铆钉形，内菌幕尚未破裂，菇体大小、长度已达到产品标准。采收茶树菇宜在夜晚或清晨进行，避免中午或午后采收。从现蕾到采收一般需 7～15 天（视温度而定）。

2. 采摘方法　采收时手握菇柄整丛拔出，注意不要碰坏菌盖。采收后应清理料面残留菇柄，停水 3 天左右，让料面菌丝恢复后再喷水保湿催蕾。茶树菇可采收 3～5 潮，但没有明显的潮次。

3. 采后处理　小心去掉菌柄基部的碎屑杂质，拣出伤、残、病菇，分拣后称重或归类堆放。移动时应小心轻放。鲜茶树菇及时放冷库保存，或用脱水机加工成干茶树菇。

（七）病虫害防控

1. 病害防控　危害茶树菇培养料的杂菌主要有绿色木霉、青霉、毛霉和红色链孢霉，最厉害的是红色链孢霉。一旦发现有链孢霉污染，应立即将污染菌袋深埋或烧毁。茶树菇子实体病害主要有细菌性腐烂病、拟青霉基腐病和葡枝霉软腐病。可加强菇房内通风，降温降湿，加以控制。

2. 虫害防控　危害茶树菇的害虫主要有螨类和菌蛆。螨虫主要啃食菌丝，影响出菇产量，导致烂菇和畸形菇发生。菌蛆主要啃食培养料、菌丝，蛀食菇蕾及子实体，导致减产歉收甚至绝收。可事先在发菌室（棚）和菇房的门窗上安装 60 目防虫网，阻断成虫飞入。及时剔除被害虫污染的菌袋和虫菇，加以销毁。必要时使用高效低残留的杀虫（螨）农药，加以杀灭。

3. 综合防治　使用未霉变的栽培原料；使用合格菌种；料袋灭菌、环境消毒彻底；安设粘虫黄板、频振式杀虫灯、防虫网；及时清除污染菌袋、病菇和虫菇，避免病原菌和害虫继续传播。

第十七章
长根菇生产技术

长根菇又名长根奥德蘑、长根金钱菌、草鸡枞、露水鸡枞等（图 17-1）。长根菇含有蛋白质、氨基酸、脂肪、糖类（碳水化合物）、维生素、微量元素硒以及真菌多糖、三萜类、朴菇素、生物碱、牛磺酸、磷脂、叶酸等多种营养成分，所含长根菇素有降低血压和抑制肿瘤等作用。鲜菇肉质细嫩，菌柄脆软，清香适口，味道鲜美；干菇香味浓郁。经常食用长根菇可提高机体免疫力。因此，长根菇被认为是一种理想的健康食品。

长根菇人工栽培始于 20 世纪 70 年，Umezawa et al.（1970）报道了栽培技术和特有成分。国内胡昭庚（1994）介绍长根菇及其栽培，四川省农业科学院谭

图 17-1 长根菇子实体

伟等（2001，2002）研究了长根菇生物学特性并驯化育成"露水鸡枞"品种，三明真菌研究所等相继开展了长根菇的栽培技术和加工研究。目前我国四川、福建、江西、浙江、山东等地已经商业化栽培长根菇，因长根菇产品在市场上单价较高，一些地区如

山东、四川等地已经开始工厂化生产长根菇。

一、基本生育特性

（一）营养需求

长根菇属土生型木腐菌。阔叶树木屑、棉籽壳、农作物秸秆等为主料，适当添加麦麸、米糠、玉米粉、石膏等辅料，配制成培养基质就可以满足长根菇对营养物质的需求。

（二）环境需要

1. 菌丝体生长

（1）**温度** 长根菇菌丝生长的温度范围为 12～35℃，最适温度为 20～25℃。

（2）**光线** 长根菇菌丝生长不需要光照。

（3）**水分** 长根菇属于喜湿性菌类，菌丝生长需要培养料含水量为 60%～68%，最适含水量在 65% 左右；需要环境空气相对湿度在 70% 左右。

（4）**空气** 长根菇属好气性菌类，菌丝生长需要氧气供应，菌丝生长过程中环境空气二氧化碳浓度要求在 0.03% 以下。

（5）**酸碱度** 长根菇喜欢偏酸性的生活环境，菌丝生长环境 pH 值范围为 5.5～7.3。

2. 子实体形成生长

（1）**温度** 长根菇属中温型、中高温型结实真菌，子实体发育温度为 12～35℃，出菇最适温度为 25℃左右。6～10℃的昼夜温差刺激有利于子实体原基分化和形成，可提前出菇。

（2）**光线** 长根菇属喜光性菇类，子实体分化不需要光照刺激，在完全黑暗条件下也能形成白色菇蕾，破土后呈褐色。但光照的强弱会影响菇体的色泽和硬度，光照强则菇体色泽深、菇柄硬，光照弱则菇体色浅、菇柄嫩。出菇阶段需要环境光照强度为 100～300 勒，林下出菇需要保持"三分阳、七分阴"的遮阴度。

（3）**水分及空气湿度** 长根菇出菇期，需要环境空气相对湿度在 85%～95%。

（4）**空气** 长根菇在子实体分化发育阶段，需要空气新鲜，氧气充足。若栽培环境通风不良，空气中二氧化碳浓度超过 0.3%，则子实体发育受阻，菇体瘦小、发育不良。

二、优良品种

（一）栽培菌株

各地供种单位对长根菇栽培菌株的命名常常直接冠以"长根菇"名称。张亚娇等（2015）对收集到的 14 株国内长根菇栽培菌株，进行栽培比较分析，筛选出适合推广栽培的优良菌株 3 株：00014（福建农林大学库藏编号，来自漳州市龙海九湖食用菌研究所的"长根菇–3"）、00017（来自漳州市龙海九湖食用菌研究所的"长根菇–6"）和 00018（来自福建省农业科学院植物保护研究所的"长根菇"），其主要特征特性如下。

1. 00014（长根菇–3） 子实体白褐色，菌盖最大，菌盖中心厚度也最大；原基形成早，为 42 天；平均单朵菇重量达 45.6 克，平均单产高，为 212.7 克/袋。

2. 00017（长根菇–6） 子实体浅褐色，菌盖较大，菌盖中心厚度大且与 00014 差异不显著；原基形成最早，为 41 天；平均单朵菇重量达 46.4 克，平均单产较高，为 191.6 克/袋。

3. 00018（长根菇） 子实体浅褐色，菌盖较大；原基形成早，为 45 天；平均单朵菇重量达 50.4 克，平均单产最高，为 218.50 克/袋。

（二）审定品种

例如露水鸡㙡。子实体菌盖近中心上表面具有辐射状条纹和褐色的脐状突起，灰褐色至淡咖啡色，边缘略有放射状皱纹；菌肉厚、洁白细嫩；菌柄与菌盖颜色相似，近中生，实心而脆，基部膨大，如覆土过深，则向下延伸形成细长的假根。露水鸡㙡品种的最适出菇温度为 25～28℃，与对照菌株（丽根）相比，具有原基形成早、产量高、品质优和抗杂菌力强等优点，原基形成较对照提前 10～12 天；生物学效率为 76.92%～82.69%，较对照增产 25%～41.38%；氨基酸总量较对照高 5.14%，抗生产上常见杂菌能力强；单朵重高出对照 5～10.6 克；转潮快，需 10 天左右。适宜于四川及相似生态区覆土栽培。

三、熟料覆土栽培关键技术

长根菇的熟料覆土栽培（图 17-2，图 17-3），又称畦床脱袋栽培，是指将培养料装入塑料袋，经过灭菌处理，接入菌种进行发菌，脱去料袋排置于畦床中覆盖土壤，进行出菇管理的过程。其生产工艺流程为：原料准备→拌料装袋→灭菌接种→培养发菌→出菇管理→采收菇体。

图 17-2 长根菇菌袋口覆土出菇

图 17-3 长根菇菌棒覆土出菇

（一）季节安排

由于长根菇属于中高温型出菇菌类，出菇温度较广，子实体在温度 15～28℃范围都能发生，所以除了寒冬季节外，在春、夏、秋三季均可安排生产出菇。南方地区秋季栽培，可安排在 9 月下旬至 11 月接种，翌年 5 月脱袋覆土、5～9 月出菇，如福建。长江中下游地区，春季栽培可安排在 2 月下旬接种，5～8 月出菇，如四川；秋季栽培在 7 月上旬接种，9～10 月出菇。

（二）原料准备

1. 原料种类　长根菇栽培可使用的主料有杂木屑、棉籽壳、稻草绒、玉米芯（粉碎）、甘蔗渣、木薯皮等，辅料有麦麸、玉米粉、蔗糖、石膏、过磷酸钙等。要求有机原料新鲜、干燥、无霉变、无结块、无异味、无异物；无机原料要求为正品。

2. 基质配方

①棉籽壳 80%，麦麸 15%，玉米粉 3%，过磷酸钙 1%，石膏 1%。

②木薯皮 80%，棉籽壳 18%，过磷酸钙 1%，石膏 1%。

③杂木屑 78%，麦麸 20%，蔗糖 1%，石膏 1%。

④甘蔗渣 75%，麦麸 20%，玉米芯 3%，蔗糖 1%，石膏 1%。

⑤棉籽壳 75%，麦麸 20%，玉米粉 3%，蔗糖 1%，石膏 1%。

⑥杂木屑 75%，麦麸 20%，玉米粉 3%，蔗糖 1%，石膏 1%。

⑦杂木屑（或甘蔗渣）75%，麦麸 20%，玉米粉 3%，过磷酸钙 1%，石膏 1%。

⑧杂木屑 75%，麦麸 20%，玉米粉 3%，蔗糖 1%，石膏 1%。

⑨杂木屑 70%，麦麸 20%，玉米粉 5%，蔗糖 2%，磷酸二氢钾 1%，过磷酸钙 1%，石膏 1%。

⑩玉米芯 62%，豆秆粉 30%，麦麸 7%，石膏 1%。

⑪杂木屑 55%，棉籽壳 20%，麦麸 20%，蔗糖 2%，过磷酸

钙 1%，石膏 2%。

⑫棉籽壳 50%，杂木屑 30%，麦麸 18%，蔗糖 1%，石膏 1%。

⑬棉籽壳 40%，杂木屑 37.5%，麦麸 10%，玉米粉 10%，蔗糖 1%，石膏 1.5%。

⑭棉籽壳 40%，稻草（切断）20%，杂木屑 20%，麦麸 18%，蔗糖 1%，石膏 1%。

⑮棉籽壳 39%，麦麸 20%，杂木屑 19.5%，稻草绒（粉碎成草绒）19.5%，蔗糖 1%，轻质碳酸钙 1%。

（三）拌料装袋

根据本地原料资源情况，选择培养料基质配方。按照基质配方，将主、辅料拌和均匀，含水量调节至 65% 左右。主料在拌料前 1 天用水预湿，吸透水分、无干颗粒，利于灭菌彻底。

可选用聚乙烯塑料筒袋作为装料容器，规格（折径×长度×厚度）为 17 厘米×33 厘米×0.05 厘米。装料时，培养料填入袋内厚度掌握在 15 厘米左右，装料量为干料 0.4～0.45 千克/袋；用一端尖锐的木棒或铁棒在料的中间打一直径 1.5～2 厘米的孔洞，利于接种时种块掉进料的中下部。发菌点位多，菌丝长满料袋时间缩短，可起到缩短发菌时间的作用。

使用拌料机拌料、装袋机装袋，可达到省力、节工和高效的目的。具体作业方法可参考香菇代料栽培的"拌料机拌料"和"装袋机装料"内容。

（四）灭菌接种

1. 料袋灭菌 装袋完毕后，将料袋进行常压高温蒸汽灭菌，100℃状态下维持 8～16 小时。具体作业方法参照香菇代料栽培的"灭菌接种"内容。

2. 接种方法 将灭菌后的料袋搬入接种室（棚）内，待料袋口冷却至 30℃以下时，采用无菌操作接种方法进行接种，先在料袋一侧腹面上用打孔棒插 4 个直径 1～2 厘米、深 1.5 厘米的孔穴，再接入菌种块，让种块与基质紧密接触，然后用"接种贴"（不干胶）粘贴孔穴进行封口。每袋栽培种可转接栽培袋 40～50 袋。

（五）培养发菌

1. 培养场所　参照香菇代料栽培的"发菌场准备"内容。

2. 堆码菌袋　参照香菇代料栽培的"堆码菌袋"内容。

3. 发菌管理　长根菇菌袋培养期间，将发菌室（棚）温度调控至 22～25℃，遮光，空气相对湿度调节至 70% 以下，注意通风换气。不定期检查菌丝在料袋中的生长情况，发现有杂菌感染的料袋及时取出隔离，染杂严重者烧毁掉，避免杂菌传播。发现菌袋内料面有革质状菌皮出现，多为培养过程中菌丝遭受过高温而产生黄水，黄水长时间浸泡料面菌丝所致。

在环境条件正常情况下，一般长根菇菌丝在培养料中经过 30～45 天可长满菌袋，再继续培养 25～30 天，当培养基质表面上出现黑褐色菌皮（菌被）或密集的白色菌索时，表明菌丝已经达到生理成熟，可从营养生长阶段转入生殖生长阶段，这时即可进行出菇管理。

（六）出菇管理

1. 菇场准备

（1）场地选择　若在室外地块栽培长根菇，则选择水源条件好、无污染源、无白蚁巢的田地作为栽培出菇场所，如种植作物的农田、树林下地块等。农田上搭建荫棚，若林下遮光率高则可不建荫棚。要求土壤肥沃、团粒结构好，地块不积水。也可利用现有空闲房屋作为长根菇的出菇房，要求坐南朝北，能够保温、避光和通风。

（2）做畦建棚　先将田地整理成 80～100 厘米宽的畦，翻出的表土做成 10 厘米高的土埂，畦间留出 50 厘米宽的作业道，长度视场地而定，畦床间挖排水沟。畦床上撒干石灰消毒。

若以田地作为菇场，则要求搭建"三分阳、七分阴"的荫棚。秋季播种时，秋冬季节温度会不断下降，可在畦床上搭建塑料小拱棚，利于保温和保湿。建棚材料可用竹竿、竹条、遮阳网、塑料薄膜、铁丝和丝膜等。

室内栽培出菇，可在屋内搭建床架设施。层架作为摆放菌袋的菌床，可用竹棒、木条、铁丝等搭建床架。床架宽 80～100 厘米，长度根据房间长度而定，床架之间留出 60～80 厘米宽的人行作业道。层架可分 8～12 层，底层离地 0.3 米，层间距离 0.45 米，顶层距离房顶 1 米左右。床架间通道两端自上而下间隔 50 厘米开设通风窗，窗口大小为 0.3 米×0.4 米。

2. 脱袋覆土

（1）**覆土准备**　在脱袋前就应准备好覆土材料。用于长根菇菌棒的覆土材料，在山区可选用含腐殖质丰富的山地表土；在平原地区可选用疏松肥沃土壤，如菜园土、沙性较重的潮土等，利于透气。若栽培场地附近只有黏性很重的土壤，则可加入 10%～15% 的炭渣或砻糠后再使用。

土壤消毒杀虫。将选定土壤打碎成直径 1 厘米以下的土粒，在阳光下摊开暴晒、翻晒 3～4 天，拌入 1%～1.5% 的甲醛和 0.3%～0.5% 的敌敌畏，边喷药边搅拌，使药、料充分混合均匀，用药量为 27～30 升/米^2，堆码成堆，盖上塑料薄膜 4～5 天。之后，揭膜摊开，让药物挥发 1～2 天后备用，以减少土壤中杂菌和害虫基数。林间栽培较为粗放，其覆盖土壤不必做消毒处理。

（2）**去膜排棒**　先将发菌达到数量的成熟菌袋的塑料袋用利刀划破、去掉，取出菌棒。再把裸菌棒整齐、紧密地竖直排放于室外荫棚下畦床中或室内床架中，尽量不要将菌棒折断或弄伤；菌棒之间的空隙用已经破碎的菌块填满，或用肥沃土壤填充，利于将来出菇相对整齐。

（3）**盖土盖膜**　菌棒在菌床中排好后，用准备好的土壤进行覆盖。先将土壤用干净水调成含水量约20%的湿土，然后将土壤覆盖到菌棒之上，覆土厚2～3厘米，覆土均匀，保持土面平整。若室外栽培则再在畦床上覆盖塑料薄膜，起到保温增温和保湿作用，也可加盖草帘保湿遮阴。

3. 催促菇蕾　菌棒覆土后，菌丝恢复生长，向覆土层延伸，当土表出现少量白色菌丝时，就可进行催蕾作业：早、晚向土面喷雾状水，保持覆土层湿润、小环境有较高湿度，空气相对湿度85%～90%；畦床盖膜，提升温度至23～25℃；夜间揭开薄膜通风，降温、降湿，人为制造6～10℃的昼夜温差，以促进长根菇菇蕾形成。据报道，脱袋后在菌棒上喷施1～2次酸性蛋白酶抑制剂（胃酶拟素），可促使菌丝体内酸性蛋白酶转化为中性或碱性蛋白酶，从而抑制菌丝生长，促进长根菇从营养生长转向生殖生长，从而加速菇蕾发生。

4. 环境调控

（1）**控制温度**　长根菇出菇期间，根据外界气温情况进行菇场内温度控制。气温高时，室内栽培可通过及时开启门窗通风换气降温，室外栽培采取揭膜通风降温等措施；气温低时，采取减少开启门窗和掀膜次数等措施，将菇场内温度尽量调控在25℃左右，利于出菇成片集中。尽管长根菇在35℃时也能出菇，但是子实体生长开伞快，商品性变差，会影响栽培效益。

（2）**保持湿度**　出菇期间要求畦床内无积水，每天向覆土层和菇房空间及地面喷雾状水，保持覆土始终处于湿润状态，幼蕾时菇房环境空气相对湿度保持在90%～95%。喷水时，喷头尽量距离菌床高些，以免水雾压力冲松土粒而破坏菌丝，冲伤或冲掉幼蕾。子实体发生后，菇房中空气相对湿度控制在85%～90%即可。

（3）**通风换气**　出菇期间注意菇房的通风换气，子实体生长到较大时尤其要增加门窗开启次数，加大通风量，通风 2～3 次 / 天，以菇房内二氧化碳浓度不超过 0.3% 为度，以满足菇体生长发育有足够氧气供应，从而茁壮成长。

一般若催蕾措施和环境控制得当，菌棒覆土后 25 天左右，可见菌床上会有大量幼蕾冒出土面，发育 7～10 天后即可采收。

（七）采收菇体

1. 采收适期　菇体长到八分熟，菌盖刚刚开放、尚未充分展开时为长根菇的适宜采收期。采收太迟，菇体开伞，释放大量孢子，菇体易倒伏，成熟过度时菌褶发黄，不但影响采收产量，外观品质也差，而且菌盖还因脆嫩而易碎、不便包装。也有以采收小菇为生产目的的情况，即在菇体菌盖未开伞、即将开伞时采收，优点是菇体较坚实、不易破碎，便于包装运输。

2. 采摘方法　在采摘菇体前 2 天停止喷水。采摘菇体时，采收作业人员手戴布质或塑料手套，用手指捏住菇柄基部，轻轻旋转拔起，用小刀将菇柄基部的假根和异物削除即可。采下的菇体放入干净竹筐或塑料筐中，然后，既可直接包装鲜菇出售，也可加工成速冻品、干品和盐渍品后再出售。

（八）病虫害防控

1. 主要病虫　长根菇栽培过程中的主要病菌有细菌、黏菌和真菌中的木霉等。主要害虫有螨虫和菇蝇等。

2. 综合防控　培养料和覆土的含水量要适当，基质灭菌应彻底。注意发菌和出菇环境卫生。菇房内地面撒干石灰，空间挂设黄板诱杀菇蝇、菇蚊，黄板悬挂数量为 1 片 / 米^3，每 10 天更换 1 次。发菌和出菇期间，一旦发现有杂菌感染及时隔离并清除。发现螨虫，及时喷施 0.1% 哒螨灵；发现菇蝇、菇蚊，应喷施除虫菊酯进行防治。

第十八章
大球盖菇生产技术

大球盖菇又名酒红大球盖菇、皱环球盖菇、球盖菇等（图18-1）。大球盖菇营养丰富，每100克干菇中含粗蛋白质29.1克、脂肪0.66克、糖类44～54克、粗纤维9.9克、灰分4.36克、钙24毫克、磷448毫克、铁11毫克、维生素 B_2 2.41毫

图18-1　大球盖菇子实体

克、维生素 C 6.8毫克；菇体色泽艳丽，鲜菇肉质细嫩、盖滑柄脆，具野生菇的清香味；具有抗氧化、抗肿瘤等作用，可预防口腔和皮肤疾病；是联合国粮农组织（FAO）向发展中国家推荐栽培的食用菌之一。

1969年，当时的德意志民主共和国进行了大球盖菇人工驯化栽培。20世纪70年代逐渐成为许多欧美国家人工栽培的食用菌。我国上海市农业科学院食用菌研究所于1980年引种栽培成功。后来，福建省三明真菌研究所通过研究，在橘园套种、田间栽培大球盖菇获得良好效益，并逐步推广到省内外，目前全国多个省都有试验栽培。大球盖菇具有很强的抗杂菌能力，主要采用生料直接栽培，具有栽培技术简便粗放、栽培原料来源广的优点。

一、基本生育特性

（一）营养需求

大球盖菇属腐生菌，营腐生生活特性。稻草、麦草、玉米芯等可满足大球盖菇对营养物质的需求，这些物质可用作大球盖菇栽培的原料。有报道，粪草料和棉籽壳等不适宜作为大球盖菇的培养基。覆土可促进大球盖菇子实体的形成，不覆土则子实体难以形成或出菇少。

（二）环境需要

1. 菌丝体生长

（1）温度　大球盖菇菌丝生长的温度范围为 5～36℃，最适温度为 24～28℃。

（2）光线　大球盖菇菌丝生长不需要光照，可在完全黑暗条件下正常生长。

（3）水分　大球盖菇属喜湿性菌类，菌丝生长需要培养料的含水量为 65%～75%，最适含水量为 65% 左右。

（4）空气　大球盖菇属好气性菌类，菌丝生长需要有氧气供应。菌丝能够在环境空气二氧化碳浓度较高（0.5%～1%）的条件下生长。

（5）酸碱度　大球盖菇菌丝生长环境 pH 值范围为 4.5～9，最适 pH 值为 5～7。

2. 子实体形成生长

（1）温度　大球盖菇属中温型结实性真菌，子实体形成需要温度范围为 4～30℃，原基形成的最适温度为 12～25℃。在此温度范围内，温度高，子实体生长快，易开伞，菇体小；温度低，发育慢，菇体大，柄粗盖厚，不易开伞，品相好。

（2）**光线** 大球盖菇子实体的形成需要一定散射光照刺激。子实体生长发育阶段，需要 100～500 勒的散射光照。半阴半阳的栽培场地，出菇产量高，色泽艳丽，柄粗盖厚。

（3）**水分及空气湿度** 大球盖菇子实体形成和发育阶段，需要空气相对湿度在 85%～95%。若空气相对湿度低于 85%，则原基难以形成。

（4）**空气** 大球盖菇子实体生长发育阶段，需要较多的氧气供应，需要将环境中二氧化碳浓度控制在 0.15% 以内。

（5）**土壤** 覆土可促进大球盖菇出菇并提高产量。覆土材料以园林土壤为宜，切忌使用沙质土和黏土，土壤的 pH 值以 5.7～6 为宜。

二、优良品种

（一）主要栽培品种

我国大球盖菇的主要栽培品种包括大球盖菇 1 号、明大 128、球盖菇 5 号等。

（二）品种特征特性

1. 大球盖菇 1 号 菌盖初为白色，肉质，常有乳头状突起，近半球形，边缘内卷，长大后逐渐变成红褐色至暗褐色，湿润时表面有黏性。子实体成熟后，菌柄近圆柱形，靠近基部膨大；菌肉肥厚，白色。原基形成的适宜温度为 12～25℃，子实体形成温度范围为 4～30℃，适宜温度为 18～23℃；子实体发育的适宜温度为 16～21℃。生物学效率 90%。菇体气味清香，柔和，质地脆嫩，色泽艳丽，口感滑爽。适宜于长江流域以南地区自然环境下栽培，9～12 月接种。

2. 明大 128 子实体单生或群生，致密度中等；菌盖褐红色，扁半球形，表面光滑，中部突起，边缘内卷；菌柄肉质、中生，近白色或淡黄色，近圆柱形，中下部有黄色细条纹，无绒毛，无鳞片。催蕾条件：需要散射光或亮光，空气相对湿度85%～95%。子实体生长温度范围为14～25℃。生物学效率40%以上。菇体口感脆嫩，清香。适宜于除热带地区以外各地栽培，9～10月接种。

3. 球盖菇5号　子实体单生或丛生，单个子实体大小差别极大，小的10克/朵，大的超过200克/朵；菌盖红褐色、有绒毛；菌柄白色，粗壮，子实层灰黑至紫黑色，能产生大量担孢子，孢子紫黑色。子实体生长最适温度12～20℃。产量为鲜菇4.5千克/米^2。菇体口感嫩滑。适宜于长江流域及长江以南地区自然环境下栽培。

三、田间生料栽培关键技术

大球盖菇的田间生料栽培（图18-2），又称冬闲田栽培，简称田间栽培，是指先将培养料预湿变软，或简单发酵，铺料于室外的田块或地块，再播种、覆土，结合气候进行发菌培养和出菇管理的过程。具有不受房屋限制、原料搬运便捷、排灌水方便、管理省工、投资少、见效快等优点，非常适合我国广大农村尤其是水稻产区推广应用。生产技术流程为：原料准备→预湿发酵→铺料播种→发菌覆土→出菇管理→采收加工。

图18-2　大球盖菇出菇

（一）季节安排

大球盖菇可进行秋季栽培和春季栽培。一般，秋季栽培可安排在9月播种，10月开始出菇；春季栽培可安排在2～4月播种，5月出菇。

福建省，秋季栽培，9月中旬至10月下旬播种，11月开始出菇。四川省川中丘陵及川西平原，秋季栽培，可安排在9月中上旬播种，10月下旬开始出菇；春季栽培，可在4月上旬播种，4月下旬开始出菇。

山东省，秋季栽培，8月中旬播种，10月上旬出菇；春季栽培，2月中旬播种，4月中旬出菇。河北省，春季栽培，4月初播种，6月初出菇；秋季栽培，8月初播种，9月下旬出菇。辽宁省，秋季栽培，8月上中旬播种，10月上中旬出菇；春季栽培，2月中下旬播种，4月中下旬开始出菇。

（二）原料准备

1. 基质配方

①麦秆60%，玉米秆26%，麦麸10%，过磷酸钙2%，石膏1%，石灰1%。

②稻草50%，谷壳28%，杂木屑10%，麦麸10%，石膏1%，石灰1%。

③稻草60%，谷壳23%，杂木屑15%，麦麸或米糠2%。

④稻草或麦秆88%，麸子10%，石膏1%，石灰1%。

⑤刨花或小木块40%，谷壳30%，玉米芯30%。

⑥稻草40%，谷壳40%，杂木屑20%。

⑦稻草40%，砻糠40%，刨花20%。

⑧大豆秆50%，玉米秆50%。

⑨稻草80%，杂木屑20%。

⑩麦秆50%，高粱秆50%。

⑪稻草 80%，刨花 20%。

⑫谷壳 60%，杂木屑 40%。

⑬五节芒 60%，稻草 40%。

⑭稻草 100%。

⑮麦秆 100%。

2. 原料要求 所选原料应充分晒干，最好经曝晒以杀虫杀菌。玉米秆、麦秆、高粱秸等硬质秸秆要碾压破碎，并最好用铡刀切成短节，利于操作方便和铺料紧密；要求有机物原料新鲜、干燥、不发霉、不腐烂，无机物原料为正品。

3. 备齐原料 根据本地原料来源情况，选定使用的基质配方，按照 6 600 千克 / 亩的投料量和拟栽培面积，估算出所需各种原料，准备齐全。

（三）预湿发酵

1. 原料预湿 用干净水或 1% 的石灰水，将稻草、麦草、玉米秆、谷壳、木屑等主料浇淋，进行预湿。具体做法：把秸秆料或木屑放在地面上，喷水 2～3 次 / 天，并连续喷水 6～10 天，如果料量多，那么需要翻动数次。也可将秸秆料装在筐中，置于水沟或水池中浸泡 1～3 天后，沥水。原料应均匀地吸足水分，而且变得柔软。要求经过预湿的原料含水量在 70%～75%，用手紧捏原料若有水渗出但水滴是短线的，则表明含水量适宜。秋季栽培气温低时，原料预湿后，可直接铺料播种。

2. 建堆发酵 在气温高于 23℃ 的夏末秋初季节栽培时，应对栽培料进行短期发酵后再使用，利用发酵过程中的较高温度杀灭培养料中的杂菌和害虫，有利于减少栽培的病虫害发生。具体做法：将预湿后的培养料堆码成高 1～1.5 米、宽 1.5～2 米、长度不限的料堆，拌料稍拍紧实，盖上草帘或旧麻袋等，堆积发酵 5～6 天。在第三天时翻堆 1 次。采用有麦麸、过磷酸钙、石膏、石灰等辅料的基质配方，可在翻堆时均匀地将其加入主料中。

（四）铺料播种

1. 场地准备

（1）**场地选择**　要求选择的田块或地块土质肥沃、疏松，无白蚁，不积水，取水和排灌方便。切忌低洼或过于阴湿的场地。

（2）**整地做畦**　先取一部分表层土堆放在旁边，使地中间稍高，两侧稍低，畦高 10～15 厘米、宽 90 厘米、长 120 厘米，畦与畦之间间隔 40 厘米。

（3）**场地杀虫**　让阳光充分暴晒 1～2 天后，在畦床上浇泼 1% 的茶籽饼水，以预防蚯蚓危害。在畦床和四周喷施敌敌畏药液，杀死害虫，以减少害虫基数。

2. 铺料播种方法　用种量为 2 瓶（750 毫升容量）/ 米² 左右，将菌种从瓶中取出，尽量不要弄得太碎，最好为鸽蛋大小，备用。采取"料夹种"的方式进行铺料播种。做法：先在畦床内铺一层底料，铺料厚 8～10 厘米，将种块均匀地撒在料面上，用种量为 1 瓶；再铺一层中间料，铺料厚 11～12 厘米，将种块均匀地撒在料面上，用种量为 1 瓶；最后铺上一层盖种料，铺料厚 5～6 厘米，可略微铺成龟背形。一般，整个铺料厚度为 25～30 厘米。用料数量为干料 30～35 千克 / 米²。要求铺料平整、紧实，让培养料和菌种块紧密接触。若遇高温季节铺料播种，则还需用直径 4 厘米的木棒，在料床中间每隔 30～40 厘米向料内插 1 个孔，以利于通气散热。

（五）发菌覆土

1. 遮盖菌床　播种结束后，用旧麻袋、无纺布、草帘等对菌床料面进行单层遮盖，起到保湿作用。

2. 环境调控

（1）**温度控制**　尽可能地将培养料内温度调控在 24～28℃，最好在 25℃左右。在高温季节播种后，每日要观察料内的温度变化，当料温超过28℃时，应及时掀开遮盖物，通风降温。气温低于10℃时，不宜掀开遮盖物通风或极少通风，加强对菌床保温。

（2）**湿度调节**　料面保持湿润状态，小环境空气相对湿度在85%～90%。气候干燥、料面发白时，向菌床料面喷雾状水，要掌握喷水量，喷水不能太多，以免渗漏至培养料中下层，造成积水，影响菌丝吃料蔓延。菌床四周易失水，可多喷些水。

一般，在环境条件正常情况下，大球盖菇播种后4～5天，种块萌发出新菌丝、开始吃料；30～35天后，可见菌丝体布满整个培养料的2/3，这时就可着手进行覆土作业。

3. 覆盖土壤

（1）**覆土材料**　实际生产中，就地取用质地疏松的田园土作为覆盖用土壤。森林土壤也适合用作覆土材料。国外使用的标准覆土材料：50%腐殖土＋50%的泥炭土，pH值5.7。

（2）**覆土方法**　先将土壤用水调湿，达到含水量20%，要求手捏土粒变扁，但不破碎，也不粘手，即可。再将土壤均匀地铺撒在菌床料面上，铺土层厚2～4厘米，每平方米用土量约0.05立方米。

（六）出菇管理

覆土后15～20天，就能见菌丝爬上土面，此时要加大畦面的湿度，保持环境空气相对湿度在85%～90%。大球盖菇菌丝后期生活力很旺盛，每日要加大通风量。待菌丝全部布透土面后把覆盖物揭开，停止喷水降湿，使畦面菌丝倒伏，迫使由营养阶段转入生殖阶段。畦面菌丝倒伏后，层内菌丝开始形成菌束，扭结大量白色子实体原基，此时期应注意畦面土壤的湿度，使空气相对湿度保持在85%～95%，让小原基膨大形成小菌蛋。喷水掌握少喷、勤喷、细喷，表土有水分即可，以免因喷水过多引起死菇和烂菇。避免因喷水力度过大冲伤或冲掉幼小菇蕾。每天掀开遮盖物通风 2～3 次。大球盖菇从小菌蛋到成熟期，一般需要 5～10 天。

（七）采收加工

1. 采摘鲜菇　当菇体菌盖外一层菌膜刚破裂，菌盖内卷不开伞时采收。采菇时，先用一只手压住培养料，再用另一只手捏住菌柄基部，轻轻转几下向上拔起，然后除去带土菌脚。

2. 产品形式　鲜菇采收后，既可直接上市鲜销，也可冷冻保鲜出口，还可加工成干菇。可采用食用菌干燥机进行烘烤脱水，要按客户要求的规格质量脱水烘干。

3. 采后管理　第一潮菇收完后，清除残留在床面上的菇根，以免菇根腐烂后引起虫害，补平覆土，在补足含水量后再养菌出菇。经 10～12 天又开始出第二潮菇，管理方法同第一潮菇。一般，可连续出 2～4 潮菇。

（八）病虫害防控

大球盖菇抗杂菌能力很强，一般不受霉菌侵害。若在田间偶尔发生竞争性杂菌，如鬼伞等，直接拔除即可。危害大球盖菇的常见害虫有螨类、跳虫、菇蚊、蛞蝓等，其防控方法请参见上述相关章节。

第十九章
金福菇生产技术

图 19-1　金福菇子实体

金福菇又名大口蘑、洛巴口蘑等（图 19-1）。金福菇营养丰富，每 100 克干菇中含蛋白质 36.59 克、脂肪 4.26 克、多糖物质 11.59 克、粗纤维 9.43 克、铁 33.21 毫克、钙 49.34 毫克、锌 37.08 毫克、硒 0.051 毫克、维生素 C 24.5 毫克、维生素 B_1 0.248 毫克、维生素 B_2 2.12 毫克，具有提高免疫调节、抗肿瘤、抗高血压等作用。菇体肥厚白嫩，味微甜而鲜美，口感奇佳，且耐贮性好。其营养价值和药用价值已经被人们认识，很受消费者欢迎。

印度人 1982 年报道以稻草为基质首次人工栽培金福菇成功，1991 年报道了稻草覆土栽培金福菇的新方法。在我国，郭美英于 1998 年首次开展了金福菇人工驯化栽培研究。20 世纪末，我国台湾和日本已经小批量生产金福菇。之后，不断拓宽了栽培原料，降低了生产成本；栽培方式从棚室栽培扩展到田间栽培，与蔬菜、果树等经济作物进行套种。金福菇栽培技术简单，成本低廉，产量高，见效快，目前作为"短、平、快"项目已在国内很多地区推广应用。

一、基本生育特性

（一）营养需求

金福菇属腐生菌，营腐生生活特性。稻草、棉籽壳、玉米芯、杂木屑等可满足金福菇对营养物质的需求，这些物质可用作金福菇的栽培原料。

（二）环境需要

1. 菌丝体生长

（1）**温度**　金福菇菌丝生长的温度范围为 15～38℃，最适温度为 25～30℃。

（2）**光线**　金福菇菌丝生长不需要光照，可在完全黑暗条件下正常生长。强烈光照会抑制菌丝生长，加速菌丝老化。

（3）**水分**　金福菇属喜湿性菌类，菌丝生长需要培养料的含水量为 60%～70%，最适含水量为 65% 左右。

（4）**空气**　金福菇属好气性菌类，菌丝生长需要有氧气供应。

（5）**酸碱度**　金福菇菌丝生长环境 pH 值范围为 4～8.5，最适 pH 值为 6～7。

2. 子实体形成生长

（1）**温度**　金福菇属于高温恒温型结实性真菌，子实体形成和生长需要的温度范围为 20～33℃，最适温度为 25～30℃。在适宜温度范围内，小菇蕾发生数量多，质量好，成菇率高。低于 20℃或高于 33℃，均不能形成菇蕾。已经形成的菇蕾，在超过 35℃或低于 18℃条件下，会变色甚至死亡。在适宜温度范围内，温度低，菇蕾生长慢，但菇盖肥厚，菇柄粗壮，品质好，耐贮存；反之，温度高，菇蕾生长快，菇盖小薄，菇柄细长，容易开伞，品质变差。昼夜温差过大，往往难以形成菇蕾，不利于出菇。

（2）**光线** 金福菇的菇蕾形成和子实体生长需要一定散射光照刺激，最适宜的光照强度为 200～800 勒。适宜的散射光照能促进菇蕾形成和菇体良好生长，较微弱的散射光可使菇体鲜嫩、肥胖，过强光线会抑制菇蕾生长、菇体颜色变淡，外观较差。室外利用荫棚作菇房时，以"三分阳、七分阴"的遮光程度即可。室内栽培时，室内的亮度保持在以能勉强看清楚报纸上的字为度。

（3）**水分及空气湿度** 金福菇子实体形成和发育阶段，需要覆土层含水量为 20%～22%，环境空气相对湿度在 85%～95%。若空气相对湿度低于 85%，则不易形成菇蕾。

（4）**空气** 金福菇子实体生长发育阶段，需要较多的氧气供应。

（5）**土壤** 金福菇属土生菌。菇蕾形成及菇体生长发育需要土壤刺激，这可能与土壤中微生物和微量元素有关。菌丝长得再好，若无覆土刺激，则不会出菇。塘泥土、稻田土和菜园土等可作为金福菇出菇的覆土材料。

二、优良品种

（一）主要栽培品种

我国生产上栽培的金福菇品种主要有金福菇 Tg505、金福菇 506、金福菇 9 和金福菇 10 等。

（二）品种特征特性

1. 金福菇 Tg505 菌柄粗壮，上小下大，菌盖厚；可出 3 潮菇，3 潮菇出菇整齐，出菇总产量为 35.6 千克 /100 袋，其中第一潮出菇量大，为 21.31 千克 /100 袋，占总产量的 59.86%。

适合代料覆土栽培，适宜于广西柳州及相似生态区栽培，可 4 月中旬接种，5 月初覆土，7～9 月出菇。

2. 金福菇 506 菌柄细长，菌盖薄，第一潮菇小菇多而密，商品菇个体小，可出 3 潮菇，第二、第三潮菇菇形较好，出菇整齐，出菇总产量为 38 千克 /100 袋，其中第二潮出菇量大，为 23.56 千克 /100 袋，占总产量的 62%。适合代料覆土栽培，适宜于广西柳州及相似生态区栽培，可 4 月中旬接种，5 月初覆土，7～9 月出菇。

3. 金福菇 9 子实体乳白色，菌盖半球形，菌柄长棒形。出原基早，生物学效率高达 83.45%。子实体外观形态适合市场需求，菇体商品率较高，约 89.8%。抗性强。耐贮存性好，在 10℃条件下，保鲜期可达 1 个月，不变色，不变味。可作为北方夏季高温出菇当家品种，可在 4 月接种。

4. 金福菇 10 子实体乳白色，菌盖半球形，菌柄长棒形。出原基早，生物学效率高达 82.5%。子实体外观形态适合市场需求，菇体商品率较高，约为 88.37%。抗性强。耐贮存性好，在 10℃条件下，保鲜期可达 1 个月，不变色，不变味。可作为北方夏季高温出菇当家品种，在 4 月接种。

三、熟料脱袋覆土栽培关键技术

金福菇的熟料脱袋覆土栽培（图 19-2，图 19-3），是指将培养料装入塑料袋中灭菌后，接入菌种，菌丝长满料袋，脱去袋子，覆盖土壤，让金福菇长出子实体的过程。熟料脱袋覆土栽培相对于发酵料栽培而言，具有受杂菌污染少、制袋成品率高、菇体产量和质量较为稳定等优点，非常适合我国广大农村尤其是南方高温高湿地区推广应用。其生产技术流程为：原料准备→建堆发酵→拌料装袋→灭菌接种→发菌管理→脱袋覆土→出菇管理→采收加工。

图 19-2　金福菇菌袋口覆土出菇

图 19-3　金福菇菌棒覆土出菇

（一）季节安排

我国南方地区，春季栽培，一般安排在 3 月上旬至 4 月中旬接种，5～7 月出菇；秋季栽培，一般安排在 7 月上中旬至 8 月下旬接种，9～10 月出菇。北方地区，夏天高温季节可栽培金福菇，安排在 5～6 月接种，7～9 月出菇。

（二）原料准备

1. 基质配方

①玉米秆或玉米芯 80%，麦麸或玉米粉 16%，过磷酸钙 1.5%，石膏 1.5%，石灰 1%。

②木薯乙醇废渣 80%，甘蔗渣 8%，麦麸或米糠 8%，石灰 2%，过磷酸钙 1%，石膏 1%。

③棉籽壳 70%，豆饼粉 15%，麦麸 10%，尿素 1%，石灰 2%，过磷酸钙 1%，石膏 1%。

④棉籽壳 70%，麦麸 12%，木屑 10%，益菇粉 7%，石灰 1%。

⑤玉米芯 66%，桑枝 30%，石灰 2%，过磷酸钙 1%，石膏 1%。

⑥野什草 60%，棉籽壳 23%，麦麸或玉米粉 15%，石膏 1%，石灰 1%。

⑦杂木屑 55%，棉籽壳 23%，麸皮或玉米粉 20%，石膏 1%，石灰 1%。

⑧棉籽壳 55%，桑枝屑 20%，稻草 10%，米糠 10%，石灰 3%，过磷酸钙 1%，石膏 1%。

⑨甘蔗渣 50%，棉籽壳 31%，麦麸或米糠 15%，石灰 2%，过磷酸钙 1%，石膏 1%。

⑩稻草绒 50%，杂木屑 31%，麦麸或米糠 15%，石灰 2%，过磷酸钙 1%，石膏 1%。

⑪棉籽壳 43%，稻草绒 43%，麦麸或米糠 10%，石灰 2%，过磷酸钙 1%，石膏 1%。

⑫菌糠 40%，棉籽壳 37%，麦麸 20%，石灰 2%，石膏 1%。

2. 原料要求　所选原料应充分晒干，最好经曝晒以杀虫杀菌。稻草、玉米秆、玉米芯等要求粉碎。要求有机物原料新鲜、干燥、不发霉、不腐烂，无机物原料为正品。

3. 备齐原料　根据本地原料来源情况，选定使用的基质配方，按照使用塑料筒料袋规格（折径×长度×厚度）为（17～23）厘米×45 厘米×0.0045 厘米、装干料量为 0.5～0.9 千克/袋，以及拟栽培袋数规模，估算出所需各种原料，准备齐全。

（三）建堆发酵

1. 预湿拌料　先将配方中的棉籽壳、玉米芯、杂木屑等主料用干净水进行预湿 12～24 小时，让原料吸足水分；然后加入过磷酸钙、石灰、石膏等辅料，充分拌匀后建堆发酵。

2. 建制料堆　金福菇属于草腐菌，直接将培养料灭菌后接种菌丝也能生长，但长势较弱，需要对培养料进行发酵处理，让菌丝很好地生长。将培养料堆码成堆宽 1～2 米、堆高 1～1.5 米、长度不限的龟背状长条料堆。将培养料拍压紧实后，用直径 4.5 厘米的木棒在料堆上每隔 50 厘米自上而下插出通气孔。盖上塑料薄膜，最好在料堆上用竹条或铁丝拱成棚架后，再在棚架上盖膜。

3. 料堆管理　每天掀开盖膜通风 3～5 次，10 分钟/次，让新鲜空气进入料堆，以促进培养料中微生物进行有氧发酵。当料堆 20 厘米深处温度达到 65℃时，持续 24 小时后进行第一次翻堆，将处于上下、左右、内外位置的料互换位置，然后再重新建堆，同样要在料堆上打通气孔。当料温达到 65℃以上时，进行第二次翻堆。如此反复，共翻堆 2～3 次，时间 7～10 天。

（四）拌料装袋

当培养料变为褐色、具有特殊香味、料面布满白色菌丝时，就可散堆降温，充分拌匀，调整培养料含水量在 65% 左右，pH 值至 7.5～8，然后进行装袋。使用塑料筒料袋规格（折径×长度×厚度）为（17～23）厘米×45 厘米×0.0045 厘米。一般，装干料量为 0.5～0.9 千克/袋，湿料量为 1.5～2.5 千克/袋。采取手工装袋和装袋机装袋均可。要求装料松紧适度，以培养料紧贴袋壁为宜；当天装袋，当天灭菌。

（五）灭菌接种

1. 灭菌方法　可采用常压灭菌灶对培养料进行灭菌。将料袋装入灭菌仓后，开始大火力加热，在 5 小时内迅速地让水温上升至 100℃，产生高温蒸汽；再用微火力加热，维持 100℃下 10～12 小时（因料袋装量不同而有所差异）；再用猛火加热 5～10 分钟后，停火。停火之后，料袋不要急于下锅，让料袋继续在灭菌仓内闷 4～6 小时，最好闷一个晚上之后，才开仓取袋，料温降至 30℃时即可进行接种。

2. 接种方法　接种方法与其他袋料栽培食用菌相同，请参照上述相关章节。

（六）发菌管理

1. 发菌室（棚）准备　用于金福菇菌丝培养的发菌室（棚）的选址和搭建，可参照平菇的"发菌室（棚）准备"。

彻底打扫室（棚）内清洁卫生，喷洒杀菌杀虫剂，关闭门窗，用气雾消毒剂熏蒸。

2. 堆码菌袋　将接种后的栽培袋整齐地堆码。在地面或床架上堆叠时，要注意在高温季节不宜超过 3 层，以免高温烧袋。

3. 环境调控　发菌室（棚）内保持黑暗状态，空气相对湿度不超过 70%。前 3 天，将发菌室（棚）的温度调控在 25～30℃，可不通风，以促进种块尽快萌发新菌丝，将接种口覆盖封住，有利于减少杂菌污染。气温高于 30℃时，早、晚各通风 1 次，1 小时 / 次，应注意避免阳光直射菌袋。

每 7 天翻堆 1 次，发现有杂菌污染的菌袋应及时拣出、隔离并处理掉。一般，金福菇菌丝培养 20～35 天，菌丝可长满料袋。再继续培养 10 天，让菌丝在袋内进行后熟，促进菌丝对培养基充分分解、积累养分，利于幼菇快速生长。

（七）脱袋覆土

1. 整地做畦　可在室外搭建荫棚，作为金福菇栽培的出菇用房，应选择背风、无白蚁活动、有清洁水源、排水方便的地块，作为菇房建设用地。若为了有效利用土地，则可在菇房内搭建分层床架，作为排放菌袋的菌床，其床架大小和架层间距要求便于操作即可。若在荫棚内直接埋袋覆土出菇，则可在搭建荫棚之前，对地块进行如下整地做畦作业。

（1）**翻挖暴晒**　用旋耕机将地块进行旋耕翻挖，使土壤疏松；暴晒 3～5 天，让阳光中紫外线杀死土壤中部的杂菌和害虫，以减少病虫基数，有利于降低出菇期间病虫害发生程度。

（2）**平地做畦**　将地块平整，制作宽 0.5～1 米、深 15～25 厘米、长度不限的畦床，畦床之间间距 60 厘米，作为作业走道，还可作为排出畦床上多余积水的排水沟。地块四周挖排水沟。

（3）**消毒杀虫**　畦床做好后，在畦面及四周撒一层石灰粉，进行消毒处理，杀灭和控制畦床及周边部分杂菌，以减少后期杂菌和病害发生；喷施杀虫药剂，以减少后期害虫危害。

2. 覆土准备 可选择稻田土、玉米田土、棉花田土、菜园土、草皮土等作为金福菇出菇的覆土材料。将土块破碎成粗土粒直径 1.5～2 厘米，细土粒直径 0.5～1 厘米，粗细比例应为（35～65）∶100。

暴晒消毒杀虫。将土粒平摊于地面上，盖上透明塑料薄膜，让阳光暴晒 1～3 天，翻动 1～2 次/天，膜内温度可达 50℃，对减少覆土中的害菌和害虫基数具有较好效果。

药剂消毒杀虫。按照每立方米使用 5 千克 40% 甲醛兑水 100 升的剂量，均匀喷洒在土粒上；同时，喷洒杀虫剂和杀螨剂，用塑料薄膜密闭熏蒸 1～3 天后，揭去薄膜，摊开土堆 3～5 天，让土粒中药气充分散发后再用于覆土。

3. 脱袋覆土 先用利刀划破塑料袋，剥去塑料袋，取出裸菌棒；然后，将菌棒整齐地竖直或横卧摆放于畦床内，竖排与横排的出菇产量无显著差异。先用准备好的覆土材料填满棒间缝隙，再在菌棒表面覆土，覆土层厚 2.5～3.5 厘米，需用粗细土粒约 25 千克/米^2。要求覆土面较为平整，利于将来出菇整齐。

（八）出菇管理

将菇房温度控制在 26～30℃；给予一定散射光，保持荫棚菇房内"三分阳、七分阴"。结合喷水进行菇房通风换气，让环境中有充足氧气供应。

覆土后的第三天，向覆土层喷一次重水，以后每天向上面轻喷雾状水，让土壤保持湿润即可。一般，覆土后 15 天，菌丝长满畦床并开始扭结形成原基，这时切忌喷水过多，以免菇蕾大量黄化死亡、降低成菇率。大量菇蕾逐渐长大期间，重点保持覆土湿润就行。空气干燥时，适当喷雾状水。当菇体长 3 厘米时，就要加大喷水量，喷水 1～2 次/天，保持空气相对湿度在 90%～95%；当菇体进入成熟期时，减少喷水量，以避免烂菇。

（九）采收加工

1. 采收适期　菇体菌柄长 15 厘米左右、菌盖尚未完全开伞时采收，品相最好。

2. 采摘方法　由于金福菇子实体丛生，每丛菇中有大有小且基部连接在一起，所以可以采大留小：用干净利刀小心翼翼地将大菇切下采收，注意不要伤及小菇，暂时保留小菇。小菇也不要留太长时间，尽量在几天之内采收。

3. 采后管理　采菇后，将残留于土中的菇脚及附近老化菌丝清除掉，用细土将料面填平，停止喷水，养菌 5 天后再继续浇水进行出菇管理，14～18 天后可出第二潮菇。若管理得当，一般可出 3～4 潮菇，每潮菇 20 天左右，生物学效率可达 70%～100%。

（十）病虫害防控

在金福菇栽培过程中，容易遭受常见的霉菌污染和菇蚊、菇蝇、螨类和蛞蝓的危害。其防控方法请参见上述相关章节。

第二十章
绣球菌生产技术

图20-1　绣球菌子实体

绣球菌又名花椰菜菇、花瓣茸等（图20-1）。黄建成等（2007）测得绣球菌子实体粗蛋白质含量为12.9克/100克，与灵芝相当；其氨基酸种类较齐全，必需氨基酸总量为3.77克/100克，氨基酸总量高于普通食用菌子实体，如松口蘑、香菇、双孢蘑菇。8种必需氨基酸占氨基酸总量的37.97%。Shin等（2007）报道绣球菌子实体每100克含有钾1 299.44毫克，磷104.73毫克，钠98.21毫克，镁54.86毫克，钙8.39毫克，铁7.61毫克，锌6.37毫克，铜1.31毫克和锰0.63毫克。20种氨基酸中谷氨酸含量最高（1 960毫克/100克），8种维生素中维生素E含量最高（408.5毫克/100克）。绣球菌有茴香气味，鲜美异常，与青椒共炒可与肉丝相媲美。具有抗肿瘤、提高免疫力、促进伤口愈合等作用。

日本在20世纪90年代将绣球菌栽培成功，是首次人工栽培绣球菌的国家，称之为"梦幻神奇的菇"，并进入商业化生产。之后韩国绣球菌人工栽培成功。我国是掌握绣球菌栽培技术的第三个国家。目前在国际上正在掀起一股绣球菌研发热潮，日本、韩国、美国等高度重视对其的研究、开发和应用，市场上已经出现绣球菌药品、保健品和化妆品等。尽管我国绣球菌人工栽培起步较晚，但近年来，福建、浙江、四川、山东、吉林等省先后栽培试验，取得了突破性进展，福建、浙江等地已经规模化生产绣球菌，产品市场价格高，主要销往大中城市。目前绣球菌生产，主要采取熟料栽培，栽培容器有塑料袋和塑料广口瓶。

一、基本生育特性

（一）营养需求

绣球菌属腐生菌，营腐生生活特性。木屑、玉米芯等可满足绣球菌对营养物质的需求，这些物质可用作绣球菌的栽培原料。

（二）环境需要

1. 菌丝体生长

（1）**温度** 绣球菌菌丝生长的温度范围为 10～30℃，最适温度为 24～26℃。

（2）**光线** 绣球菌菌丝生长对光线需要不严格，在黑暗条件下可正常生长。

（3）**水分** 绣球菌菌丝生长需要培养料的含水量为 55%～62%。

（4）**空气** 绣球菌菌丝生长需要新鲜空气，需要空气中二氧化碳浓度在 0.3% 以下。

（5）**酸碱度** 绣球菌菌丝生长需要环境 pH 值范围为 3.5～7，最适 pH 值为 4～5。

2. 子实体形成生长

（1）**温度** 绣球菌原基形成适宜温度为 20～22℃，子实体发育温度为 15～20℃，最适温度为 17～19℃。

（2）**光线**　绣球菌子实体形成需要光诱导，需要的光照强度为 800～1 500 勒。

（3）**水分及空气湿度**　绣球菌菌丝原基形成需要环境空气相对湿度在 85%～90%，子实体发育期需要适宜空气相对湿度在 95% 以上。

（4）**空气**　绣球菌原基形成与发育阶段，需要较多新鲜空气，以免菇体因缺氧枯萎。

二、优良品种

（一）主要栽培品种

我国生产上栽培的绣球菌品种主要有绣 12、绣 396 等。

（二）品种特征特性

1. 绣 12　菌丝生长势好、旺盛浓密，培养期间无污染现象，原种满袋时间为 62 天，栽培袋满袋时间为 74 天，继续培养 46 天现蕾；子实体乳白色，直径 17.3 厘米，平均单产 198.4 克／袋。

2. 绣 396　培养 48 天后出现子实体原基，子实体黄白色，成熟时平均子实体直径 16.5 厘米，平均单产 179.2 克／袋。

三、熟料袋栽关键技术

绣球菌的熟料袋栽（图 20-2），是指将配制的培养料装入塑料袋内进行灭菌，然后接种、进行发菌管理和出菇管理的过程。其生产工艺流程为：原料准备→菌袋生产→发菌管理→出菇管理→采收加工。

图20-2 绣球菌出菇

（一）季节安排

我国南方地区，一般在秋末栽培。各地可根据自身实际情况，适当配备温控设施，有利于控制发菌和出菇温度，提高栽培效果。

（二）原料准备

1. 基质配方

①木屑70%，玉米粉28%，碳酸钙2%。

②木屑78%，玉米粉10%，面粉10%，糖1%，碳酸钙1%。

③玉米芯70%，米糠28%，糖1%，碳酸钙1%。

④木屑76%，麦麸18%，玉米粉2%，蔗糖1.5%，石膏1.5%，过磷酸钙1%。

⑤木屑56%，棉籽壳25%，麦麸16%，石灰1.5%，石膏1.3%，磷酸二氢钾0.2%。

⑥木屑38%，玉米芯22%，黄豆秆或棉花秆20%，麦麸16%，玉米粉3%，碳酸钙1%。

2. 备齐原料 盛装基质的料袋可使用聚乙烯塑料筒袋，规格（折径×长度）为15厘米×45厘米，按照装干料量0.7～0.8

千克/袋、选定使用的基质配方中各种原料的比例和拟生产袋数规模，估算出所需各种原料，准备齐全。

（三）菌袋生产

1. 拌料装袋 按配方比例称取原料、辅料，先将主料预湿后，均匀撒入麸皮、石膏等辅料，拌匀，拌料用的水分批泼入料中，再充分搅拌均匀，培养料含水量控制在 60% 左右。

装料松紧适度、均匀一致，在培养料中间打孔至袋底。用丝膜将两头袋口扎紧，或套塑料颈环用纸封好口。可采用装袋机进行培养料装袋，省力、快速、效率高。

2. 料袋灭菌 一般采用常压蒸汽灭菌方法对料袋进行灭菌。料袋装锅时，袋与袋之间要留有间隙，让蒸汽能较好流通。加温灭菌时，要先排放冷气，要求灭菌锅内温度在 4 小时内达到 100℃，然后开始计时，一般维持 100℃状态 12～14 小时（因灭菌灶装量而定，装量多时间长些，装量少时间短些）。灭菌后，料袋趁热出锅，搬运到已消毒的接种室中。

3. 料袋接种

（1）接种室（箱）消毒 用卫生消毒剂喷雾消毒接种室（箱）后，将料袋放入接种室（箱），待料温降至 30℃以下后，用气雾消毒剂熏蒸（接种室 2～3 小时，接种箱 40 分钟）。接种前 30 分钟，再用卫生消毒剂喷雾消毒。

（2）接种方法 待料温降至 30℃左右时，趁热搬进接种箱或接种室中，连同接种用具做消毒杀菌后再进行接种作业。接种方法：先取下菌种瓶（袋）棉塞，让菌种瓶（袋）口靠近火焰；再取下料袋棉塞，左手捏住料袋，右手将接种铲灼烧冷却后，迅速地铲取菌种块移接至料袋内，稍压实让菌种与培养料紧密接触，然后在火焰上方塞紧料袋棉塞。如此反复，一般接种量为25～30 袋/瓶（750 毫升容量）。

（四）发菌管理

1. 发菌室（棚）消毒 用于绣球菌菌丝培养的发菌室（棚）的选址和搭建，可参照平菇的"发菌室（棚）准备"。

彻底打扫室（棚）内，保持清洁卫生，喷洒杀菌杀虫剂，关闭门窗，用气雾消毒剂熏蒸。

2. 墙式码袋 将接种后的菌袋搬进发菌室（棚），呈墙式堆叠，可堆 8～10 袋高度，菌袋墙与墙之间留 70 厘米左右的走道。发菌室（棚）内搭建有床架的，也可将菌袋排放于床架上进行发菌。

3. 环境调控 接种后的前 3 天，可将培养室（棚）内环境温度控制在 28℃，促进种块萌发菌丝，尽快定植吃料和蔓延，同时绣球菌菌丝也尽早封住穴口，利于减少杂菌污染。从第四天开始，将培养室（棚）内环境温度控制在 23～26℃，空气相对湿度控制在 60%～65%；开启门窗通风换气，空气中二氧化碳浓度保持在 0.3% 以下。菌丝培养前 30 天左右，在遮光或弱光环境下让其生长，35 天后菌丝吃料至 6～7 厘米、料面菌丝开始向上爬壁时，给予 300～500 勒散射光照刺激，以促进菌丝从营养生长转向生殖生长。

（五）出菇管理

1. 场地准备 空闲房屋、塑料大棚和草棚等均可作为出菇场地。对场地进行杀菌杀虫处理。出菇搭建层架，提高场地利用率。层架长、宽、层数及层间距，依出菇场地而定，架间距 60～70 厘米，以操作方便、有利于出菇为宜。具体的出菇场地选址与搭建、菇房内外清洁、杀虫灭菌等处理方法见平菇栽培的相应内容。

2. 菌袋排放 将菌丝长满袋的菌袋移入菇房，采用立式排袋方式进行摆放。

3. 催促原基 绣球菌菌丝在料袋中经过 30～40 天的发菌后，就可以将菌袋搬进菇房，采取诱导措施催促其原基形成。菇房内温度控制在 21～23℃，空气相对湿度控制在 80%，光照强度为 500～800 勒，继续培养 30 天左右，可见菌袋袋口菌丝扭结形成绣球菌原基。随着时间推移，经过约 20 天，原基不断长大，表面吐出水珠，会分化出小叶片状子实体。

4. 环境调控 将菇房内温度控制在 16～20℃，空气相对湿度控制在 90%～95%，光照强度为 800～1 000 勒，让子实体发育成花球状，一般培养 20～30 天，子实体发育成熟。

（六）采收加工

一般，绣球菌子实体的叶片展开、边缘波浪状、背面略显白色"绒毛"、整朵花球白色健壮、叶片颜色由白色转向淡黄色时，即可采收。

采摘的绣球菌子实体可直接上市鲜销，一般在 3～5℃下可保鲜 15 天左右。也可在 35～60℃温度范围内，烘烤成干品，呈黄褐色，香气浓郁。

第二十一章
羊肚菌生产技术

羊肚菌又名羊肚菜、阳雀菌、包谷菌、蜂窝蘑、麻子菌等（图21-1），是羊肚菌属所有种类的总称。羊肚菌营养丰富，据测定，每100克干菇中含蛋白质25.34克、脂肪4.4克、糖类（碳水化合物）39.7克、维生素 B_1 3.92毫克、维生素 B_2 24.6毫克、烟酸82毫克、泛酸8.27毫克、维生素 B_6 5.8毫克、生物素0.75毫克、叶酸3.48毫克、维生素 B_{12} 0.00362毫克，均优于其他食用菌。肉质脆嫩，味道鲜美。《本草纲

图21-1 羊肚菌子实体

目》中对羊肚菌有"益肠胃，化痰利气"的记载。民间素有"年年吃羊肚、八十照样满山走"的说法。欧洲人认为是仅次于块菌的美味食用菌。

早在1889年，Baron用羊肚菌子实体的碎块作菌种栽培过羊肚菌。美国人R.Ower于1982年报道了人工栽培羊肚菌。近年来，我国有不少单位和个人开展羊肚菌人工栽培研发工作，在不同程

度上取得了研发业绩。四川省农业科学院土壤肥料研究所于 2010 年在羊肚菌人工大田栽培方面取得突破性进展，实现了羊肚菌商业化栽培的成功；经省农业农村厅组织专家组测产，2015 年在甘孜州康定市大棚栽培实现 508 千克 / 亩的最高纪录；2016 年在新都基地稻菌水旱轮作羊肚菌生产示范，实现 464.5 千克 / 亩。目前，全国许多地区在开展羊肚菌栽培试验、示范和生产。

一、基本生育特性

（一）营养需求

羊肚菌对基质利用的类型或者营养方式，目前有多种观点，还没有达成共识。目前广泛栽培的梯棱羊肚菌属于腐生型真菌。国内羊肚菌田间实际栽培，是将菌种播于土壤中，在菌丝长至土面适当时候放置外源营养袋，进行恰当温光水气管理，使其出菇。这至少说明了羊肚菌需要土壤或土壤中某些物质才能出菇，同时营养袋内物质被羊肚菌菌丝加以利用了。

（二）环境需要

1. 菌丝体生长

（1）**温度** 羊肚菌菌丝能在 10～20℃温度范围快速生长，最适生长温度为 15～20℃。

（2）**光线** 羊肚菌菌丝体生长不需要光照，菌丝在暗处或微光条件下生长较快；光过强则会抑制菌丝生长。

（3）**水分** 羊肚菌属喜湿性菌类，菌丝喜欢在较湿润的环境中生长，菌丝生长需要培养料适宜含水量为 60%～65%，覆土层土壤含水量需要达到 15%～25%。

（4）**空气** 羊肚菌属好气性菌类，菌丝生长需要氧气供应。土壤含水适宜、土质疏松、土粒中存有空气，利于菌丝生长。

（5）**酸碱度**　羊肚菌喜欢中性或微碱性的生活环境，菌丝生长环境 pH 值范围为 6.8～8.5。菌丝生长需要土壤 pH 值为 6～8，最适土壤 pH 值为 6.5～7.5。

2. 子实体形成生长

（1）**温度**　羊肚菌属低温型结实性真菌，子实体生长温度范围为 8～22℃，最适温度为 15～18℃。4℃以下低温刺激 1 周以上有利于菌丝分化原基。10℃以上温差刺激对子实体形成非常必要。原基形成期及幼菇生长阶段抗逆性差，对低温、高温及温度变化极为敏感。

（2）**光线**　羊肚菌子实体形成和生长发育需要一定散射光照，一般需要"半阴半阳"的光照程度。覆盖物过厚、树林荫蔽度过大或太阳直射的地方都不适宜羊肚菌子实体生长。

（3）**水分及空气湿度**　羊肚菌子实体形成和发育阶段，需要土壤保持湿润，但土壤含水量过低或过高会严重影响菌丝生长和子实体发育。适宜空气相对湿度为 85%～95%，空气相对湿度低于 70% 时，菇体会因失水干枯甚至死亡。

（4）**空气**　羊肚菌在子实体分化发育阶段，需要空气新鲜，氧气充足。环境空气中二氧化碳含量低于 400～600 微升 / 升有助于子实体快速发育。若栽培环境通风不良，空气中二氧化碳含量过高，则子实体发育受阻，发育不良，会出现菇体瘦小、畸形，甚至死亡。

二、优良品种

（一）审定品种

近年，许多提供羊肚菌栽培菌种的单位或个人，多为自行取名或编取代号。目前，四川省农业科学院土壤肥料研究所审定的品种有川羊肚菌 1 号、川羊肚菌 3 号、川羊肚菌 4 号。

（二）品种特征特性

1. 川羊肚菌1号　梯棱羊肚菌。子实体散生或群生；子囊果黑色、尖顶，长4～6厘米，宽4～6厘米，有蜂窝状凹陷、似羊肚状；菌柄中生、白色，长5～7厘米，粗2～2.5厘米，有浅纵沟，基部稍膨大。子实体生长温度范围为5～20℃，最适生长温度为10～15℃。平均单产不低于0.42千克/米^2。适合大田覆土栽培，适宜于四川及相似生态区栽培，适宜在11～12月播种，翌年2～3月出菇。

2. 川羊肚菌3号　梯棱羊肚菌。子实体单生或丛生；子实体中等，8～15厘米；子囊果不规则圆锥形或长圆形，长4～6厘米，宽2～4厘米，表面形成许多凹坑，似羊肚状，浅棕色；柄白色，中空，长5～7厘米，粗2～2.5厘米，有浅纵沟，基部稍膨大。子实体生长温度范围为5～20℃，最适生长温度为10～15℃。平均单产为0.615千克/米^2。适合大田覆土栽培，适宜于四川及相似生态区栽培，适宜在11～12月播种，翌年2～3月出菇。

3. 川羊肚菌4号　梯棱羊肚菌。子实体单生或丛生；子实体较小或中等，5～10厘米；子囊果不规则圆形或卵圆形，长3～5厘米，宽2～4厘米，表面形成许多凹坑，似羊肚状，深棕色或黑色；柄白色，中空，长4～6厘米，粗1.5～2厘米，有浅纵沟，基部稍膨大。子实体生长温度范围为5～20℃，最适生长温度为10～15℃。平均单产为0.6千克/米^2。适合大田覆土栽培，适宜于四川及相似生态区栽培，适宜在11～12月播种，翌年2～3月出菇。

三、田间荫棚栽培关键技术

羊肚菌的田间荫棚栽培（图21-2），简称大田栽培，是指在室外农田旱地上搭建荫棚，棚内地面整地做畦，将羊肚菌菌种直接播种于畦床内，覆盖土壤，待菌丝长至土面适当时候放置外源营养袋，进行恰当温光水气管理，让其羊肚菌子实体发生的过程，属于无基料栽培方式。此外，在畦床中铺放腐熟培养料或灭过菌的培养料，再播种羊肚菌菌种，其他做法同无基料栽培方式一样，这属于基料栽培方式。

图21-2　羊肚菌出菇

生产上多采取无基料栽培，其生产工艺流程为：场地选择→整地做畦→播种覆土→搭建荫棚→摆袋补养→淋水催蕾→出菇管理→采收菇体。下面主要借鉴四川省农业科学院土壤肥料研究所研发羊肚菌栽培技术，并参考其他相关资料，来介绍羊肚菌大田荫棚栽培技术。

（一）季节安排

播种期选在温度稳定在10～18℃期间。四川盆地及类似区域播种期一般安排在11月上旬至12月上旬，出菇期为翌年2月中旬至3月底。高海拔地区需根据当地温度情况提前至10月左右播种，出菇时间较平原、丘陵地区有所推迟，但出菇周期较长。北方地区，如山东、河南、陕西等地10月上中旬播种，翌年5月下旬采菇结束。

（二）场地选择

羊肚菌的栽培场地，以选择地势平坦、水源充足、排灌方便、无污染源、土壤肥沃且疏松透气的田地为宜。如可选择耕作农田、旱地、乔木树林地（果园林地等）作为羊肚菌的栽培场地。

（三）整地做畦

1. 翻耕晾晒　对选定的栽培场地，在播种前 1 个月进行翻耕，将土壤疏松、土块打细，让阳光充分暴晒，可有效杀灭土壤中的杂菌，以降低杂菌对羊肚菌的危害程度。

2. 整地做畦　平整土地，做成畦床宽 0.8～1.2 米，长度不限；畦床留宽 40～50 厘米、深 10～25 厘米的作业道，既方便浇水、采菇等管理作业行走，又可排放畦面积水。干燥、排水良好的地块可做低畦，排水不良及黏质土壤应做高畦防止畦面积水。

（四）播种覆土

播种方式可条播或撒播。条播方式为顺着畦面开 2～3 条播种沟，沟深 5～8 厘米；撒播方式为畦面宽度控制在 80 厘米，沟宽 60 厘米，不开播种沟。将羊肚菌栽培种（500 瓶/亩）加拌种剂（浓度 2‰）拌湿混匀后，均匀地播种在沟内或畦面上，播种后覆盖土壤，覆土厚 3～5 厘米，整平厢面。

（五）搭建荫棚

可利用已有的温室大棚直接进行栽培。否则，应搭建平棚或拱棚的荫棚，可建 2 米高的中棚或者高约 75 厘米、宽约 1.1 米的矮棚，荫棚长度依地块长度而定，但不宜超过 80 米，以免影响通风。棚外覆盖一层遮阳网，以遮挡阳光直射，遮阳网密度可根据当地光照强度进行选择，以营造棚内光照强度"半阴半阳"为宜。长江以北地区宜建拱棚，以抵御风雪袭击。

（六）摆袋补养

1. 营养袋的制作

（1）**基质配方**　小麦 100%，或者小麦 85%～90%、谷壳 10%～15%。

（2）**制作方法**　先用干净水浸泡小麦、谷壳，让其充分吸水，再取出并沥去表面水分，然后加入1%的石灰和1%的石膏，充分拌匀。将基质装入聚乙烯塑料袋中，料袋使用规格（折径×长度×厚度）为12厘米×24厘米×0.0035厘米或15厘米×33厘米×0.0035厘米。采用食用菌培养料灭菌常规方法，对营养袋进行灭菌处理后备用，这就做成了营养袋。有人将营养袋又称为外源营养袋、转化袋等。

2. 摆袋补充营养

（1）**补养适期**　播种15～25天后，当可见覆土层上长有像冬天打霜一样的白色"菌霜"后1～2周，需对羊肚菌菌丝体进行外源营养的补充，这时就应进行摆袋补养作业。

（2）**摆袋补养方法**　先用利刀将营养袋一面刺孔，再将刺孔那面紧贴畦床土壤表面、横卧摆放即可。一定要让有刺孔处的培养料与菌床上"菌霜"直接接触，以利于覆土层表面菌丝进入营养袋，吸收袋内营养成分，也向土壤内菌丝输送营养，同时对营养养分加以转化和利用。

（3）**田间管理**　摆袋后加强田间水分管理，每天喷水1～2次以保持土壤湿润，土壤含水量不低于18%，空气相对湿度在65%～80%，以免菌丝失水。保持棚内遮光率5%～10%。一般，7～10天就可见有大量羊肚菌菌丝不断从刺孔处爬入营养袋中，直至布满整个营养袋基质。

（七）淋水催蕾

1. 淋水适期　摆袋25～30天后，菌丝布满营养袋内基质，营养物质也逐渐地被转移至土壤中的菌丝体和菌核中。当气温稳定在8℃左右时，就可进入淋水催蕾管理作业。

2. 淋水催蕾方法　先将菌床上的营养袋取走，再向菌床上喷干净水，每天喷水量逐渐加大，直至厢面菌丝消失，浇1次透水但不能有积水，适当保持棚内有微弱散射光照，以催促羊肚菌原基形成、分化菇蕾。

（八）出菇管理

出菇期棚内温度控制在 8～20℃，适宜空气相对湿度为 85%～90%，保持厢面土壤湿润，光照控制在"半阴半阳"状态，保持通风良好、空气新鲜。

（九）采收菇体

1. 采收适期 子实体出土后一般经过 7～10 天生长成熟。当羊肚菌蜂窝状的子囊果部分已基本展开、菇顶部开始变黄时，是最适采收期。

2. 采后管理 采收后应清理泥土，分级摆放，鲜销或干制。干品必须用塑料袋密封保存。

（十）病虫害防控

1. 病害防控 危害羊肚菌子实体的害菌主要有真菌和细菌。真菌性害菌使菇体表面长出白色霉状菌丝，导致菇体腐烂和畸形，严重影响产量和品质。细菌性害菌使菇柄腐烂发臭。主要预防措施：加强通风降湿，必要时在菇床上撒施生石灰，以避免菇床长时间处于高温高湿环境。

2. 虫害防控 危害羊肚菌的害虫主要有白蚁、蛞蝓和蜗牛。白蚁啃食播种于土壤中的菌种。主要预防措施：播种前翻土暴晒，或在土壤中施生石灰、草木灰或火烧泥土；发生白蚁危害时，可用 48% 乐斯本乳液 1 000～1 500 倍溶液喷雾防治。蛞蝓和蜗牛经常啃食羊肚菌幼蕾，发现后可采用多聚乙醛 300 克，加白糖 50 克、5% 砷酸钙 300 克，混合后拌豆饼 4 000 克，加水适量拌成团饼状，进行诱杀；或者用有效成分为四聚乙醛的商用颗粒药剂"蜗壳"等进行撒施杀灭。

参考文献

［1］全国食用菌品种认定委员会. 食用菌菌种生产与管理手册:《食用菌菌种管理办法》实施必读［M］. 北京：中国农业出版社，2006.

［2］张金霞，谢宝贵，上官舟建，等. 食用菌菌种生产规范技术［M］. 北京：中国农业出版社，2007.

［3］张金霞. 中国食用菌菌种学［M］. 北京：中国农业出版社，2011.

［4］黄年来，林志彬，陈国良，等. 中国食药用菌学［M］. 上海：上海科学技术出版社，2010.

［5］罗信昌，陈士瑜. 中国菇业大典［M］. 北京：清华大学出版社，2010.

［6］张金霞. 食用菌安全优质生产技术［M］. 北京：中国农业出版社，2003.

［7］张金霞，黄晨阳，胡小军. 中国食用菌品种［M］. 北京：中国农业出版社，2012.

［8］边银丙. 食用菌栽培学（第3版）［M］. 北京：高等教育出版社，2017.

［9］王娟娟，莉莉. 食用菌主要品种与生产技术［M］. 北京：中国农业科学技术出版社，2016.

［10］谭伟. 毛木耳优质菌种生产关键技术［J］. 食用菌，1997，19（4）：17.

［11］谭伟. 蘑菇麦粒菌种生产失败原因分析［J］. 食用菌，

1999, 21 (3): 18.

[12] 谭伟. 日本的食用菌菌种及其生产工艺 [J]. 国外食用菌, 1991 (4): 42-43.

[13] 谭伟, 郑林用. 食用菌栽培技术一点通 [M]. 成都: 四川科学技术出版社, 2009.

[14] 谭伟. 食用菌加工技术 [M]. 成都: 四川科学技术出版社, 2009.

[15] 何建芬, 王东明. 几个常见香菇品种营养成分的分析与评价 [J]. 食药用菌, 2011, 19 (4): 18-19.

[16] 黄年来. 中国香菇栽培学 [M]. 上海: 上海科学技术出版社, 1994.

[17] 谭琦, 宋春燕. 香菇安全生产技术指南 [M]. 北京: 中国农业出版社, 2012.

[18] 谭伟. 香菇优质生产技术 [M]. 北京: 中国科学技术出版社, 2017.

[19] 张寿橙. 花菇成因的探讨 [J]. 食用菌, 1984 (1): 26-27.

[20] 李玉. 中国黑木耳 [M]. 长春: 长春出版社, 2001.

[21] 张介驰. 黑木耳栽培实用技术 [M]. 北京: 中国农业出版社, 2010.

[22] 刘军. 黑木耳代用料优质高产栽培技术探究 [J]. 农业与技术, 2016, 36 (3): 87-89.

[23] 叶岚. 秦巴山区黑木耳代料栽培技术要点 [J]. 食用菌, 2015, (2): 49-50.

[24] 陈影, 姚方杰, 刘桂娟, 等. 黑木耳代用料栽培的注意事项和建议 [J]. 中国食用菌, 2010, 29 (2): 55-58.

[25] 申进文. 平菇栽培实用技术 [M]. 北京: 中国农业出版社, 2010.

[26] 李慧杰, 张季华. 平菇栽培技术 [J]. 特种经济动植

物，2013（12）：40-41.

［27］蔡为明. 双孢蘑菇栽培实用技术［M］. 北京：中国农业出版社，2011.

［28］宫志远. 金针菇栽培实用技术［M］. 北京：中国农业出版社，2011.

［29］谭伟，郭勇，周洁，等. 毛木耳栽培基质替代原料初步筛选研究［J］. 西南农业学报，2011，24（3）：1043-1049.

［30］谭伟，张建华，郭勇，等. 毛木耳微喷灌出耳水分管理效果的研究［J］. 西南农业学报，2011，24（1）：185-190.

［31］彭卫红，叶小金，苗人云，等. 毛木耳油疤病综合防控技术［J］. 四川农业与农机，2013（4）：42.

［32］张建华，谭伟，黄忠乾，等. 微喷灌在黄背木耳栽培中的应用［J］. 四川农业科技，2010（7）：37.

［33］黄忠乾，唐利民，郑林用，等. 四川毛木耳栽培关键技术［J］. 中国食用菌，2011，30（4）：63-66.

［34］胡清秀. 珍稀食用菌栽培实用技术［M］. 北京：中国农业出版社，2011.

［35］谭伟，郑林用，郭勇，等. 灵芝生物学及生产新技术［M］. 北京：中国农业科学技术出版社，2007.

［36］郑林用，魏银初，安秀荣，等. 灵芝栽培实用技术［M］. 北京：中国农业出版社，2011.

［37］宋金娣，曲绍轩，马林. 食用菌病虫害识别与防治原色图谱［M］. 北京：中国农业出版社，2013.

附 录

附表一 食用菌生产场所常用消毒剂和使用方法

名 称	使用方法	适用对象
酒 精	75%，浸泡或涂抹	接种工具、子实体表面、接种台、菌种外包装、接种人员的手等
紫外线灯	直接照射，紫外灯与被照射物距离不超过 1.5 米。每次 30 分钟以上	接种箱、接种台等，不应对菌种进行紫外线照射消毒
	直接照射，离地面 2 米的 30 瓦灯可照射 9 平方米房间，每天照射 2～3 小时	接种室、冷却室等，不应对菌种进行紫外线照射消毒
高锰酸钾＋甲醛	高锰酸钾 5 克／米^3＋37% 甲醛溶液 10 毫升／米^3，加热熏蒸。密闭 24～36 小时，开窗通风	培养室、无菌室、接种箱
高锰酸钾	0.1%～0.2%，涂抹	接种工具、子实体表面、接种台、菌种外包装等
酚皂液（来苏尔）	0.5%～2%，喷雾	无菌室、接种箱、栽培房及床架
	1%～2%，涂抹	接种人员的手等皮肤
	3%，浸泡	接种器具
苯扎溴铵溶液（新洁尔灭）	0.25%～0.5%，浸泡、喷雾	接种人员的手等皮肤、培养室、无菌室、接种箱，不应用于器具消毒
漂白粉	1%，现用现配，喷雾	栽培房和床架
	10%，现用现配，浸泡	接种工具、菌种外包装等
硫酸铜＋石灰	硫酸铜 1 克＋石灰 1 克＋水 100 克，现用现配，喷雾，涂抹	栽培房、床架

附表二 食用菌生产常用农药

名　称	防治对象	用法和用量
石　灰	霉菌	5%～20% 溶液喷洒；粉撒用；可与硫酸铜合用
甲　醛	细菌、真菌、线虫	5% 溶液喷洒；每立方米覆土 0.25～0.5 千克；每立方米空间用 5 克高锰酸钾＋10 毫克甲醛熏蒸
高锰酸钾	细菌、真菌、线虫	0.1% 溶液洗涤消毒、喷洒消毒
苯　酚	细菌、真菌、昆虫、虫卵	5% 溶液喷雾
氨　水	害虫、螨类	17% 溶液熏蒸菇房；或加 520 倍水拌料
敌敌畏	菇螨类、螨类	0.5% 溶液喷洒；每亩用 6 千克熏蒸；原液塞瓶熏蒸
漂白粉	细菌、线虫、"死菌丝"	3%～4% 溶液浸泡材料；0.5%～1% 溶液喷雾
硫酸铜	真菌	0.5%～1% 溶液
多菌灵	真菌、半知菌	1∶800 倍拌料；1∶500 倍喷洒
苯菌灵	同上	同上
甲基硫菌灵	同上	同上
百菌清	真菌、轮枝霉	0.15% 溶液喷洒
代森锌	真菌	0.1% 溶液喷洒
二嗪磷	菇蝇、瘿蚊	每吨培养料用 20% 乳剂 57 毫升
除虫菊	菇蝇、菇蚊、蛆	见商品说明书
鱼藤精	菇蝇、跳虫等	0.1% 溶液喷洒
食　盐	蜗牛、蛞蝓	5% 溶液喷洒
三氯杀螨砜	螨类、小马陆、弹尾虫等	1∶（800～1000）倍溶液喷洒
杀螨砜特	同上	同上
鱼藤精＋中性肥皂	壳子虫、米象等	鱼藤精 0.5 千克、中性肥皂 0.25 千克加水 100 千克喷洒
亚砷酸＋水杨酸＋氧化铁	白蚁	80% 亚砷酸、15% 水杨酸加 5% 氧化铁施于蚁巢

续附表二

名　称	防治对象	用法和用量
煤焦油＋防腐剂	白蚁	配成 1:1 混合剂涂于材料上
二氧化硫	一般害虫	视容器大小适量熏蒸
茶籽饼	蜗牛、蛞蝓等	1% 溶液喷洒
链霉素	革兰氏阴性菌	1:50 倍溶液喷洒
金霉素	细菌性烂耳	1:（500～600）倍溶液喷洒

附表三　国家禁止在食用菌生产中使用的农药

类　别	名　称
有机氯类	六六六、滴滴涕、毒杀芬、艾氏剂、狄氏剂、硫丹
有机磷类	甲胺磷、甲基对硫磷、对硫磷、久效磷、磷胺、甲拌磷、甲基异柳磷、特丁硫磷、甲基硫环磷、治螟磷、内吸磷、涕灭威、灭线磷、硫环磷、蝇毒磷、地虫硫磷、氯唑磷、苯线磷、磷化钙、磷化镁、磷化锌、磷化铝、硫线磷、杀扑磷、水胺硫磷、氧化乐果、三唑磷
有机氮类	杀虫脒、敌枯双
氨基甲酸酯类	克百威、灭多威
除草剂类	除草醚、氯磺隆（2015 年 12 月 31 日起）、胺苯磺隆单剂（2015 年 12 月 31 日起）、胺苯磺隆复配制剂（2017 年 7 月 1 日起）、甲磺隆单剂（2015 年 12 月 31 日起）、甲磺隆复配制剂（2017 年 7 月 1 日起）
其　他	二溴氯丙烷、二溴乙烷、溴甲烷、汞制剂、砷类、铅类、氯乙酰胺、甘氟、毒鼠强、氟乙酸钠、毒鼠硅、氟虫腈、毒死蜱、福美胂和福美甲胂（2015 年 12 月 31 日起）

注：以上为截至 2014 年 6 月 15 日国家公告禁止在食用菌生产中使用的农药目录。之后国家新公告的在食用菌生产中禁止使用的农药目录，需从其规定。

附表四 中国登记的食用菌上的农药使用情况及残留标准

农药名称	防治对象或用途	药剂有效成分用量或浓度	施药方法	每季作物最多使用次数	安全间隔（天）	MRLs标准（毫克/千克）	实施要点说明
百菌清＋福美双	疣孢霉菌、木霉菌	0.09～0.18克/米^2	喷雾				
多菌灵	褐腐病	2～2.5克/米^2	拌土			香菇0.5	
二氯异氰尿酸钠	平菇木腐病	每100千克干料用量40～48克	拌料				
	菇房霉菌	3.96～5.28克/米^2	点燃				
氟虫腈	菌蛆	每100平方米用量1.5～2克	喷雾				
甲氨基阿维菌素苯甲酸钠＋高效氟氯氰菊酯	菌蛆、螨	0.13～0.22克/100米^2	喷雾				
咪鲜胺	白腐病、褐腐病	0.4～0.6克/米^2	拌土喷雾			2	拌于覆盖土或喷淋菇床
咪鲜胺＋氯化锰	褐腐病	0.4～0.6克/米^2	喷雾	2	8	2	在培养料上均匀喷雾
噻菌灵	湿泡病	200～400毫克/千克	拌料	1	65	2	制包前将药均匀拌于木屑中
		0.5～0.75克/米^2	喷雾	3	55		菌丝生长期喷施于段木剖面上（施药间隔30天）

注：MRLs（最大残留量）是指按照优良农业操作规范（GAP）使用农药后残留在食品上或内部的最大农药浓度。

附表五 日本登记的食用菌上的农药使用情况及残留标准

农药名称	防治对象或用途	稀释量或使用量	施药方法	使用次数	使用时间	MRLs 标准（毫克/千克）
50% 苯菌灵水剂	木霉	稀释 1 000 倍（原木栽培）	向段木喷洒	≥3	收获前 30 天	
		培养基重量的 0.02%（香菇菌床栽培）	拌料	1		
		0.008%（金针菇）				
		0.01%～0.02%（滑菇）				
		0.01%～0.02%（平菇）				
		0.008%～0.02%（其他食用菌类）				
80% 杀螟硫磷乳剂（MEP）	天牛类	稀释 350 倍（段木）	喷洒	≥2	成虫生长初期或产卵期	花菇 0.05 其他 0.5
		稀释 40 倍（段木用冠木）				
10% 苏云金杆菌的芽孢杆菌及生产的结晶毒素水剂（Bt）	蛾类	1000 倍（香菇）	喷洒	≥3	害虫生长初期，截至香菇发菌前 14 天	
		200 倍（香菇）	涂抹在形成菌种的器皿内	1	菌种接种前	
23.5% 除虫脲水剂	蕈蚊类	375 倍，1.5 升/米² （蘑菇）	喷洒在土壤表面	1	盖土时，截至收获前 21 天	
布氏白僵菌	双簇污天牛	段木中每 10 株 1 片（香菇）	架在段木上		产卵期或成虫生长初期	

附表六 其他国家食用菌子实体上的农药残留标准 （毫克／千克）

农药	欧盟		日本			美国	加拿大	澳大利亚
	野生	栽培	蘑菇	香菇	其他食用菌			
阿维菌素	0.01	0.01	0.01	0.01	0.01			
百菌清	0.01	2	1	5	5	1	1	
吡虫啉			0.5	0.5	0.5			
除虫脲			0.1	0.05	0.05	0.2		0.1
敌敌畏	0.1	0.1				0.5		0.5
多菌灵	0.1	1	3	3	3		5	10
福美双	3	3						
氟虫腈								0.02
高效氟氯氰菊酯	0.5	0.02						
克菌丹	0.1	0.1	5	5	5			
咪鲜胺	0.05	2						3
灭蝇胺	0.05	5	5	5	5	1	8	
噻菌灵	0.05	10	60	2	2	40		0.5
噻嗪酮			0.5	0.5	0.5			
杀螟硫磷	0.5	0.5						0.5
炔螨特	0.01	0.01	0.1	0.1				
杀螨酯	0.01	0.01	0.01	0.01	0.01			
四螨嗪	0.02	0.02	0.02	0.02	0.02			
氧化铜			1	1	1			
氧化乐果	0.2	0.2	1	1	1			
甲萘威			3	3	3			
烟碱、尼古丁			2			2	2	
乙酰甲胺磷	0.02	0.02	1	1	1			
异菌脲	0.02	0.02	5	5	5			